인문학과 첨단기술의 융합을 위한

문화기술개론

인문학과 첨단기술의 융합을 위한

문화기술 개론

김상욱 · 김항준 · 임수연 지음

경북대학교출판부

김상욱

경북대학교에서 컴퓨터공학으로 학사학위를 취득하였으며, 서울대학교에서 컴퓨터과학으로 석사학위와 박사학위를 취득하였다. 현재는 경북대학교 IT대학 컴퓨터학부 교수이다. 주요 연구 및 관심 분야는 모바일·소셜 미디어, 인간과 컴퓨터 상호작용, 사물 인터넷, 아트 콘텐츠, 문화기술 등이다.

김항준

서울대학교에서 전기공학으로 학사학위를 취득하였으며, 한국과학기술원에서 컴퓨터공학으로 석사학위를, 일본 시즈오카대학에서 박사학위를 취득하였다. 현재는 경북대학교 IT대학 컴퓨터학부 교수이다. 주요 연구 및 관심 분야는 인공지능, 인지 컴퓨팅, 문화융합기술 등이다.

임수연

경북대학교에서 전자공학으로 학사학위를 취득하였으며, 동 대학원에서 컴퓨터공학으로 석사학위와 박사학위를 취득하였다. 또한 경북대학교 디지털미디어아트학과에서 박사과정을 수료하였다. 경북대학교 강의교수를 지냈으며, 현재는 동양대학교 테크노에틱 전공 교수이다. 주요 연구 및 관심 분야는 문화기술, 상호작용 아트, 홀로그램, 시각 콘텐츠, 융합기술 등이다.

인문학과 첨단기술의 융합을 위한

문화기술개론

찍은 날 2017년 1월 26일 • **펴낸 날** 2017년 2월 1일
지은이 김상욱, 김항준, 임수연 • **펴낸이** 김상동 • **펴낸 곳** 경북대학교출판부
출판등록 1973년 10월 10일 ㉣97호 • **주소** 대구광역시 북구 대학로 80
전화 053-950-6741~3 • **팩스** 053-953-4692 • **이메일** press@knu.ac.kr
홈페이지 http://knupress.com
ISBN 978-89-7180-452-0 93500

정가는 뒤표지에 있습니다.
파본은 바꾸어 드립니다.

머리말

오늘날 사회·경제·산업의 키워드는 '문화'라고 할 수 있는데, 특히 기술적 측면의 정보기술, 네트워크기술, 모바일기술, 콘텐츠기술, 방송기술 등에 기반을 둔 문화기술이 크게 주목받고 있다. 이러한 문화기술시대에 발맞추어 인간의 의식과 인식도 함께 변하고 있다. 이에 문화, 예술, 컴퓨터과학, 정보기술들을 어떻게 융합하고 자신의 전공 분야에 적용하느냐에 대한 기초 지식이 절실히 요구된다.

이러한 '문화기술'과 관련하여 저자들은 다년간 디지털 미디어아트, 감성공학, 문화 콘텐츠, 컴퓨터 프로그래밍, 테크노에틱 등 융합과 관련해서 강의, 실습, 전시, 연구를 해 왔고, 이번에 새로운 개념의 교재를 내놓게 되었다. 문화기술시대의 중요한 특징 중 하나인 문화 형성 과정이 '뉴미디어'를 새로운 첨단 도구로 활용하기 때문이다. 그러므로 뉴미디어를 활용하는 능력과 기술은 새로운 문화를 창출하는 길이다.

오늘날 인간의 인식이나 의식이 이미 변하였으며 새로운 대중매체와 도구가 생성되고 발전하고 있다. 그러나 이러한 문화시대에 적응하여 새로운 문화를 이끌어 나갈—즉, 문화와 정보기술을 융합할 수 있는—디지털 세대의 교육에 알맞은 교재는 찾아 보기 힘들다. 그러므로 정보기술과 문화의 융합을 이해하고 새로운 문화와 지식을 창출할 교양을 쌓고 전문성을 갖추게 해 줄 도서가 필요하다. 이 책은 문화기술시대에 정보기술을 기반으로 새로운 문화를 창출하는 능력을 기르기 위한 강의용 도서다.

이 교재는 크게 세 부분으로 구성된다. 제1부는 기술과 문화를 다루며 일반적인 문화를 기반으로 하는 문화론, 초연결 네트워크 세대와 문화론, 소셜 네트워크의 기초, 문화기술 사례 등을 기술한다(김상욱). 제2부는 문화를 선도하고 지원하는 디지털 및 정보기술의 각 요소기술에 대한 원리, 개념, 응용, 사례 등을 기술한다. 더불어 이러한 요소기술들이 문화기술에 어떻게 적용되는지를 기술한다(임수연). 제3부는 누구나 쉽게 문화 콘텐츠를 저작하거나 개발할 수 있는 프로세싱(Processing) 언어를 실습을 통하여 학습하도록 기술한다(김항준). 이러한 구성은 문화기술을 실질적으로 접하고 개발할 수 있는 능력을 기르도록 하는 것이다. 그러므로 전체 내용을 디지털 정보시대의 문화원론, 정보기술의 요소기술, 콘텐츠 저작원리와 도구, 초연결 사회, 지능정보기술시대, 사물 인터넷시대의 문화 연계로 구성한다.

오늘날에는 컴퓨터 관련 분야 전공자가 아니더라도 모든 대학생들에게 소프트웨어 중심시대의 문화기술에 적응할 새로운 개념의 교육 내용과 방법이 필요하다. 이러한 관점에서 이 교재는 문화기술시대에 적합한 사고력과 창의력을 향상시키고, 모든 분야에 활용하여 명실공히 '융합'적 사고력을 기를 수 있도록 하는 데 중점을 두었다.

끝으로, 이 책이 문화와 기술, 혹은 문화기술을 접하는 능력을 배양하여 각자에게 필요한 문화를 이해하고 개발하는 데 도움이 되길 바란다. 이 책에 사용한 이미지의 일부는 '구글', '유튜브', '네이버' 등의 공개된 이미지를 활용하였으며, 자료를 제공해 주신 분들과 책이 나오기까지 애써 주신 분들께 감사드린다.

2017년 1월

저자를 대표하여 김상욱

CONTENTS

INTRODUCTION TO CULTURAL TECHNOLOGY

제1부

기술과 문화

chapter 1

인간과 문화

이 장에서는 문화는 무엇이며 인간에게 어떠한 의미로 작용하는지를 알아본다. 또한 디지털시대, 지식정보시대, 초연결 네트워크시대, 지능정보시대를 거치면서 어떻게 변하고, 이동하고, 융합되어 새로운 문화로 정착하는지를 살펴본다.

1. 문화의 의미

문화란 무엇인가? 이 물음에 대해 여러 분야에서 다양한 관점으로 논의되고 있다. 좁은 의미든 넓은 의미든 여러 개념과 이론이 있을 수 있다. 어떤 관점의 문화에는 음식문화, 복식문화, 예술문화, 전통문화 등이 있으며, 또 다른 관점의 문화에는 종교문화, 디지털문화, 정보문화, 인류문화 등이 있다.

문화라는 것을 관념적으로나 학술적으로 본다면 고급문화, 저급문화, 음식문화, 지역문화 등 여러 부류로 구분할 수 있다. 이러한 구분은 보통 인간의 생활을 분리하거나 구분하기 위해 만들어진 학술적인 분류에 따른 것이다. 그러나 단순하게 본다면, 인간의 생활 공동체에서 각 개인이 처한 환경과 여건에서 생존하기 위해 인간이 만들어 낸 관습을 문화라고 의미 부여하는 것이 좋겠다. 그러므로 넓은 의미에서 볼 때 문화는 인간 공동체에서 생성된 생활양식이라고 할 수 있다.

예를 들어, 정보와 지식을 바탕으로 살아가는 시대에 디지털 혹은 정보기기를 삶의 수단으로 활용하면 살아가기 쉽고, 활용하지 않으면 살아가기 어려운 사회 시스템을 '정보문화'라고 말할 수 있다.

그림 1.1 신석기문화와 정보문화의 도구

문화의 의미는 인간 공동체에 따라 매우 다양하다. 의식주와 같이 인간이 살아가는 데 꼭 필요한 공통적이고 보편적인 문화도 있고, 지역에 따라 다르게 나타나는 언어, 예의범절, 종교 같은 독특한 지역문화도 있다. 뿐만 아니라, 문학이나 예술로만 한정한 좁은 의미의 문화도 있으며, 농경문화, 산업문화, 정보문화와 같이 시대의 변화에 따라 생겨난 문화도 있다.

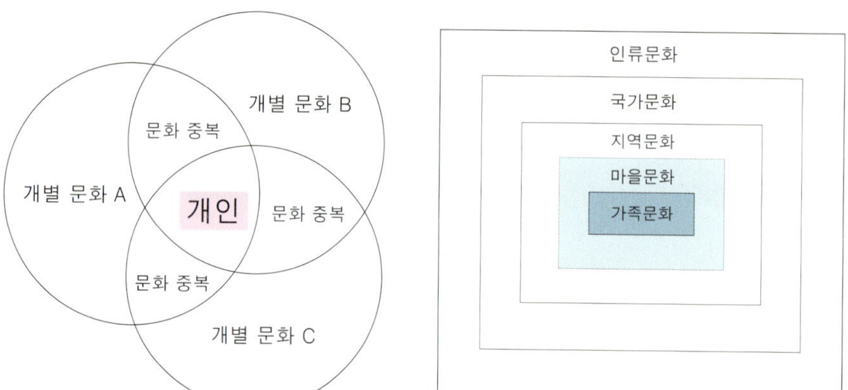

(a) 문화의 중복 (b) 문화의 계층

그림 1.2 문화의 중복 및 계층

인간은 자신이 속한 문화를 떠나서는 살 수 없다. 〈그림 1.2〉와 같이 개인은 여러 개별 문화에 속해 있으며, 한 문화는 보다 상위 계층의 문화에 포함된다. 예를 들어, 한 개인은 가족 공동체문화, 마을 공동체문화, 지역 공동체문화, 국가 공동체문화, 인류 공동체문화 등 다양한 계층의 문화에 속한다. 인간이 어느 문화에 속하고 어느 문화에서 생활하는가는 개인이나 공동체의 환경, 전통, 생활 습속에 따라 다르다.

그러면 인간이 생존하기 위한 수단이 중요하다면 '기술이라는 것은 문화와 어떻게 다른가?'라고 단순하게 질문할 수 있다. 왜냐하면 기술도 인간이 살아가는 데 요구되는 방법이고 양식이기 때문이다. 예를 들어, 밥을 짓거나 방을 데우기 위해 온돌구조의 가옥을 만드는 것은 기술이다. 그러면 '온돌기술'과 '온돌문화'는 어떻게 구분할 수 있을까? 또 다른 예로 스마트폰을 사용하는 기술과 스마트폰을 사용하는 문화는 어떻게 다른가?

먼저 기술이란 무엇인지 살펴보자. 우리가 여러 면에서 기술이라는 용어를 많이 사용하면서도 기술의 본질은 잘 알지 못하거나 지나치고 있다. 예를 들어 온돌기술이라고 하면 무엇을 생각할 수 있을까? 온돌기술은 돌을 따뜻하게 하는 것인가? 돌에 어떤 기술을 가하는 것인가? 온돌로 무엇을 하는 것인가? 그 생각은 다양할 수 있다.

온돌기술이라고 하는 것은 인간이 살아가면서 추위를 견디기 위해 가옥의 바닥(방바닥)에 평편한 돌을 깔고, 평편한 돌(구들장) 아래에 불을 지펴서 돌을 뜨겁게 달구어 방바닥을 데우는 방법이다. 여기에서 방법이라 함은 추위를 이겨 내기 위한 어떤 능력을 의미한다. 즉, 인간은 추위를 이겨 내기 위해 어떠한 '생각'을 내놓았는데, 이 생각은 '문제를 해결하는 능력'이라 할 수 있다. 이 경우의 생각은 인간에게 닥친 '추위'라는 '문제'를 '해결'하는 능력인 것이다. 이와 같이 기술이라는 것은 '인간에게 주어진 문제를 해결하는 능력'을 의미한다. 좀 더 나아가 인간 생활의 편리와 이익을 추구하기 위해 무엇인가를 만들고 생각하는 과정에서 발생하는 여러 문제를 해결하는 능력(방법)이라 할 수 있다.

예를 들어, 멀리 있는 사람과의 의사소통 문제를 해결하기 위해 어떤 방법이 있을까를 고민하다가 봉화, 연날리기, 비둘기, 편지 등 여러 방법을 만들어 내었다. 그 후 재료와 매체가 변화·발전하면서 인간은 전화를 발명하였다. 이후에 컴퓨터의 발명과 더불어 네트워킹 기술의 발전으로 컴퓨터를 연결하여 의사소통하는 인터넷으로 진화하였다. 이어서 휴대용 통신기기와 스마트 기기, 이동통신 기술로 진화하였다. 이러한 것이 곧 정보통신기술이다.

그러면 온돌문화는 무엇인가? 온돌기술이 추운 지역에서 추위를 극복하는 방법으로 활용되면서, 이러한 방법이 추운 겨울을 지내기에 좋은 방법이라는 인식이 확대·전파된다. 이렇게 전파된 기술은 인접 지역을 같은 생활방식으로 묶는 문화의 중복을 가져올 수 있다.

온돌기술은 인간이 직접 방바닥에 앉거나 누워서 생활하는 데 편리와 이익(아궁이를 물을 끓이거나 음식을 조리하는 데 활용)을 제공하기 때문에, 이 지역에 거주하는 생활 공동체는 자연스럽게 앉아서 생활하는 양식을 지니게 된다(한반도 등 정착 농경민족 중심). 그러므로 이러한 생활의 도구는 크기와 모양은 물론이며 배치도 앉아서 생활하는 양식에 맞아야 한다. 이것뿐만 아니라, 부엌에서의 생활, 식사 방식, 수면 방식, 가옥 구조(부엌, 굴뚝 위치, 열효율을 위해 아궁이 하나에 여러 방 연결 등), 복식, 사용 연료 등에 따른 모든 부분에 영향을 미친다. 또한 방바닥에서 열기가 잘 미치는 따뜻한 곳(아랫목)과 비교적 열기가 덜 미치는 곳(윗목)을 누가 사용하느냐에 따라 위계질서와 예의범절이 생성되어 관념화된다.

이와 같이 생존을 위한 온돌기술이 생활양식, 가옥 구조, 습관, 사고방식 등에

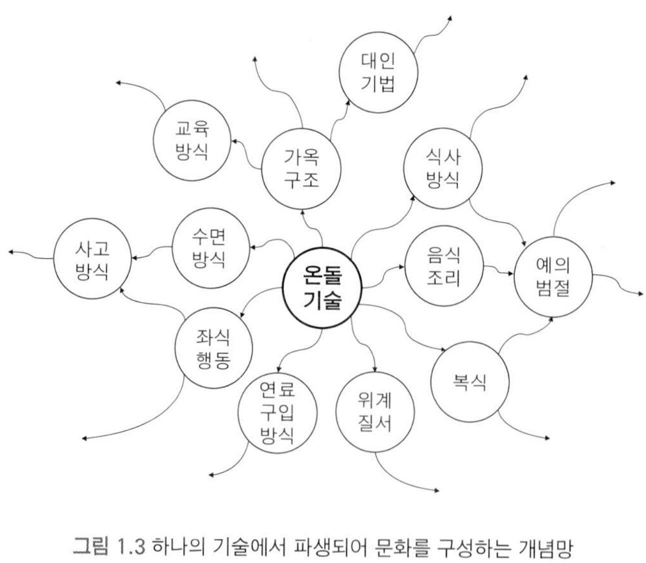

그림 1.3 하나의 기술에서 파생되어 문화를 구성하는 개념망

까지 영향을 미쳐 생활 공동체나 지역 공동체가 동질화되면서 온돌문화로 굳어진다. 〈그림 1.3〉은 하나의 기술에서 파생되는 여러 기술과 행위의 개념이 확장되어 문화로 관념화되는 개념망이다.

마찬가지 관점에서 본다면, 온돌기술을 사용하지 않는 지역에서는 난로로 생활공간 전체의 공기를 대류시키는 방법을 이용하기도 한다(유럽, 북미 등 유목, 사냥 민족 중심). 이런 지역에서는 침대나 의자를 사용하고 실내에서도 신발을 신는다. 그러므로 이런 지역 공동체의 생활양식, 습관 등 모든 것, 즉 문화는 온돌문화와 비교된다.

이와 같이, 인간이 문화를 지니고 있다는 것은 어느 곳에 있든 자신을 둘러싼 환경에서 생존할 수 있는 능력이 있다는 뜻이다. 결국 문화라는 것은 인간 공동체가 생존을 위한 문제 해결 방법의 도덕, 철학, 의식주, 예술, 문학 등 모든 면에서 가치를 부여하는 총체적 개념이다. 이러한 문화는 지역이나 인간 공동체에 따라 고유의 특성을 지니기 때문에, 어느 것이 더 우수하거나 열등하다고 말할 수 없다. 그리고 생존을 위한 새로운 문제가 발생하거나 인간이 새로운 문제에 도전하게 되면 문화는 자연스럽게 변화한다.

2. 문화의 변화

문화는 인간 공동체의 생존에 관한 것이므로 과거에서 현재로, 한 지역에서 다른 지역으로 흘러간다. 이때 문화의 시간적인 흐름을 '계승'이라 하고, 공간적인 흐름을 '전파'라 한다. 예를 들어, 한국 문화에서 명절을 중요하게 여기고 부모에게 효도하고 어른을 공경하는 문화는 과거에서 지금까지 계승된 것이다. 그리고 콜라나 커피를 마시거나 청바지를 입는 문화는 미국이나 유럽에서 한국으로 전파된 것이다. 이렇게 공간적으로 전파된 문화는 문화를 받아들이는 지역의 사회 변화를 초래한다.

이러한 변화는 문화의 계승과 전파가 지역 공동체의 생존을 위해 시대 여건과 지역 환경에 적응하기 때문이다. 즉, 그 시대를 사는 세대와 지역 공동체에 이익을 제공하거나 편리를 지원한다. 그러므로 시대적·환경적 편리와 이익에 잘 맞으면 쉽게 계승되고 전파된다. 또한 생존뿐만 아니라 세대나 지역 공동체의 통치 이념, 정책, 관습, 종교 등에 따라 계승·전파되기도 한다.

예를 들어, 쌀이나 감자를 주식으로 하는 문화, 지역에 따라 옷을 다르게 입는 문화, 집 안에서 신을 벗거나 신는 문화, 주거 난방 문화, 농경·유목문화 등은 생존을 위해 다음 세대로 계승된 것이며, 다른 지역 공동체에도 이익을 주기 때문에 쉽게 전파되어 환경에 적응한다. 그러나 종교, 농악과 그림 같은 예술, 충효사상, 교육 같은 정신문화는 공동체(마을, 국가 등)의 정책이나 이념에 따라 계승되고 전파되기도 하지만 통제될 수도 있다. 우리의 전통 농악과 충효사상은 정책에 따라 계승되었고, 문명 발전에 따른 서구식 대중교육이 우리나라에 전파되기도 했다. 그러나 종교, 대중예술(음악, 미술, 만화 등), 복식(짧은 치마, 청바지 등), 두발(장발 등) 등은 일부 통제되기도 했다.

문화는 지금의 공동체 환경에 적응하지 못하거나 이익이나 편리를 제공하지 못하여 가치를 부여할 수 없으면 자연스럽게 소멸한다. 즉, 문화 공동체에서 그 문화를 가르치지 않거나, 배우지 않거나, 이용하지 않으면 쉽게 사라질 수밖에 없다. 그러므로 좋은 문화라도 시대와 지역에 따라 알맞게 변형되어 적응하지 않으면 사라지는 것은 당연하다. 오늘날 우리의 효사상은 의미가 많이 희미해졌으며, 추석이나 설 등의 명절도 그 의미가 많이 퇴색되어 다양한 방법으로 즐기고 있다.

전파된 새로운 문화는 지역의 기존 문화에 녹아들거나 기존 문화와 교체되기도 한다. 혹은 지금의 문화나 지역의 기존 문화에 적당히 섞여서 지금까지 없던 전혀 새로운 문화로 창출되기도 한다. 이것을 '문화의 융합'이라고 할 수 있다. 우리나라의 배달문화는 정보통신과 모바일기술의 발달로 '터치' 한 번으로 언제 어디서나 배달 서비스를 받을 수 있게 되었다. 이것은 기존의 배달문화와 정보문화가 융합하여 새로운 '신속 배달문화'를 창출한 것이다. 이 신속 배달문화는 우리나라 공동체 구성원이 원하는 신속성(시간)과 자유성(장소)을 모두 만족시키는 새로운 문화인 것이다. 또한 인간관계를 중시하는 우리나라 공동체 구성원의 습성과, 모바일기술 및 스마트 기기의 발달이 맞물리면서, 사람들은 소셜 네트워크 서비스에서 다양한 부류와 계층의 공동체 구성원과 인간관계를 맺고 있다.

〈그림 1.4〉는 문화의 변화를 나타낸 것이다. 〈그림 1.4〉를 보면 A 문화가 축소

되어 진행하다가 소멸하기도 하고, A 문화가 계승되어 A′ 문화로, 다시 A″ 문화로 약간씩 변화하면서 A^n 문화로 계승되기도 한다. 그리고 다른 지역으로 전파되어 A′ 문화가 그대로 이어지기도 하지만, 기존의 문화와 결합하거나, 다른 곳에서 유입된 B 문화와 결합 혹은 융합되어 새로운 문화를 창출하기도 한다.

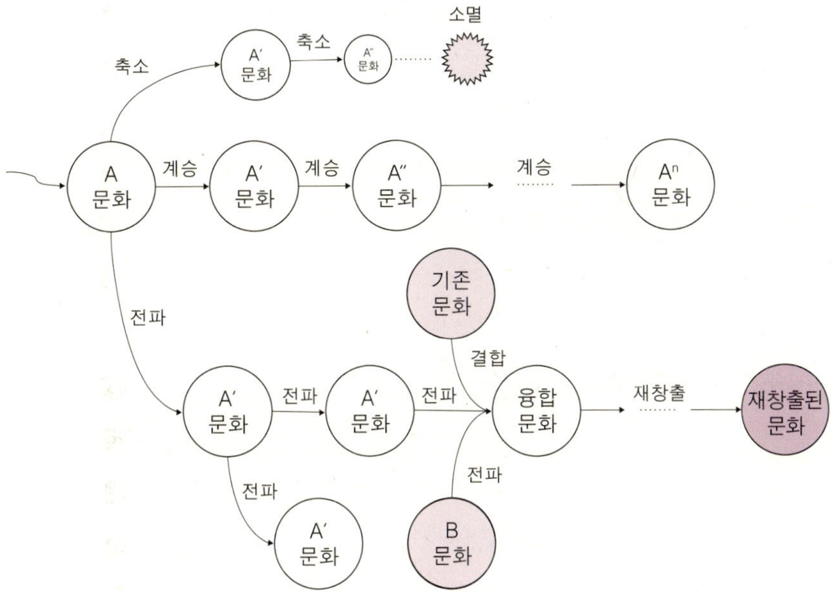

그림 1.4 문화의 변화, 융합과 재창출 다이어그램

문화가 변화하는 과정에서, 계승되어 온 문화와 새로 창출된 문화 사이에는 시대적·지역적 여건에서 여러 이유로 충돌이 발생할 수 있다. 이것은 동시대를 살아가는 공동체 구성원 사이에 갈등을 유발하기도 한다. 특히 공동체에 정치적·사회적·경제적·문화적·기술적으로 급격한 변화를 가져올 때 심하게 나타난다. 펑크족, 오렌지족, X-세대, Y-세대, W-세대, 디지털세대, 넷세대, 리셋세대, 연결세대 등은 문화의 변화에 따라 새롭게 나타난 세대로, 이들은 변화에 빠르게 적응한다. 예를 들어 이들 세대는 기존 아날로그 전화 사용 방식에서 벗어나 스마트폰을 쉽고 익숙하게 활용한다. 구성원 일부가 변화에 빠르게 적응하는 것은 새로운 문화로 변화하는 시대에 적응하려는 생존 본능이기도 하다. 그것은 곧

'새로운 문화시대의 시작'을 의미한다.

문화적 충돌로 생겨난 새로운 기술, 문화, 세대는 장차 또 다른 기술, 문화, 세대로부터 새로운 도전을 받는다. 새 시대는 그 시대를 살아가는 세대 공동체가 주도하게 되면서 또 다른 도전과 패러다임 변화를 요구하기 때문이다. 즉, 새 시대를 주도하는 세대들은 생존을 위한 새로운 기술을 탄생시키고, 새로운 기술은 또 다른 문화를 창출하고, 새로 창출된 문화는 속도의 차이는 있을지라도 다음 세대를 위한 새로운 문화로 재창출되어 계승·전파된다.

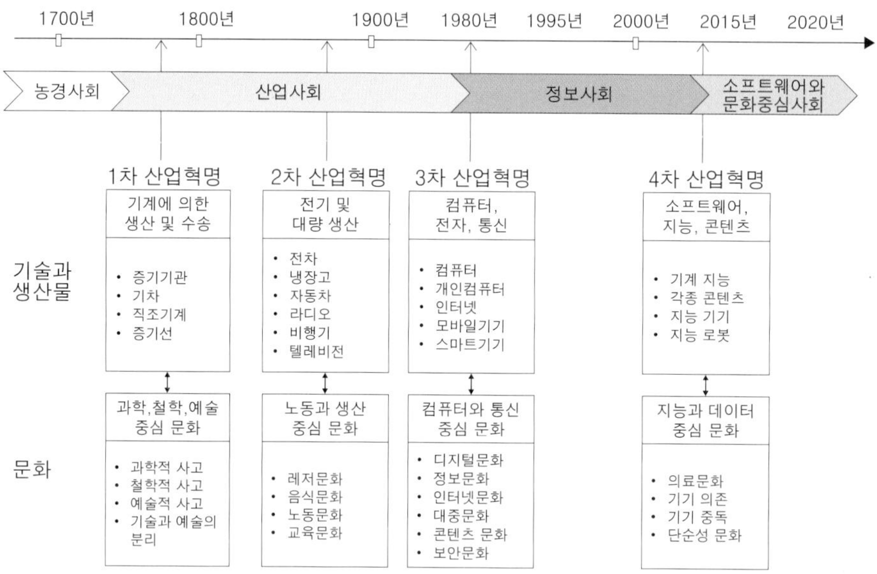

그림 1.5 산업혁명에 따른 문화 변화의 예

〈그림 1.5〉는 산업혁명에 따른 문화 변화의 예로, 각 기간 동안 변화한 기술, 도구나 생산물, 문화 등을 보여 준다. 1차, 2차 산업혁명으로 산업사회로 접어들면서 생산 시설의 자동화 시스템이 육체노동을 대체하여 실업자 발생 같은 사회적으로 많은 갈등과 충돌을 야기하였다. 이에 과학적 사고와 대중 교육의 필요성이 대두되었고 거기에 따라 다양한 문화가 창출되었다. 마찬가지로 3차 산업혁명으로 정보사회로 들어가면서 컴퓨터와 인터넷을 중심으로 하는 새로운 문화

가 발생하고 대중문화의 전파와 보급이 급속화되었다. 정보사회 이후 4차 산업혁명은 소프트웨어를 활용하고 문화를 중심으로 하는 사회로 변화시키고 있다. 이러한 문화중심사회는 각종 단말기기가 지능화되고, 서로 연결되며, 다양한 종류의 미디어로 생성된 콘텐츠를 제작·가공·전송·저장·표현·변환한다. 또한 지능정보기술과 데이터기술에 의해 인간의 삶의 질을 향상시키는 인간 중심의 문화사회로 진화하고 있다. 그러나 소프트웨어 혁명으로 정신과 지식 노동의 자동화에 의해 새로운 문제가 발생할 수 있다. 실제로 모든 것을 빅데이터, 사물 인터넷, 모바일 스마트 기기에 의존하여 인간의 의사를 결정하는 등 여러 사회 문제가 나타나고 있다. 그러나 이 또한 새로운 문화다.

한편 이러한 문화 변화와는 대조적으로, 아마존 밀림이나 히말라야 오지의 공동체와 같이, 교통이나 종교 등으로 인해 외부와 단절되어 문화의 변화가 없는 경우도 있다. 또는 정치, 정책, 자존감 등으로 외부 문화의 유입을 통제하여 문화의 변화를 거부하기도 한다. 이러한 공동체는 자신들만의 고유한 문화를 유지한다.

3. 문화의 융합

기술은 인간의 생존을 위한 '문제 해결 방식'으로, 한 기술이 다른 기술과 만나 하나의 새로운 기술로 합쳐질 수 있다. 예를 들어, 온돌 위에 침대를 놓는 것은 추위를 견디기 위해 방구들을 덥히는 기술에 서구 혹은 유목민의 침대문화가 결합한 것이다. 즉, 이동이 필요하지 않은 농경 생활의 온돌 기술이 현대에 와서 가열방식의 변화, 연료의 변화, 기후의 변화, 타 문명에의 동경, 생활 편리성 등 여러 이유로 침대문화와 결합한 것으로 볼 수 있다. 온돌문화와 침대문화가 결합하여 '온돌 위의 침대'라는 새로운 문화로 정착된 것이다. 그러나 우리나라에서는 매트침대나 돌침대 같은 침대기술에 온돌기술을 녹여 합쳐서 '온돌침대'라는 전혀 새로운 기술을 탄생시켰다. '온돌침대문화'라는 새로운 문화를 탄생시킨 것인데, 이것을 기술의 융합을 통한 '문화의 융합'이라고 한다.

이렇게 문화 융합은 개념들의 단순한 결합이 아니라, 개념들을 녹여서 완전히 다른 하나의 개념을 창조하는 것을 의미한다. 즉, 어느 공동체의 여러 생존 기술

중에서 특정 부분이 다른 공동체의 생존 기술과 융합하여 완전히 새로운 문화를 창출하는 것이다. 이런 문화 융합은 곳곳에서 볼 수 있다. 한국 전통음식과 다른 나라 음식이 결합해 전혀 새로운 맛의 '퓨전 음식'이 탄생한다.

반드시 결합하지는 않더라도 한 문화가 시대 변화에 따라 적절하게 변형되거나 타협하기도 한다. 예를 들어 '개량 한복'은 전통 한복도, 서구식 복식도 아니다. 그러나 기능의 편리, 행동의 편리, 패션 등 여러 면에서 시대에 적절하게 타협한 문화의 융합으로 해석할 수 있다. 청바지를 입는 문화는 전통 복식 문화를 교체한 것으로 볼 수 있다. 그 결과 청바지를 입는 것만으로도 생활양식과 행동의 많은 부분이 따라서 변하거나 교체된다. 그러나 어떤 문화는 종교, 정치, 저항, 환경, 제도 등의 여건에 의해 융합되지 않는 경우도 있다.

전화를 사용하는 문화와 컴퓨터를 사용하는 문화가 융합하여 스마트폰 문화를 창출하면서 사회, 정치, 생활 등 모든 분야에 변화가 생겼다. 현대사회는 인간과 인간, 사물과 사물, 인간과 사물이 네트워크로 연결되는 '초연결 사회'다. 이런 초연결 사회도 컴퓨터기술, 네트워크기술, 정보기술, 빅데이터기술 등이 서로 융합하여 구현되는 것이고 이 구현에 따라 문화도 융합되고 있다.

스마트 기기, 컴퓨터, 인터넷으로 연결되는 유비쿼터스 기술은 초연결 사회의 '초연결 문화'라는 새로운 개념을 탄생시키고, 개인에서 사물까지 전 세계적으로 하나의 공동체 문화를 생성한다. 〈그림 1.6〉은 초연결 사회를 나타낸 것이다. 여기에서 각 점(노드, 정점)은 개인, 사물, 가정, 조직 등을 나타내며, 각 선(에지, 간선)은 각 점이 유선이나 무선으로 서로 연결되어 있음을 나타낸다.[1] 또한 각 부채꼴(다양한 모양이 있을 수 있음)은 세계 곳곳에 흩어져 있는 각 공동체를 나타내며, 각 공동체는 다시 특정(혹은 여러) 정점을 통하여 다른 공동체들과 연결된다. 결국 전 세계가 하나의 초연결 사회인 셈이다. 초연결 사회는 지금까지의 문화나 여러 지역의 다양한 문화를 결합·타협·융합하여 네트워크를 통해 급속히 전파한다.

새로 창출된 초연결 문화는 네트워크의 영향으로 각 개인의 생활 습관이 변화

1 각 점과 선을 연결하여 그림으로 표현하는 것을 '그래프(Graph)'라고 한다.

그림 1.6 초연결 사회망으로 연결된 공동체

함에 따라 새로운 양식의 세계적인 공동체 문화로 굳어지는 것이다. 초연결 문화에서는 사물도 지능 소프트웨어에 의해 의인화되어 생명체로 간주되고, 친구 맺기를 통해 인간의 친구가 된다. 즉 각 사물이 인간의 문화권으로 들어와 문화의 대상이 된다. 이와 같이 초연결 문화에서는 일상생활에 중요한 변화가 나타난다. 예를 들어, 고속도로 하이패스라든가, 스마트폰 자동 결제, 물건의 자동 추천 등 기존 문화나 문화권에서는 익숙하지 않던 양식이 초연결 문화에서는 익숙하게 되어 새로운 산업을 창출하게 된다.

이와 같이 문화의 융합이나 새로운 문화에서 멀어지거나 적응하지 않으면 문화에 뒤떨어진다고 할 수 있다. 그러나 잘 적응하면 문화에 대한 새로운 가치관을 형성할 수 있다. 결국 새로운 문화에 잘 적응하면 문화적으로 앞선 것으로 간주되며, 적절한 사회적 규범과 제도로 사회의 변화를 초래하게 된다. 예를 들어,

초연결 문화에서는 인터넷 댓글을 달거나 메시지를 주고받을 때는 적절한 예의가 필요하다. 이러한 사회규범을 지키는 것이 이 시대의 문화인이다.

이와 같이 기술 변화에 따른 문화 융합의 총체인 초연결 문화는 모든 사물이 연결되고 여러 문화가 융합된 완전히 새로운 문화다. 이는 지금까지 인류에게 없던 문화기도 하다. 초연결 문화시대의 새로운 인류는 시대의식을 가지고 또 다른 문화에 도전하며 다른 문화나 문화권과도 지속적으로 소통해야 한다.

4. 문화기술

앞에서 언급한 문화와 기술의 관계를 통해 '문화기술'의 일반화에 대하여 살펴본다. 현대인은 날로 발전하는 새로운 기술로 인해 급속도로 변화하는 시대에 살고 있기 때문에 문화기술을 이해하는 것은 현실 세계를 이해하는 것만큼이나 중요하다. 왜냐하면 문화기술을 이해하면 앞으로 일어나게 될 사항을 예측할 수 있으며, 어떤 일을 결정하는 데 더 나은 선택을 할 수 있기 때문이다.

보통 문화와 기술을 말할 때는 서로 다른 것으로 분리하여 생각해 왔는데, 이는 문화를 새로운 기술의 출현에 따른 '기술의 구체화'로 보고, '기술적인 결정성'과 '문화적인 결정성'의 두 가지 측면을 분리해서 생각하기 때문이다. 기술적 결정성이란 기술이 바로 사회적인 변화와 문화적인 변화를 이끌어 낸다고 생각하는 것이고, 문화적인 결정성은 기술 자체가 곧 문화의 생산물이라는 것이다. 그러나 그 중립적인 위치에서 살펴보면 문화는 기술이 지니고 있는 가능성을 일반화하는 구체화 작업일 뿐만 아니라 기술 그 자체기도 하다.

이와 같이 문화와 기술이 서로 다른 개념으로 보이지만 실제로는 서로 보완하지 않으면 안 되는 개념이다. 오늘날 문화와 기술은 서로 분리할 수 없는 관계에 있다. 즉, 기술이 곧 문화이며 문화가 곧 기술인 시대다. 이른바 '문화기술'이라는 개념으로 일반화되고 있다.

이러한 면에서, J. M. Wise와 J. Slack[2]은 매일매일의 생활과 변화하는 상황에

2 Jennifer Daryl Slack, and John Macgregor Wise, *Culture and Technology: A Primer*, Peter Lang, New York, 2005.

서 전통이 재구성되는 과정을 '문화기술(Cultural Technology)'이라고 하였다. 즉, 기술은 일상생활 속에 항상 존재한다는 것이다. 매일 열고 닫는 문에도 있고(스마트 도어락), 매일 타고 다니는 자동차 속에도 있고, 매일 사용하는 컴퓨터와 스마트 기기에도 있으며, 매일 음식을 만드는 오븐, 레인지, 냉장고 등 부엌 도구에도 있다. 이와 같이 기술은 생활에서 분리될 수 없으며 문화와 분리될 수도 없다.

그러면 문화기술은 어떠한 모습이 되어야 하는가?

르네상스 이후의 역사를 볼 때, 기술과 문화는 오늘날까지 병행하고 있다. 기술과 문화의 개념 사이에는 여전히 간극이 존재하기 때문에, 문화기술은 이 간극을 줄여야 한다. 이러한 문화기술의 개념을 잘 이해하려면 공간개념, 연결, 관계, 정책 등을 같이 고려해야 한다.

간단한 예를 살펴보자. 모바일기술과 컴퓨팅기술의 발전은 인간과 인간 사이, 인간과 존재하는 모든 대상(사물) 사이, 사물과 사물 사이의 상호작용을 가능하게 한다. 이것이 바로 오늘날 문화 상황을 보여 주는 것이다. 즉, 인간이든 사물이든 모든 것을 연결하는 이런 상황은 인간과 사물을 하나의 행위로 이어 주는 행위망(Behavior Network)으로 구성된다. 그러므로 컴퓨팅기술, 인터넷, 모바일기술, 지능정보기술은 하나의 행위망을 구성하는 문화다. 〈그림 1.7〉은 행위망의 예를 나타낸다.

이와 같이 정보기술은 구체적으로 문화를 표현하는 하나의 수단이며 절대적

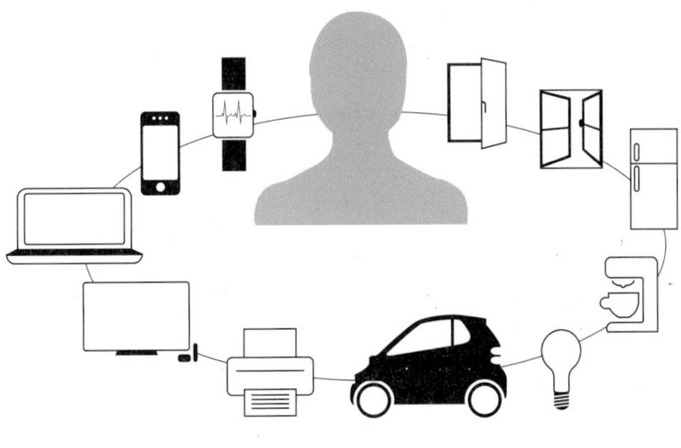

그림 1.7 인간과 사물이 연결된 행위망의 예

인 힘이다. 결국에는 전 세계를 하나의 문화권으로 만들고, 다른 문화권에도 영향을 주어 새로운 문화를 창조하게 된다.

또 다른 예를 살펴보자. 새로 나온 스마트 기기와 스마트 자동차가 있다. 이 스마트 기기와 스마트 자동차를 사용하려면 스마트키, 블루투스, 스크린, 소프트웨어, 하드웨어, 이어폰 등 다양한 부품과 액세서리는 물론 손동작이나 제스처가 필요하다. 이 스마트 기기를 필요(혹은 상황)에 따라 효율적으로 사용하기 위해서는 각 부품을 따로 사용할 수도 있고, 부품 원소들을 결합하여 사용할 수도 있다. 가령 스마트 자동차를 사용하려면 '자동차의 블루투스'와 스마트키의 스위치를 손으로 '누르는 행위'가 있어야 한다. 이때 자동차의 블루투스(하드웨어 기술), 스마트키를 누르는 행위(인간의 습관)는 각각 다른 것이지만, 자동차의 블루투스와 스마트키를 누르는 것은 하나의 행위망(문화기술)이다. 그러므로 자동차의 블루투스는 스마트키를 누르는 것이 되는 것이고, 스마트키를 누르는 것은 곧 자동차의 블루투스가 되는 것이다.

이와 같이 기술과 행위를 구별할 수 없는 상태가 될 때까지 기술과 문화의 간극을 줄이는 것이 문화기술의 목적이다. 〈그림 1.8〉은 행위망에 의한 문화기술의 예다.

이러한 문화기술의 상태에서는 기술을 활용하기 위한 인간의 제스처와 태도를 통하여 몸의 행위를 변하게 하고 지각력도 모아지게 만든다. 그럼으로써 몸에 일정하게 주어지는 행위는 하나의 패턴(즉 문화)을 만들게 된다. 그리고 더 훌륭하거나 진보된 기술을 지닌 스마트 기기를 사용하게 된다면 이러한 행위의 패턴은 또 다른 문화로 진화될 수도 있다.

그림 1.8 행위망에 의한 문화기술의 예

자연스러운 패턴의 변화는 인간의 뇌와 감각을 무디게 하여 일상에서 늘 있던 것처럼 느끼게 한다. 이렇게 세뇌된 뇌와 신체 감각은 모든 사물이 연결되어 네트워크 전체가 하나인 것처럼 보이게 한다. 이러한 현상은 여러 곳에 흩어져 있는 모바일기술, 스마트기술, 컴퓨터기술 등의 결합으로 나타나는 것으로, 터치나 클릭 하나로 아무 때나 어디에서나 새로운 세상으로 들어갈 수 있다는 것을 의미한다. 그러므로 한 번의 터치나 클릭은 '검색'처럼 일상에서 늘 접하는 문화다.

이러한 문화는 이동을 가능하게 하는 기술과 연결을 제어하는 기술로 가능하다. 그러므로 모바일 통신기술은 스마트 기기로 문자, 음성, 사진 등 무엇인가를 주고받는 것이 중요한 것이 아니라, 사람과 사람 사이가 항상 연결되어 있다는 문화가 중요한 것이다. 멀리든 가까이든 다른 곳에 위치한 사람을 더욱 가까이에 혹은 같이 있는 것처럼 느끼게 하는 것이다. 또한 음악, 사진, 기사, 비디오 등 다양한 콘텐츠와 사물에 언제 어디서나 항상 접근할 수 있다는 것이다. 이러한 것은 〈그림 1.9〉와 같이 한 사람이 다양한 종류의 컴퓨터, 센서, 스마트 기기를 사용하는 '사물 인터넷기술'[3]이라 한다.

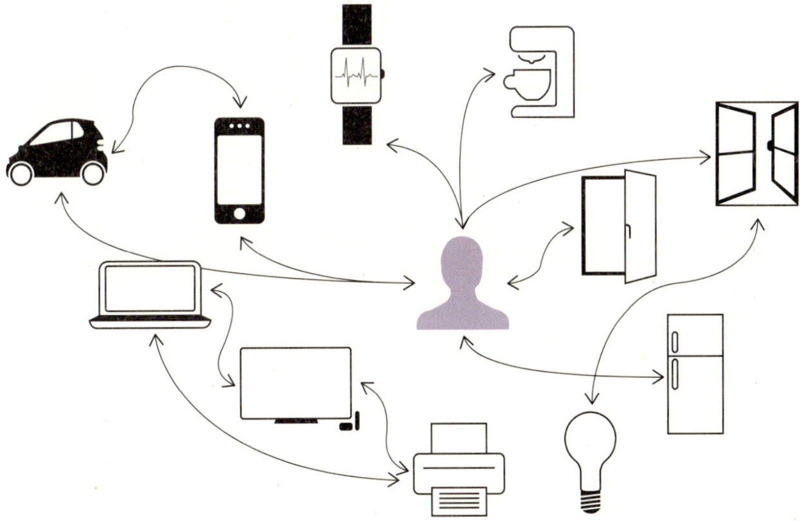

그림 1.9 사물 인터넷을 통한 유비쿼터스 컴퓨팅

3 Greenfield, A, *Everyware: The dawning age of ubiquitous computing*, New Riders Morley, Berkeley, 2006.

유비쿼터스 컴퓨팅과 사물 인터넷기술에 의해 스마트 도시, 스마트 의료, 스마트 학교, 스마트 홈 등을 구축할 수 있다. 그러므로 언제 어디에서나 여러 정보에 접근하거나 새로운 정보를 생성할 수 있을 뿐만 아니라, 정보를 전달·전파·재생성할 수 있다. 생활 가전제품들은 지능을 가진 새로운 개념의 가전제품, 즉 스스로 생각하고 행동하는 생명이 부여된 장치가 된다. 이러한 지능형 장치들이 문화를 일상생활에 구체화하여 보여 주는 문화기술인 것이다. 이와 같이 문화기술은 인간의 사고방식과 지각 활동은 물론이며, 신체의 행위 패턴을 변화시키고 동시에 사회도 변화시킨다.

유비쿼터스 컴퓨팅기술과 사물 인터넷에 의해 구체화된 문화기술은 아래의 특성을 지닌다.

- 상황인지: 한 개인을 둘러싸고 있는 위치는 물론, 주위의 모든 환경과 환경의 변화를 인지한다.
- 예측성: 개인이 무엇을 원하는지를 예측하거나 의도를 파악한다.
- 노출성: 상황인지에 의해서 각 개인의 모든 것이 쉽게 노출되고 추적당한다.
- 친밀성: 사람들 사이의 거리가 사라진다. 어디에 있더라도 원한다면 언제든지 실시간으로 연결되거나 거부될 수 있다.
- 가상성: 개인은 언제 어디서든 가상공간에서 생활할 수 있으며 한 개인과 다른 가상공간에서 연결될 수도 있다.
- 실시간성: 네트워크기술은 스위치가 어디에 있는지 모르거나 블루투스를 부착하지 않아도 필요한 문자나 콘텐츠를 실시간으로 자동 연결한다.
- 무정부성: 사생활 정보를 강하게 통제하지 않으면 정보가 한쪽으로 몰리거나 정보를 통제당할 수 있다.

이러한 상황인지, 예측성, 가상성, 실시간성, 감정 없는 친밀성 등은 사람들에게 매우 유용한 것처럼 보인다. 그러나 스마트 개인인증, RFID(Radio Frequency Identification) 칩, 생체정보 사용 등은 오히려 개인 정보를 노출시킬 수도 있다. 장치나 기기는 물론이며 회사, 학교, 공공기관, 상사, 동료, 아이들, 부모 등 개인과 관련된 기관이나 사람이 각 개인이 언제, 어디서, 무엇을 하고 있는지 등을 모두 알 수 있게 된다. 그러므로 각 개인의 모든 활동이 눈에 안 보이는 통제 아래에 있는 것이나 마찬가지다. '네이버', '유튜브', '구글' 같은 기업, 기관, 데이터 센터 등이 좋은 예다. 구글은 개인의 메일, 사진, 대화기록 등 모든 것을 기록·저장·전송·관리하는데, 마음만 먹으면 개인의 모든 활동을 알 수 있다.

이와 같이 문화기술은 기술 변화에 따른 인간의 행동 변화와 도전이다. 개인이 특정한 기술을 이해하려고 노력할 필요가 없으며, 오히려 일상생활에서 눈에 띄는 변화를 알아채거나 이해하는 것이 중요하다. 그러나 이러한 변화 역시 변할 것이다. 개념이나 문화도 이동하고 변화하기 때문이다. 우리나라의 정보기술을 기반으로 하는 '유-시티(Ubiquitous City: U-City)'나 '유-라이프(Ubiquitous Life: U-Life)'라는 개념은 기술혁신은 물론이며 국경과 문화를 초월하게 하였다.

유-라이프는 유비쿼터스 개념을 어떻게 눈에 보이고 생활에서 느끼도록 구체화할 수 있는지를 보여 주는 것으로, 문화기술에 대한 가치 창조다. 이것은 바로 정보기술을 문화기술로 이끌어 내는 데 성공하였기 때문이다. 또한 일상적인 정보기술과 네트워크 생활이 어떻게 문화로 연결될 수 있는지를 이해시킬 수 있었던 결과다. 그 결과 유비쿼터스 컴퓨팅기술과 모든 사물과의 연결로 인한 초연결 환경에서 새로운 문화적인 공간을 형성하여 문화기술을 꽃피우고 있다.

chapter 2

초연결 네트워크 세대와 문화

이 장에서는 21세기 문화를 이끌어 갈 정보기술의 변화를 간략하게 기술하고, 정보기술에 따른 사회, 문화, 인간의 변화를 살펴본다. 이러한 변화에 따라 문화는 어떻게 변해 왔으며 기존 문화와 다른 점, 새로 발생할 미래의 문화 전이를 예측한다.

1. 정보사회의 변화

오늘날 산업사회의 변화와 함께 4차 산업혁명이 일어나 사회가 급속히 변하고 있다. 여기에서는 정보사회의 변화를 시대별로 간략하게 살펴본다.

1) 글로벌 정보시대

컴퓨터와 프로그램 기술의 탄생에서부터 현재의 정보기술에 이르기까지 컴퓨터와 인터넷으로 이루어진 정보시대를 시대별로 간략하게 살펴본다.

1940년대

- 진공관을 사용한 컴퓨터가 탄생함
- 프로그래밍 개념 탄생
- 암호 해독이나 보급 관리 등에 활용
- 제어기 정도로 활용
- 어셈블리어 사용

1950년대

- 프로그래밍 언어 개념 탄생
- 운영체제 탄생
- 소프트웨어라는 개념 탄생
- 컴파일러 탄생
- 인공지능 탄생과 그것의 가능성 제기

1960년대

- 트랜지스터에 의해 컴퓨터 크기가 축소됨
- 최초의 지능정보 프로그램 개발로 인공지능 가능성 확장
- 각종 프로그래밍 언어 개발
- 각종 운영체제 개발(멀티프로그래밍 등)
- 컴퓨터 관련 학과와 교과과정 탄생
- 알고리즘 및 자료구조의 중요성 인식
- 다양한 분야의 응용프로그램 개발과 그 응용
- 그래픽 기술의 시작
- 인간과 컴퓨터 상호작용 기술의 시작

1970년대

- 집적회로, 초집적회로 등의 개발에 따른 컴퓨터 크기의 초소형화
- 마이크로 컴퓨터 등장
- 마이크로 컴퓨터용 운영체제 등장과 개발
- 컴퓨터 네트워크 등장
- 윈도우 개념 탄생
- 소프트웨어 위기 발생
- 소프트웨어 개발 방법론 등장

1980년대

- 개인용 컴퓨터 개발과 확장

- 개인용 컴퓨터의 윈도우와 그래픽 발전
- 개인용 컴퓨터의 운영체제와 응용프로그램 확장
- 윈도우용 응용프로그램 확장
- 진정한 컴퓨터 및 정보사회의 시작
- 임베디드 시스템 보급
- 컴퓨터를 개발하거나 활용하는 각종 직업 및 기업 탄생
- 컴퓨터 네트워크 활성화
- 모바일 컴퓨팅과 스마트폰 탄생
- 스마트폰의 확대

1990년대

- 윈도우 개념 확대
- 임베디드 시스템 확대
- 컴퓨터 네트워크 보급
- 개인용 컴퓨터의 운영체제 확장과 변화
- 인터넷의 대중화
- 모바일 컴퓨팅의 대중화
- 스마트폰의 활성화

2000년대 이후

- 고성능, 대용량 시스템의 확대로 컴퓨팅 파워 향상
- 빅데이터 기술의 활용과 활성화
- 무선기술의 활성화
- 임베디드 시스템의 향상
- 웨어러블 컴퓨팅의 활성화와 대중화
- 인공지능과 지능정보기술의 활성화
- 인간과 컴퓨터 상호작용 기술의 활성화
- 사물 인터넷기술 보편화

이와 같이 정보시대는 고성능, 고기능, 고자동화 시스템이 요구되므로, 사회는 컴퓨터와 인터넷에 더욱 의존하게 된다. 예를 들어, 소셜 네트워크 서비스, 콘텐츠, 지능 소프트웨어를 통해 인간 중심으로 삶의 질이 향상되고 문화가 변화한다. 여러 분야에서 정보기술이 더욱 변하겠지만, 기본적으로는 지능정보기술(인공지능, 가상현실 등), 보안 및 보호기술(암호, 본인인증, 똑똑하고 안전한 운영체제 등), 초연결 네트워크기술(모바일, 센서, 영상 등) 등이 사회의 급속한 발전과 변화를 초래할 것이다.

2) 정보시스템과 서비스

정보기술의 변화는 오늘날 정보사회의 새로운 산업 구조를 만들어 내고 있다. 새로운 산업 구조를 형성하는 정보시스템은 〈그림 2.1〉과 같은 계층으로 이루어져 있다.

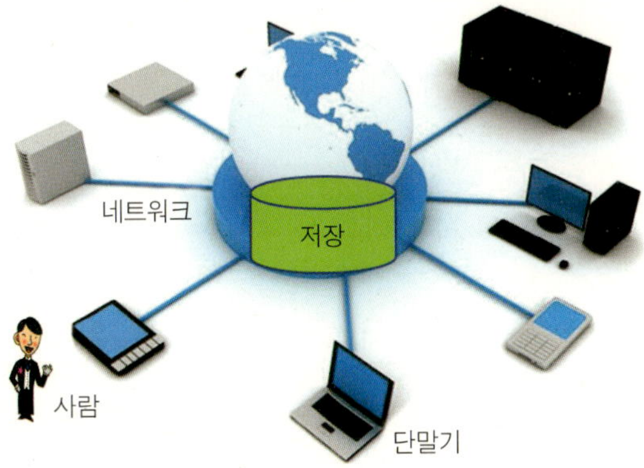

그림 2.1 정보시스템의 계층

정보시스템의 각 계층은 기술적으로 중요한 기능을 수행하지만 사용자의 입장에서는 아래와 같은 서비스를 제공받는다.

- 저장 계층: 정보, 콘텐츠, 데이터를 저장하고 관리하는 기술, 시스템, 기업, 산업(네이버, 다음, 구글, 유튜브, 페이스북 등)

- 네트워크 계층: 정보, 콘텐츠, 데이터를 유선이나 무선으로 연결하여 다운로드, 공유, 보기, 저장, 전송, 관리하는 기술, 시스템, 기업, 산업(3세대 무선통신기술, 4세대 무선통신기술, 와이파이, KT, SKT, LGU+ 등)
- 단말기 계층: 정보, 콘텐츠, 데이터를 유선이나 무선으로 연결하여 다운로드, 공유, 보기, 저장, 관리하는 기기와 장치, 운영체제, 응용프로그램, 기업, 산업(각종 응용프로그램 개발 기술 및 기업, 각종 단말기기 · 부속품 개발 기술 및 기업, 단말기 연동 가능 기기 · 부속품 개발 기술 및 기업, 단말기 및 부품 응용 기술 및 기업 등)
- 사람 계층: 정보, 콘텐츠, 데이터, 응용프로그램을 개발, 활용, 저장, 관리하는 다양한 계층과 다양한 속성을 지닌 사용자나 조직(개발자, 개인 사용자, 조직 사용자, 기업, 서버 및 통신 관리자 등)

이러한 컴퓨터 하드웨어, 소프트웨어, 콘텐츠, 인터넷, 시설 등의 사용자에 대한 서비스는 정보사회에서는 정보시스템에 더욱 의존할 수밖에 없다. 그리고 미래에는 정보시스템이 더욱 발전하여 새로운 개념의 정보시스템으로 진화할 것이다. [표 2-1]은 향후 더욱 발전할 것으로 예상되는 정보시스템과 정보서비스 기술이다.

[표 2-1] 미래에 중요한 기술과 서비스(한국정보통신진흥원)

1	사물 인터넷기술
2	자동차와 정보기술의 융합
3	모바일 기기에 의한 핀테크
4	상업용 드론
5	지능정보기술
6	보안
7	인간-지능형 로봇
8	이동형 및 고성능 전원기술
9	지능적 헬스케어

출처: 정보통신산업의 진흥에 관한 연차보고서, 미래창조과학부, 2015.

이 기술이나 서비스에서 중요한 것은 사물 인터넷기술과 그 서비스가 중요한 위치를 차지하고 있다는 것이다. 즉, 사물 인터넷이 정보기술과 정보시스템의 생태계를 넓게 차지하고 거기에 따르는 서비스와 관련 기술을 재생산한다. 자동차와 정보기술의 융합도 마찬가지로 사물 인터넷, 소프트웨어, 상호작용기술 등에 융합된 서비스를 제공할 수 있다. 핀테크도 모바일기술에 의하여 가능하다. 상업용 드론 역시 네트워크기술에 의해 자율운항이 가능하고, 헬스케어도 모바일기술과 융합되어 인터넷을 통해 서비스를 제공받는다.

3) 새로운 문화사회로의 진화

앞에서 살펴본 것처럼 4차 산업혁명을 가져온 정보기술은 우리 사회를 소프트웨어를 중심으로 하는 문화중심사회로 바꾸어 놓았다. 이것은 정보기술과 정보서비스의 발전에 의하여 사회와 환경이 변화를 가져올 수밖에 없었기 때문이다. 〈그림 2.2〉는 정보기술이 발전함에 따라 각 분야에서 변화할 내용의 일부다.

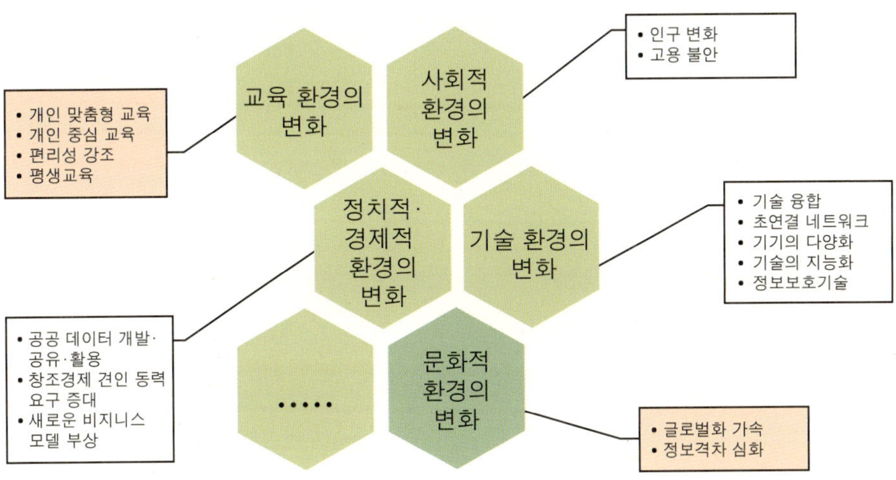

그림 2.2 정보기술 발전에 따른 각 분야의 변화 내용

• 교육 환경의 변화
- 인터넷, 스마트 기기 등을 활용한 개인 능력에 따른 맞춤형 교육 가능
- 학교 외에도 언제 어디서나 개인적으로 다양한 교육 콘텐츠에 접근 가능
- 개인의 취향과 특기에 따른 개인 중심 교육 가능
- 개인의 환경에 따른 교육의 편리성 제공
- 학교교육 외에도 평생교육, 취미교육, 직무교육 등 다양한 교육 기회 제공

• 정치적·경제적 환경의 변화
- 빅데이터 등 공공 데이터를 활용한 정치 방향 예측과 경제적 예측 가능
- 빅데이터 등 공공 데이터를 활용한 새로운 정책과 전략 기획 가능
- 국민의 직접정치 참여 가능
- 국민에 대한 통제 가능
- 다양한 정치 세력 발생 및 증가
- 새로운 창업 비즈니스 모델 증가
- 생산자와 소비자의 다양한 욕구 수용 가능

• 기술 환경의 변화
- 초연결 네트워크의 발전
- 기기의 다양화와 지능화
- 사물 인터넷 등의 사용자인증, 정보보호, 정보보안기술 강화
- 다양한 학문, 기술, 장비 등의 융합 발전

• 사회적·문화적 환경의 변화
- 인구 변화에 따른 사회구조 변화
- 인터넷에 의한 사회적 인맥 구조의 변화
- 산업구조의 변화에 따른 고용 불안 및 채용 문제 발생
- 새로운 산업에 적응할 인재의 채용 문제 발생
- 정보격차의 심화로 정보 소외지역 및 계층 발생
- 지역에서 벗어난 글로벌화의 가속화
- 이 시대에 출생하는 새로운 '세대'와의 소통 문제 발생
- 이 시대에 출생하는 새로운 '세대'의 인식 변화 발생

이와 같이 정보기술의 변화는 새로운 사회는 물론 산업, 정치, 경제, 교육, 문화 등 모든 부분을 급속히 변화시키고 있다. 뿐만 아니라, 이 시대에 태어나는 '세대'는 산업시대의 세대와는 의식과 인식이 전혀 다른 새로운 인간형이다. 즉, 정보시대에 잘 적응할 수 있는 인간형으로, 그들은 새로운 문화를 창조하고, 그 문화에 적응하고, 그 문화 속에서 생활하며, 또 다른 새로운 문화를 창조한다.

2. 초연결 사회

앞에서 정보사회의 변화를 지능기술의 발전과 초연결 네트워크라는 두 가지 관점에서 살펴보았다. 이런 관점에서 사람이 자신의 문제와 직접 관련되고 문화로 활성화할 수 있는 것은 초연결 네트워크 기술일 것이다. 여기에서는 4차 산업혁명에 의해 문화를 선도하는 초연결 사회에 대해 살펴본다.

1) 세상은 모두 연결되어 있다

세상에 존재하는 모든 것(대상)—화학물질, 유전자, 인간관계, 사회구성체, 동물, 식물, 도로 등—이 연결되어 네트워크를 구성하고 있다고 보는 것을 '복잡계 네트워크'라고 한다. 그리고 그 대상은 각기 다른 혹은 유별한 특징을 지니고 있다.

특별히 인간 사회는 사람-사람, 사람-사물, 사물-사물, 사물-추상적 관념, 사람-추상적 관념, 추상적 관념-추상적 관념 등 다양한 방법으로 대상과 대상이 연결된다. 정보사회에서는 이러한 관념들을 네트워크기술로 구현하여 초연결 사회를 구성할 수 있다. 그러므로 '세상은 모두 연결되어 있다'고 할 수 있다. 〈그림 2.3〉은 세계가 항공, 항만, 수송선, 철도, 인맥, 통신, 컴퓨터 네트워크 등 다양한 방법으로 연결되어 있음을 보여 준다. 즉, 사회는 물리적으로든, 추상적으로든, 관념적으로든 모두 네트워크로 연결되어 있다는 의미다. 통신선, 철도 등은 지역과 지역, 개인과 개인을 물리적으로 연결하는 네트워크이고, 개인이 '~을 좋아한다'는 것은 추상적으로 연결하는 네트워크이고, 친척, 친구 등과의 관계는 관념적으로 연결하는 네트워크라 할 수 있다. 그리고 이러한 연결을 통하여 정보가 흐르고 전파된다.

그림 2.3 다양하게 연결된 네트워크 세상

자료[4]에 따르면 이러한 초연결 사회에서는 온라인에 항상 22.7억 명 이상의 사람이 있다. 그리고 많은 사람들이 소셜 미디어로 혹은 그 안에서 일한다. 단말기기는 계속 증가하여 2016년에는 100억 명 이상의 모바일 인터넷 장치가 연결될 것으로 추정한다(Cisco). 그러므로 2017년에는 그 이상이 될 것이다. 그러나 소셜 미디어의 40%와 메시지의 8%는 의미가 없는 정보다. 또한 사람들의 24%는 중요한 순간의 메시지를 놓치며, 40%는 온라인에서의 인맥 구성에 시간을 소비한다(AllTwitter).

이렇게 연결된 넓은 세상이 의외로 좁다는 사실을 밝힌 것을 '좁은 세상'이론이라 한다. 예를 들어, '세상에 웹페이지가 몇 개나 있는지 알 수 있을까?'라는 의문에서 출발하여 여러 연구가 이루어졌지만 매일 생성되고 사라지는 웹페이지 수를 알아내기란 매우 어렵다. 그러나 계산 편의상 지구상의 웹페이지 수를 10

4 출처: http://thesocialskinny.com/216-social-media-and-internet-statistics-september-2012.

억 개로 가정하면 평균적으로 클릭 19번 만에 모두 도달할 수 있다고 한다.[5] 즉, 클릭 19번이면 대부분의 웹페이지에 접근할 수 있는 좁은 세상이라는 것이다.

2) 세상에 데이터는 많다

모바일기기, 소셜 네트워크 서비스의 발전을 기반으로 모든 것이 연결되는 초연결 사회는 저장되는 데이터 양도 엄청나고 데이터의 유형도 다양하다. 그 유형으로는 문자, 숫자, 그림, 사진, 동영상, 소리, 오디오, 멀티미디어 등이 있다. 데이터는 형식이 일정한 정형적인 데이터와 비정형적인 데이터로 나뉜다. 그러므로 여러 타입의 데이터를 저장하려면 단순한 데이터베이스 시스템으로는 어려우며, 다양하고 복잡한 개념의 저장기술과 시스템을 구현하여야 한다. 또한 데이터는 유선이나 무선의 분산 환경에서 다양하게 발생하므로 분산 시스템의 개념과도 결합되어야 한다.

뿐만 아니라, 데이터는 언제 어디서 누구나 실시간 혹은 비실시간으로 연결과 접속이 가능하며, 자동 수집도 가능하다. 그러나 수집한 데이터를 사용자의 요구에 따라 판단하는 도구로 사용하려면 데이터를 정확하게 분석해야 하는데, 이러한 분석이 쉽지 않을 뿐 아니라, 데이터의 타입도 서로 달라 다양한 분석 기술이 요구된다.

그러므로 많은 양의 데이터와 여러 타입의 데이터를 자동으로 추출하고, 분석하는 기술과 도구가 필요한데, 정확히 판단한 결과를 가치 있는 정보로 활용하는 기술이 '빅데이터' 개념이다.

이와 같이 세상에 흩어져 있는 다양한 데이터 형식과 무한한 양의 데이터를 추출·처리·분석·판단하기에 인간은 인지적으로 한계가 있기 때문에 인공지능 등의 기술을 이용하게 된다. 구체적으로, 인공지능의 기계학습, 지식 발견, 지식 추출, 데이터나 패턴 분석 등의 기술과 함께 이루어지고 있다. '네이버', '구글', '하둡' 등은 빅데이터 기술을 활용하여 많은 결과를 얻고 있다.

---

5 정하웅, 「빅데이터와 복잡계 네트워크, 구글 신은 모든 것을 알고 있다」, 두산인문극장 – 빅 히스토리: 빅뱅에서 빅데이터까지, 두산아트센터, 2013.

초연결 사회에서 빅데이터를 처리하는 영역은 다음과 같이 분류할 수 있다.

- 데이터 선택 영역
  - 사용될 데이터의 유형을 선택
- 데이터 변환 영역
  - 정보를 추출하는 유형에 따라 데이터를 변환
  - 변환한 데이터를 수치화, 논리값으로 정리, 정규화로 조정
- 데이터 추출 영역
  - 여러 유형의 데이터에서 필요한 정보를 선택
  - 선택한 정보를 이해하기 쉬운 형태로 변환
  - 적용이 가능한 여러 기법으로 데이터를 추출
  - 지식 기반, 규칙 기반, 패턴 분석, 특성 분석 등 다양한 방법 적용
  - 의사 결정 과정에 적용
- 데이터 사이의 관계 영역
  - 추출한 데이터로 관계 네트워크를 구성(일종의 지식 네트워크)
  - 관계로 연결된 복잡계 네트워크 구성과 탐색
- 결과 흡수 영역
  - 시각화 방법을 선택하여 제시, 평가 결과를 변환한 데이터로 피드백

이러한 다양한 영역은 한 영역으로도 의미는 있지만 빅데이터를 분석하려면 〈그림 2.4〉와 같이 각 영역이 차례로 수행되어야 전체적인 분석 결과를 얻을 수 있다.

예를 들어, 〈그림 2.4〉와 같이 판매 기록을 통하여 개인 데이터를 조사하면, 일정 기간 어떤 부류의 사람이 어떤 제품을 구매하는 데 얼마를 소비하였는지 알 수 있다. 그리고 각 개인에 따른 데이터를 추출하여 분석하면 새로운 제품이 나왔을 때 구매할 가능성이 있는지 없는지를 파악할 수 있다. 또한 그 동네는 어느 나이대의 사람이 어떤 제품을 많이 구입하는지를 분석하여 그들에게 알맞은 제품을 준비한다. 그러면 재고를 줄일 수 있으며 경영에 효율을 가져올 수 있다.

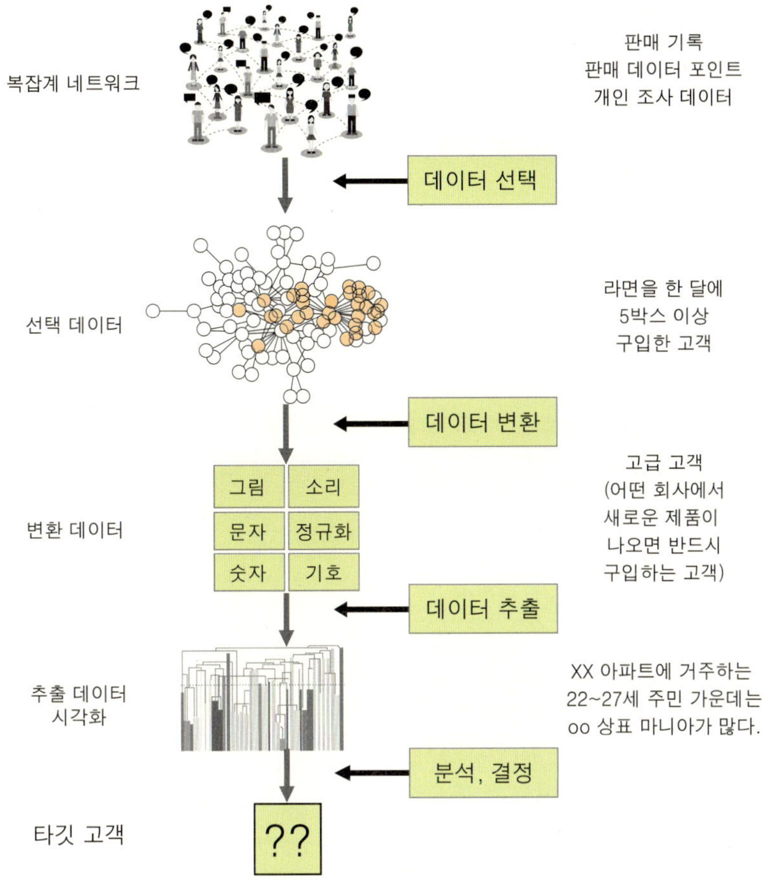

그림 2.4 빅데이터의 처리과정

그러므로 초연결 사회에서는 많은 데이터를 활용하는 빅데이터 기술로 정보를 추출하여 의사결정을 위한 여러 분야에 적용할 수 있다. 다양한 응용 분야에 적용할 수 있는 원시데이터, 처리된 정보, 의사결정의 예를 살펴본다.

- 원시데이터
  - 인구통계
  - 기간별 판매량
  - 금융통계

- 카드 신용정보
- 도서 검색
- 진료기록
- 학력 관련 통계
- 위치 이동(여행 경로, 범죄자 등)
- 자동차 관련 통계 등

• 처리된 정보
- K사 등산화 구매자의 30%는 P사 등산바지도 구매한다.
- B사 자동차 판매량이 미국 시장에서 6개월간 계속 감소하고 있다.
- A사 스마트폰이 B사 스마트폰보다 매출이 두 배 증가했다.
- 3년 후에 대학 입학생 수가 000명 감소할 것이다.
- 10년 후엔 한반도의 연평균 기온이 0.5도 증가할 것이다 등.

• 의사결정
- 학생 증원 방안은 무엇인가?
- 스마트폰 홍보 및 광고전략은 무엇인가?
- 상품을 어떻게 진열하면 좋을까?
- 미국 시장 확대 방안을 마련하자.
- xx 지역 매장을 철수하자.
- xx 질환 환자의 증가에 대해 예방 대책을 세우자 등.

3) 컴퓨터는 우리의 모든 것을 알고 있다

초연결 사회에서는 모든 사물이 연결되어 있으며 인간의 행동이 빅데이터로 저장되어 있으므로 빅데이터 분석을 통하여 한 개인의 행동을 분석하고 파악할 수 있다. 예를 들어 언제 어디에 갔는지, 언제 누구와 통화하였는지, 무엇을 검색하였는지, 어느 대학을 가고 싶어 하는지, 왜 이 물건을 구매하려고 하는지, 어느 분야로 진출하면 좋은지, 무슨 생각을 하고 있는지 등을 알 수 있다.

복잡계 네트워크에서 연관 관계를 통해 결과를 추론할 수도 있다. 즉, '어떤 어린이가 xx 사탕을 좋아하고, 그 사탕을 매일 10개씩 1년 이상 먹었다면, 지금부터 6개월 후에는 충치 두 개가 생길 것이다.'라고 추론할 수 있다. 이때 사탕, 섭취 기간, 충치 사이에는 빅데이터에 의해 복잡계 네트워크상의 관계가 설정된다. 그러면 이와 마찬가지로, 복잡계 네트워크상에서 이 어린이의 소셜 네트워크와 어떤 치과의사의 소셜 네트워크가 연결되어 어린이의 충치 정보가 치과의사에게 전달될 것이다. 그 결과 치과의사는 6개월 후에 한 어린이가 자신의 병원에 올 것이라고 예측할 수 있고, 그러면 그 어린이에게 치과 정보(위치, 진료시간 등)를 전달할 수 있다.

다른 가상 시나리오로 구체적인 예를 살펴보자. 개강을 맞이하여 '민지'라는 학생이 '문화기술개론'에 관한 도서를 구입하고자 한다.

1 어느 대형서점에서는 빅데이터를 이용해, 민지가 개인용 컴퓨터 또는 소셜 네트워크 서비스에서 검색한 내용과 패턴을 분석한다. 분석 결과에 따르면 '문화기술', '소셜 네트워크' 등 문화기술이나 정보기술 등에 대한 검색이나 소셜 네트워크 관련 부분에 대한 언급이 많았다고 하자. 그러면 빅데이터에서는 시기적 특성, 민지가 다니는 대학, 수강 과목 등을 분석하여 민지가 새 학기 수업용 교재를 구입할 것으로 예측할 수 있다.

2 그 후 민지가 대형서점을 방문하면 '위치이동' 정보 분석 시스템에 의해 민지의 위치를 파악해, 서점 직원에게 민지가 도착했으니, 문화기술 관련 분야의 매장에서 대기하라고 스마트 기기로 통지한다. 이와 더불어 민지에게는 새로 나온 문화기술 관련 도서의 표지와 관련 정보, 할인율, 쿠폰을 스마트폰으로 보낸다.

3 뿐만 아니라, 문화에 관련된 서적 몇 권을 집어 들었다가 간단하게 훑어본 정보를 해당 분야 매장의 직원에게 미리 통지한다.

4 민지는 관련 매장에서 쿠폰으로 원하는 도서인 '문화기술개론'을 구매한다. 대형서점 컴퓨터에서는 결제한 내용을 자동으로 저장하고, 지금까지 여러 장소에서 일어난 민지의 행위와 정보를 빅데이터에 추가한다.

시나리오상에서는 민지라는 소비자에 대해 '본인'임을 확인만 하면 대형서점에서는 민지와 관련된 빅데이터를 분석하여 민지가 원하는 정보를 맞춤형으로 제공할 수 있다. 이러한 일은 이미 스마트폰, 비콘, 위치정보기술, 블루투스, 내비게이션 등 다양한 기술을 통해 우리 생활 속에서 실현되고 있는데, 이는 사용자에게 다양한 정보를 제공해 주지만, 거꾸로 사용자의 정보도 컴퓨터에게 알려 준다.

이와 같이 초연결과 빅데이터를 통해 컴퓨터는 인간의 모든 것을 알고 있으며, 그 정보를 복잡 네트워크에서 다른 곳으로 전파하거나 공유하기도 한다. 그러므로 초연결 사회에서는 아래와 같은 사항에 대하여 대책을 마련해야 한다.

- 컴퓨터가 개인의 모든 것을 안다.
- 컴퓨터가 개인의 모든 것을 예측한다.
- 컴퓨터가 개인이 무엇에 관심이 있는지도 안다.
- 컴퓨터가 개인이 무슨 생각을 하고 있는지도 안다.

3. 초연결 네트워크 세대의 문화

앞에서 언급한 것처럼 정보시대에 출생한 세대를 돈 탭스콧은 디지털 세대 혹은 '넷세대'[6]라고 부른다. 그는 이들이 디지털 혁명의 와중에 태어나서 산업시대 혹은 아날로그시대를 살아온 기존 세대와는 전혀 다른 인간형으로, 인류의 생활 방식을 완전히 바꾸었다고 하였다. 또한 이들이 제도, 사회, 교육, 기업, 환경, 정치 등 다양한 면에서 혁명을 주도한다고 보았다.

한편 초연결 사회에서 태어난 세대를 '연결세대'라고 한다. 연결세대는 기존의 넷세대보다 사회와 미래를 더욱 변혁시키고 있다. 연결세대는 넷세대의 특징을 모두 가지면서 초연결 사회에 걸맞은 세대의 특징도 지니고 있다. 이들의 특징을 나열하면 다음과 같다.[7]

---

6 돈 탭스콧 지음, 이진원 옮김, 『디지털 네이티브』, 비즈니스북스, 2009.
7 김상욱, 경북대학교 컴퓨터학부 대학원생 약간 명을 대상으로 한 설문 조사, 2016. 10.

1) 사회생활적인 측면

새로운 곳을 방문할 때 그곳에 대해 미리 조사하고, 사람을 만나기 전에 페이스북이나 인스타그램을 통해 그 사람에 대해 먼저 알아본다. 물론 맛집 등을 방문할 때도 블로그를 통해서 평판을 미리 알아보고 결정한다.

전자기록으로 보관하는 정보가 증가하여, 손으로 정보를 적는 대신 '링크'를 복사하거나 각종 사진을 출력하지 않고 외장 하드디스크 등에 보관·관리한다. 화폐도 전자화폐가 일상화되어, 주 결제수단이 현금에서 카드로 변했고, 이제는 그마저도 스마트 기기가 대체하여 '~페이'를 사용하는 데 익숙하다. 이는 곧 전통적인 '화폐' 개념이 무너지는 것을 의미한다.

이들은 또한 유행에 보다 빠르고 민감하게 반응하는 세대로, 국제적인 유행을 실시간으로 즐긴다.

전화번호 기억하기, 지도 보기 등 이전에는 어렵지 않게 했던 사소한 일들을 이제 스마트 기기 없이는 못 할 만큼 불편하게 여긴다. 영화나 공연도 모바일이나 스마트 기기로 언제 어디서나 예매한다. 운전할 때는 내비게이션으로 길을 찾고, 배달 음식은 스마트 기기로 주문한다.

2) 정치적인 측면

전자투표, 소셜 네트워크 서비스로 여론 형성, 정책 결정, 의사 결정 등에 직접 참여한다. 같은 의견을 가진 정치적인 집단 혹은 선호하는 조직을 결성하기 쉽다.

3) 기술적인 측면

프라이버시의 경계가 전보다 모호해졌으며 보안, 보호, 인증에 민감하고 예민하다. 개인이 언제, 어디서 무엇을 하였는지 알 수 있다. 전자기록으로 보관하는 정보가 증가함에 따라 빅데이터 기술과 그것의 분산 접근 기술이 발전한다.

물건을 만들어 파는 제조 관련 기업보다 정보나 서비스 플랫폼을 개발하거나 창조하는 기업을 선호한다. 제조회사에 대한 선호도가 급격히 낮아졌다.

4) 교육적인 측면

전문 분야에 대한 깊이 있는 지식보다 다양한 분야에 대한 지식의 중요성이 커졌다. 뿐만 아니라, 다양한 분야의 지식을 폭넓게 습득하고 학습한다. 종이책과 연필 대신 스마트북을 활용한다.

소위 '거꾸로 교실'이라는 개념이 생겨, 가정에서 인터넷을 통하여 학습하고 학교에서는 자신이 준비해 온 자료를 가지고 토론 중심으로 학습활동을 한다. 스마트 학습(Smart-learning)을 수행하는 거꾸로 교실 전에도 전자장치와 인터넷을 활용한 학습활동으로 전자 학습(Electronical-learning), 게임 학습(Game-learning), 모바일 학습(Mobile-learning), 유비쿼터스 학습(Ubiquitous-learning), 정보통신 학습(Information and Communication Technology-learning) 등이 있었다. 그러나 연결세대는 교수자에 의한 '교육'이 아니라, 스스로 배우고 익히는 '개별 맞춤형 학습'을 선호한다.

연결세대의 스마트 학습을 위해서는 지능형 맞춤 학습 체제로 혁신하여 교육환경, 교육 내용, 교육 방법, 평가 등 모든 교육 체제를 변화시켜야 한다. 이 세대는 학습자와 학습자, 교수자와 학습자, 학습자와 콘텐츠, 학습자와 스마트 기기 사이의 소통을 통해 학습에 참여한다. 또한 채팅이나 여러 소통 도구나 응용 소프트웨어를 통한 토론과 협력도 자연스러우며, 자신의 의견을 개방하고 공유한다. 콘텐츠를 공유하고 정보통신기술을 최대로 활용한다. 그 결과, 전통적인 교육 방식인 교수자에 의한 수직적이고 일방적인 강의에서 탈피하여 수평적이고 상호 대화적인 방식으로 학습에 참여하고 있다.

그러므로 연결세대의 교육에서는 장비나 기기보다는 학습 콘텐츠나 학습 방법이 더 중요하다. 또한 지식을 공유하는 것에 가치를 부여하기 때문에 학교, 제도 등의 교육시스템은 팀을 구성하여 학습할 수 있는 협력과 토론의 장을 제공하거나, 자신의 의견을 전문가와 공유하거나 전문가에게 확인받도록 해야 한다. 즉, '무엇을 알고 있느냐'가 아니라, '무엇을 학습할 수 있느냐'가 중요하다고 생각한다.

5) 정신적인 측면

많은 결정을 스마트 기기와 인터넷에 의존한 결과, 자신의 의사를 결정하는 데 큰 어려움을 겪는 사람이 많다. 'xxx 마니아', '오타쿠', '덕후' 등의 신조어가 생겨날 정도로, 어떤 분야에 지나칠 정도로 깊게 빠져드는 새로운 인간형이 만들어지고 있다. 그러나 기업에서는 오히려 이들의 몰입적인 전문성을 인정하여 인재로 채용·활용하기도 한다.

6) 소통적인 측면

대화보다는 주로 문자를 활용하고 줄임말(ㅇㅈ, ㅇㅋ, ㅊㅋㅊㅋ …)과 이모티콘(^0^, ^^;, ㅠㅠ, ☹ …), 간단한 그림 활용을 선호하기 때문에 장문의 글을 쓰는 데 어려움을 겪는 사람이 많다. 뿐만 아니라, 관련 내용에 대한 '링크', '해시태그' 등을 전송한다. 내용을 전파하고 검색하는 데는 빠르지만 지식을 축적하거나 지식을 활용하고 응용하는 부분에는 약하다.

소셜 네트워크 서비스 시스템과 스마트 기기를 통하여 실시간으로 소통하므로 어떤 사건이나 이벤트를 빠르게 접한다. 관계와 참여를 중요하게 생각하기 때문에 경험을 공유하기를 선호하고 자신을 과시하거나 인증하는 것을 즐긴다.

디지털 기기 사용에 능숙하여 가정용 감시 카메라, 에어컨, 자동차 등 각종 장비의 제어에 어려움이 없고, 새로 나온 기기를 사용할 때도 사용 설명서를 따로 읽어 볼 필요가 없다.

7) 조직적인 측면

기존의 수직적 조직문화에서 수평적인 조직문화로 변혁을 가져올 뿐만 아니라, 조직 내에서 자신들만의 새로운 조직을 형성하기도 한다. 공개 또는 비공개 조직을 통하여 파벌이 형성되기도 하지만 조직의 변화와 발전을 이끌기도 한다.

이들에게는 조직의 일과 개인의 일을 구별하기가 어려울 수도 있다. 조직 내의 일을 조직 밖에서 수행하는 경향을 보이기도 하고 공적인 일과 사적인 일의 구분을 없애 사회적 문제를 야기하기도 한다.

이전의 조직 문화와 비교하면 인간관계가 국제적으로 더 넓게 맺어지고 있으나 피상적인 연결인 경우가 많다(의미 없이 연결된 인간관계가 많다). 그러므로 일부의 연결세대들은 초연결 조직 안에서의 활동과 물리적인 현실에서의 사회 활동을 구별하기도 한다.

이들은 조직의 '집단 지성'으로 행동할 수도 있으며 새로운 제안과 토론으로 소속 조직은 물론 기업, 사회, 정치까지 변화시키고 있다.

8) 문화·예술적인 측면

스마트 기기나 네트워크를 활용한 새로운 예술 작품을 생산하기도 하고, 디지털 미디어와 연결 상황을 작품으로 구상하기도 한다. 예를 들어, 어느 전시장에서 구글의 지도를 이용한 거리뷰를 프로젝터로 벽면에 투사하여, 실시간으로 변하는 특정 지역을 보여 주는 작품을 전시한다고 가정하자. 그러면 관객은 마치 자신이 작품 속의 장소에 와 있는 듯한 공간적인 일체감을 느끼면서 작가의 의도를 파악한다. 또 다른 예로 키넥트 등을 활용한 그림 속의 이미지들과 상호작용을 통해 새로운 디지털 미디어 작품을 창출하기도 한다.

이와 같이 예술 작품에서 도구(미디어)의 변화는 새로운 분야의 예술 세계, 지금까지 없던 '전위'적인 작품 세계를 탄생시킨다. 이것은 곧 새로운 예술과 문화 세계를 이끌어 가는 세대들이 주도한다.

그러므로 연결세대는 사진, 비디오, 광고 등을 활용한 예술로 세태를 풍자하거나 대사회적 비판의식과 시대정신을 표현하기도 한다. 이들은 시각적이고 감각적인 예술 세계를 선호한다. 이들은 과거 인상파 화가라든가 팝 아티스트, 비디오 아티스트와 같이, 현 시대의 예술을 뛰어넘어 미래 예술 세계로 도약한다. 예술을 통하여 한 시대를 극복하고 더 나아가 새로운 문화를 창출하는 것이다.

연결세대의 예술은 인간과 문화 중심의 예술이며, 첨단 미디어기술이 요구되는데, 다양한 미디어기술을 통합하고 이용하여 장르를 구별하지 않는다.

〈그림 2.5〉는 추상적인 이미지의 동영상을 전시 공간에 투사하여 환상적인 이미지를 제공하는, '제놈'이라는 제목의 디지털 미디어 아트다.

그림 2.5 제놈(김유영, 2016. 6., 200cm×250cm×250cm)

〈그림 2.6〉은 '비밀의 방'이라는 작품으로, 키넥트를 활용하여 관람객이 손짓을 하면 전등이 순서대로 켜지거나 꺼지면서, 동시에 배경화면에 나타난 이미지와 어우러진다.

그림 2.6 비밀의 방(권양희·이진실, 2016. 6., 200cm×300cm×250cm)

〈그림 2.7〉은 '컨덕트 이모션(Conduct Emotion)'이라는 작품으로, '까칠이'라는 로봇이 관람자의 목소리를 듣고 목소리에 표현된 다양한 감정을 행동으로 나타내어 관람자의 흥미를 끌고 있다.

그림 2.7 컨덕트 이모션(권양희, 2016. 6., 40cm×30cm×50cm)

이 외에 게임이나 오락 분야에서도 컴퓨터와 상호작용하는 게임이 아니라, 네트워크를 통한 사이버 공간이나 가상현실에서의 게임, '포켓몬 고(Go)'와 같은 범지구적인 네트워크를 통한 연결 게임 문화에 익숙하다.

그리고 건강관리 역시 네트워크를 통해 병을 진단하고, 현재의 건강 상태를 의사와 실시간으로 상의하거나 각 보건 의료 시스템에 저장하여 실시간으로 자신의 건강을 관리한다. 의사의 개입 없이도 의료 보건 기기들이 자동적·지능적으로 진료하거나 건강을 관리하도록 한다.

이와 같이 연결세대는 지금까지 없었던 새로운 문화를 창출하기 때문에 대학이나 기업에서는 이들의 블로그나 소셜 네트워크 서비스를 검색하여 개인의 활동사항이나 관심사를 분석해 입학이나 채용을 결정하기도 한다. 가까운 예로 최근 미국 매사추세츠공과대학교는 이 대학에서 제공하는 공개 온라인 수업을 받은 한 인도 학생의 입학을 허가하기도 했다.

결국 연결세대의 문화적 특성은 그들이 사회, 조직, 기업, 학교 등 모든 곳에 영향력을 미치고 도전하여 미래를 변혁시키는 '리더'라는 것이다. 그러나 범지구적으로 볼 때, 정보기술이나 네트워크기술의 인프라가 미치지 않는 지역이나 계층은 연결세대와의 문화적 소외가 크다. 이 문화적 소외는 곧 경제적인 이슈와 연결되기 때문에 연결세대가 해결하여야 할 과제다.

chapter 3

소셜 네트워킹

오일러가 그래프에 대한 관심을 불러일으킨 이래, 그래프는 수학의 한 응용 분야로 수백 년간 연구되어 왔다. 그래프는 많은 특성이 있기 때문에 여러 분야에서 응용되고 있다. 특히 컴퓨터가 나타난 이후에는 컴퓨터 프로그램을 통하여 인간이 그동안 해결하지 못했던 많은 문제를 쉽게 해결할 수 있게 되었다. 이 장에서는 그래프의 정의와 특성을 간단하게 살펴보고, 그래프의 여러 이론을 적용하는 소셜 네트워크에 대하여 살펴본다. 그래프를 좀 더 구체적으로 표현하기 위하여 간단한 수학적 표기를 사용한다.

1. 그래프와 네트워크

그래프는 점(정점, 노드)과 점 사이를 연결하는 간선(에지, 타이)으로 구성되어 점과 점 사이의 '관계'를 표현하는 구조다. 지도나 교통망 같은 것들이 그래프의 대표적인 예다. 지도에 있는 여러 도시들이 간선으로 어떻게 연결되고, 어떠한 관계(거리, 시간, 인구 등)인지를 나타내는 것이다. 그래프를 응용하여 한 도시에서 다른 도시로 갈 때 가장 짧은 경로를 택하려면 어디로 가야 하는지, 어느 경로(간선)에서 차량이 가장 밀리는지 등을 알 수 있으며, 이러한 원리가 내비게이션에도 응용된다. 이 외에 전자회로, 일정관리, 공정관리, 족보, 친구관계, 사회관계망, 선수과목 정리 등도 그래프의 예다. 또한 웹, 인터넷, 소셜 네트워크 등에도 적용된다.

1) 그래프의 정의와 응용

그래프는 간단히 말하면 어떤 대상(객체)의 집합 사이에서 관계를 짓는 것이다. 즉, 그래프 G는 객체인 정점의 집합 V와 간선의 집합 E의 쌍으로 구성된 G = (V, E)로 나타낸다. 여기에서 정점들의 집합 V = $\{v_1, v_2, \cdots, v_{n-1}, v_n\}$과 간선들의 집합 E = $\{e_1, e_2, \cdots, e_{k-1}, e_k\}$이다. 이때 간선은 두 개의 정점을 서로 연결하는 것이다. 그러므로 그래프는 정점의 집합 V에 속하는 부분집합인 두 개의 원소 u, v ∈ V에 대하여 하나의 간선인 e = {u, v}를 집합으로 나타낸다. 이때 하나의 간선 e는 e ∈ E로 E의 원소이며, u와 v는 각각 간선 e의 서로 다른 쪽 끝점이다. 그래프에서 각 간선은 끝점에 있는 각 정점 사이에서 대칭적 관계를 지닌다. 이것은 끝점이 서로 '방향성 없이' 연결되어 있다는 의미이다. 이때의 그래프를 '무방향 그래프'라고 한다. 그러나 끝점이 서로 비대칭일 때도 있는데 이러한 그래프를 '방향성이 있는 그래프'라고 한다. 다른 말로 '방향 그래프'라고도 한다.

방향이 있는 그래프 G는 정점 V의 집합과 방향이 있는 간선 E의 집합으로 구성된다. 그러므로 간선의 집합 E에 속하는 각 간선 e(e∈ E)는 순서가 의미를 갖는 순서쌍 (u, v)이다. 즉, u와 v에 대한 e = {u, v}에서 순서를 바꾸면 방향이 다르게 되므로 다른 의미가 된다. 그러므로 u와 v의 순서가 서로 바뀌는 e = {u, v}와 e = {v, u}는 다른 의미다. 여기에서 u → v와 v → u는 각각 'u에서 v로 간다'는 의미와 'v에서 u로 간다'는 의미를 가진다.

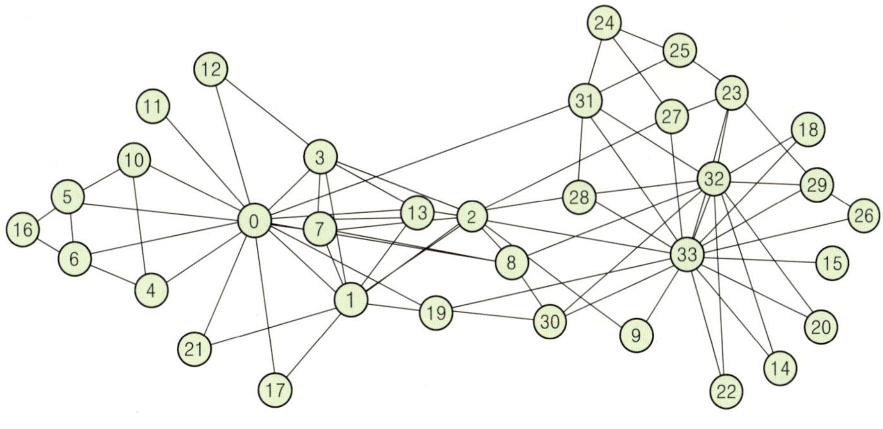

그림 3.1 무방향 그래프의 예

예를 들어, 〈그림 3.1〉은 정점과 간선으로 구성된 무방향 그래프이다. 〈그림 3.1〉에서 정점의 집합 V = {0, 1, 2, … , 32, 33}과 간선들의 집합 E = {(0, 12), (1, 19), (32, 33), … , (5, 6), (3, 12)}이다. 이와 같이 한 간선 (0, 12)는 정점 0에서 정점 12로, 혹은 정점 12에서 정점 0으로 방향성 없이 연결되어 있으며, 간선에는 연결의 의미 외에 특별한 의미가 부여되지 않았다.

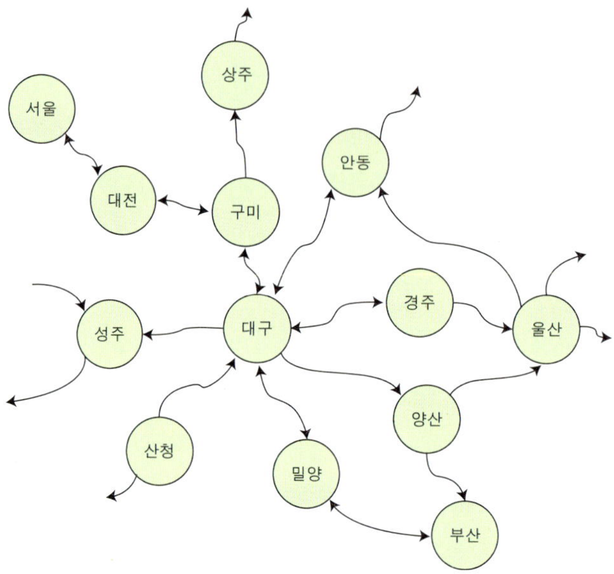

그림 3.2 방향 그래프의 예

〈그림 3.2〉는 정점과 간선으로 구성된 방향 그래프이며, 정점의 집합 V = {대구, 서울, 구미, … , 부산, 울산}과 간선들의 집합 E = {(대구, 경주), (경주, 대구), (구미, 상주), (서울, 대전), (대전, 서울), … , (경주, 울산), (양산, 부산)}이다. 이 방향 그래프는 〈그림 3.2〉에서 보듯이 정점인 도시 이름과 도시 이름 사이를 간선이 '화살표'로 연결하고 있다. 이 화살표로 된 간선은 한 도시에서 다른 도시로 가는 일정한 방향이 있다는 의미다. 즉, '대구와 경주' 사이의 '양쪽으로 화살표'가 있는 간선(대구, 경주)은 정점 '대구'에서 정점 '경주'로, 혹은 정점 '경주'에서 정점 '대구'로 방향성 있게 연결되어 있다는 의미다. 예를 들면 대구라는 도시에서 경주라는 도시로 가는 경로가 있으며, 경주에서도 대구로 가는 경로가 있다

는 의미다. 반면 경주에서 울산, 또는 양산에서 울산으로 가는 경로는 있지만, 울산에서는 경주나 양산으로 갈 수 있는 경로가 없다. 그러므로 방향 그래프에서는 간선에 연결의 의미 외에 방향의 의미도 부여된다.

여기에서는 방향 그래프보다는 무방향 그래프를 중심으로 살펴본다. 그러므로 여기에서 그래프라고 하면 무방향 그래프를 의미한다. 무방향 그래프에서 간선 e는 여러 정점 중에서 {u, v}와 같이 집합으로 표기될 수 있으며, 하나의 순서쌍인 e = (u, v)로 나타낼 수도 있다. 또한 그래프에 어떤 특성(간선에 가중치 부여)을 부여하여 '네트워크'라고도 하며, 네트워크에서는 한 정점을 '노드'라고 한다. 이 장에서는 정점과 노드를 같은 의미로 사용한다.

2) 그래프의 모양

그래프에서는 몇 개의 이슈를 생각할 수 있다. 즉, 무방향 그래프 G에 정점이 n개 있다면 간선은 몇 개일까? 몇 개의 간선으로 모든 정점을 연결할 수 있을까? 그래프에서 어느 정점을 거치면 가장 짧게 특정 정점까지 갈 수 있을까? 특정 정점에서 지정한 정점까지 길이는 얼마나 될까? 여기에서는 이러한 이슈에 관심을 두고 무방향 그래프 G의 특성 몇 가지를 살펴본다.

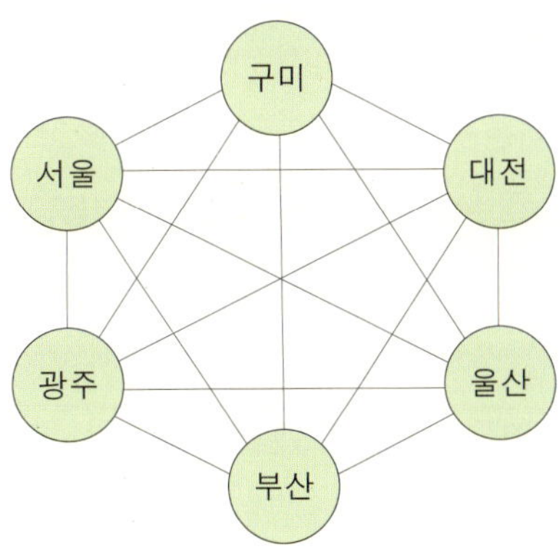

그림 3.3 완전 그래프의 예

그래프 G에 정점이 n개 있다면 순서 없이 간선의 수는 n×(n-1)/2이다. 그러므로 정확히 n개의 정점이 있는 무방향 그래프에 n×(n-1)/2개의 간선이 있다면 이 그래프를 '완전하다'고 한다. 예를 들어 〈그림 3.3〉은 완전한 그래프로 정점 6개 모두가 서로 연결되어 있다. 그러므로 이 그래프의 간선의 수는 모두 6×(6-1)/2=15로 '완전 그래프'다.

그러면 n개의 정점이 있는 방향 그래프에서 간선 수는 최대 몇 개일까? n개의 정점이 있는 무방향 그래프에는 n×(n-1)/2개의 간선이 있으나, 방향 그래프에서는 간선의 방향이 의미를 지니는 '양방향'이므로 한 간선은 두 개의 간선이 된다. 그러므로 방향 그래프에서 최대 간선 수는 n×(n-1)이다.

〈그림 3.4〉와 같은 방향이 있는 완전 그래프의 경우 정점이 6개이고, 각 정점을 완전하게 연결하는 방향이 있는 간선은 '양방향'이므로 각 정점 사이의 간선은 두 개씩 있어서 30개다.

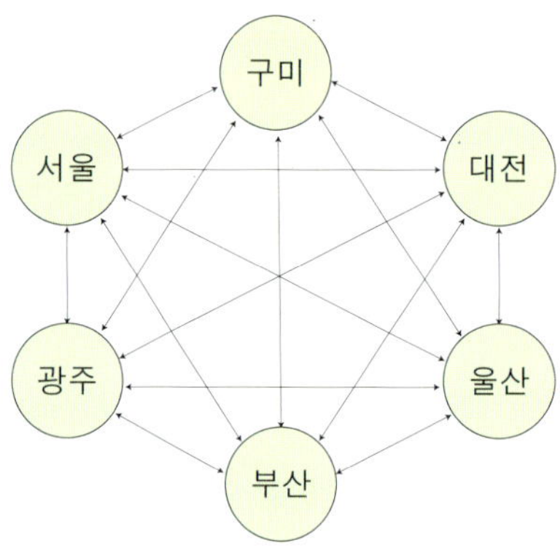

그림 3.4 방향이 있는 완전 그래프의 예

어떤 그래프 G′의 정점의 집합 V(G′)와 간선의 집합 E(G′)가 다른 그래프 G의 정점의 집합 V(G)와 간선의 집합 E(G) 사이에서 V(G′)⊆V(G)이고 E(G′)⊆E(G)인 관계를 가지면 그래프 G′를 그래프 G의 서브그래프라고 한다. 즉, 서브그래프 G′는 어떤 그래프 G의 '일부인 그래프'다.

〈그림 3.5〉는 V′⊆V이고 E′⊆E로 〈그림 3.3〉의 서브그래프다. 이 그래프 G′에서 정점의 집합은 V′ = {구미, 대전, 서울, 광주, 부산}이고, 간선의 집합은 E′ = {(구미, 서울), (구미, 대전), (구미, 부산), (서울, 대전), (서울, 부산), (광주, 대전), (광주, 부산)}이다.

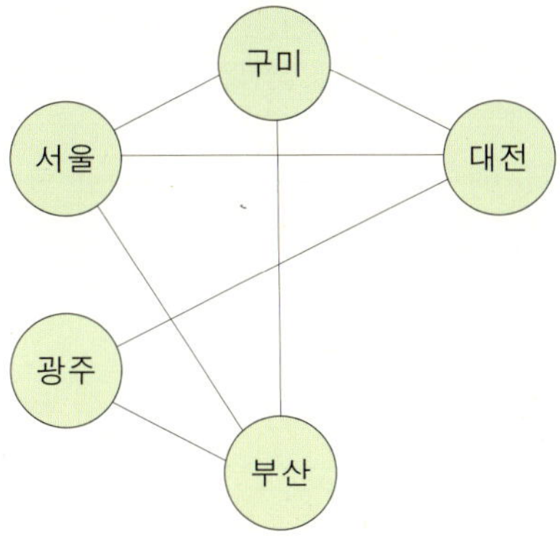

그림 3.5 그림 3.3의 서브그래프

무방향 그래프에서 최대 연결 서브그래프를 '(연결) 컴포넌트'라고 한다. 그러므로 한 개의 컴포넌트만 있으면 무방향 그래프는 연결되어 있다. 〈그림 3.6〉의 그래프에는 두 개의 컴포넌트가 존재하지만, 연결되어 있지는 않다. 즉, 정점 구미와 광주는 연결되어 있지만, 정점 서울과 울산은 연결되어 있지 않다. 정점의 집합은 V = {구미, 서울, 광주, 대전, 울산, 부산}이고, 간선의 집합은 E = {(구미, 서울), (구미, 광주), (서울, 광주), (대전, 부산), (대전, 울산), (울산, 부산)}이다.

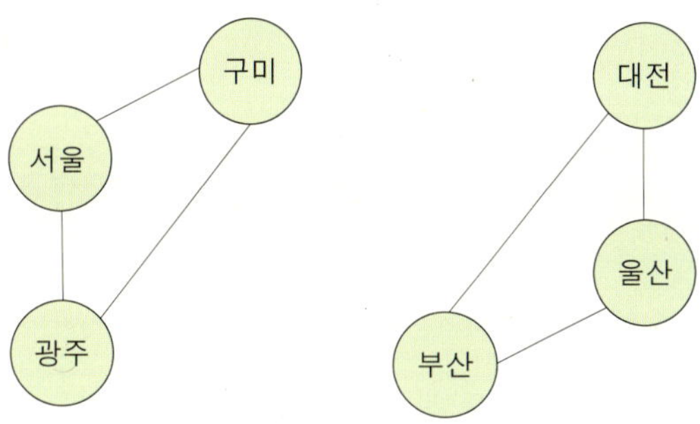

그림 3.6 두 개의 컴포넌트가 존재하는 그래프

3) 그래프의 경로와 연결

무방향 그래프에서 '경로'를 살펴본다. 그래프 G 안에 있는 간선의 집합 E의 한 간선 e = {u, v}에 대하여, u와 v는 서로 인접해 있다고 하고, {u, v}는 u와 v 위

에서 투사한다고 한다.

그래프 G에서 연결된 두 개의 인접한 정점 v_i에서 v_j로 가는 '경로'는 $v_1=v_i$, $v_n=v_j$이고, i = 1, 2, …, n에 대하여 $(v_i, v_{i+1}) \in E(G)$인 정점 $v_1, v_2, \cdots, v_{n-1}, v_n$들의 연속이다. 그러므로 어떤 경로의 '길이'는 경로 위에 있는 간선의 수가 된다.

모든 정점이 서로 다를 때를 경로가 '단순'하다고 한다. '사이클'은 $n > 2$인 $v_1, v_2, \cdots, v_{n-1}, v_n$의 경로에서, 처음 n-1개의 정점은 각각 다른 정점이며, 맨 처음 정점 v_1과 마지막 정점인 v_n에 대하여 $v_1=v_n$인 경로다. 즉, 정점 v_1에서 시작하여 $v_2, \cdots, v_{n-1}, v_n$를 거쳐 v_1로 되돌아가는 경로가 존재하면, 이 경로는 사이클이며, 그래프에는 사이클이 있다고 한다.

이와 같이, 그래프 G 안에 있는 한 간선 e = {u, v}에 대하여, u에서 v로 가는 경로가 있으면, u와 v는 서로 '연결'되어 있다고 한다. 그러므로 무방향 그래프는 G 안에 있는 서로 다른 정점인 $v_i, v_j \in V(G)$의 각 쌍에 대하여 G 안의 v_i에서 v_j로 가는 경로가 존재하면 무방향 그래프 G는 연결되어 있다고 한다.

그러나 방향 그래프에서 연결의 정의는 약간 복잡하다. 왜냐하면, u에서 v로 직접 가는 경로는 없더라도, u에서 v로 가는 다른 경로는 있을 수 있기 때문이다. 그러므로 방향 그래프에서는 두 개의 정점 u와 v에 대하여, u에서 v로 가는 경로와 v에서 u로 가는 경로가 같이 존재할 경우 u와 v가 '강하게 연결'되었다고 한다.

예를 들어 보자. 〈그림 3.3〉의 그래프 G = (V, E)에서 정점의 집합은 V = {구미, 서울, 대전, 울산, 광주, 부산}이며, 간선의 집합은 E = {(구미, 서울), (구미, 광주), (구미, 부산), (구미, 울산), (구미, 대전), (서울, 광주), (서울, 부산), (서울, 울산), (서울, 대전), (광주, 대전), (광주, 울산), (광주, 부산), (부산, 대전), (부산, 울산), (울산, 대전)}이다.

그러므로 〈그림 3.3〉의 그래프에 존재하는 여러 경로 중에서 정점의 연속인 (구미, 부산), (부산, 대전)은 하나의 경로이고, (서울, 대전), (대전, 울산), (울산, 광주)도 하나의 경로이다. 그리고 이 경로 위에 있는 (서울, 대전)의 간선 한 개, (대전, 울산)의 간선 한 개, (울산, 광주)의 간선 한 개가 있으므로 경로 위에 있는 간선의 수인 3은 경로의 '길이'다.

그래프는 적용 분야에 따라 여러 용어로 불리는데, 이미 언급한 것처럼 그래프의 간선에 '가중치'를 부여한 경우를 특별히 '네트워크'라고 부른다. 가중치는 각 정점 v_i과 v_j 사이에서 발생할 수 있는 의미를 가지는 값이다. 네트워크는 노드(N)와 간선(E)의 집합인 N = {N, E}로 나타내는데, 기본적으로 그래프이므로 노드와 간선에 대해서는 그래프와 같은 특성을 지닌다.

〈그림 3.7〉의 그래프 예에서 도시나 지명을 나타내는 각 정점 사이의 간선에 부여된 수치값은 도시나 지명 사이에서 소요되는 시간을 나타낸다. 이와 같이 간선의 가중치는 시간, 거리, 속도, 일정, 날짜, 기간, 통화 횟수, 친한 정도 등 실질적인 값이나 가상적인 값으로 정점 사이에서 발생하는 의미를 부여한다. 〈그림 3.7〉의 네트워크에서 방향은 나타내지 않았다.

4) 네트워크의 예

위와 같은 특성을 지니는 그래프는 간단하게 말하면, 어떤 '사물(모든 개체)'의 모임(정점의 집합)과 그 사물들의 일부를 '연결(참여)'하는 것(간선의 집합)으로 정의할 수 있다.

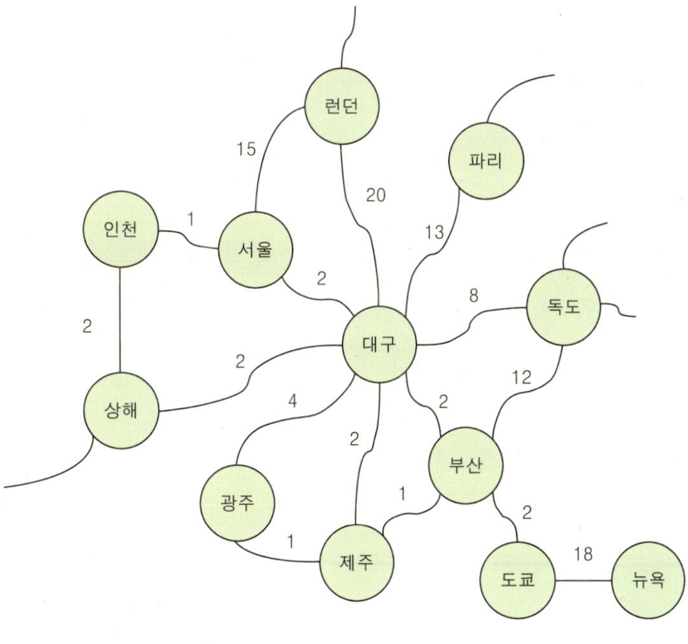

그림 3.7 도시 사이의 소요 시간을 보이는 네트워크의 예

이와 같이 모든 것을 연결하는 그래프는 일상생활에서 매우 중요하게 취급하는 모형으로 적용하는 분야에 따라 여러 가지 특성을 지니고 다양하게 사용된다. 그러므로 적용 분야에 따라 그래프의 정의와 특성은 필요한 '문제를 해결'하는 수단이 된다.

이때 문제를 해결하는 과정에서 적용 분야에 따라 정점과 간선의 의미가 달라지기 때문에 의미를 파악하는 것이 필요하다. 즉, 아래와 같이 정점이나 간선의 실체가 각각 다르게 적용될 수 있다.

- 정점과 간선이 둘 다 실세계에 있는 물리적인 개체(혹은 객체)일 경우
- 정점은 실제의 물리적인 개체지만 간선은 가상적일 경우
- 정점이나 간선 둘 다 순수하게 가상적일 경우

위의 물리적이거나 가상적인 정점과 간선에 대한 그래프의 예를 살펴보자.

(1) 수송 네트워크

자동차, 기차, 항공기 등과 같이 승객이나 화물을 수송하는 경로를 표시하는 지도에 적용할 수 있다. 그러므로 지도의 정점은 도시, 공항, 항만 등을 나타내고 간선 e = (u, v)는 도시나 공항에서 v로 한 번에 가는 경로를 나타낸다. 이러한 네트워크에서는 대부분의 그래프가 방향을 가지게 된다. 그러나 실제로는 간선 (u, v)가 곧 간선 (v, u)가 된다. 즉, 간선은 있지만 무방향 그래프가 된다. 수송 네트워크에서 표시되는 정점은 역이 될 수도 있고, 버스 정류장이 될 수도 있고, 항구가 될 수도 있다. 지하철 노선도도 마찬가지다. 지하철 노선도의 역이 정점이 되면, u와 v를 잇는 간선은 역과 역을 한 번도 정차하지 않고 가는 연결이 된다. 이처럼 수송 네트워크에서는 정점과 간선 모두 실세계에 있는 물리적인 객체다.

(2) 통신 네트워크

컴퓨터가 물리적인 통신선으로 연결되면 컴퓨터의 다양한 형태 혹은 속성에 따라 여러 형태의 그래프 유형이 나타난다. 즉, 정점이 물리적인 컴퓨터 자체인

지, 서비스인지, 아니면 컴퓨터를 운용하는 사람인지에 따라 그래프의 모형이 달라진다. 이러한 그래프 모형에 따라 정점이 물리적일 수도 있고, 가상적일 수도 있다. 각 정점이 컴퓨터라면 정점 u와 v를 연결하는 실제의 통신선은 간선이다. 또한 인터넷에서는 인터넷 서비스를 제공하고 운용하는 사람이 정점이 되고, 데이터를 주고받는 '친구관계'가 간선이 되어 연결될 수도 있다. 이 경우에는 사람과 사람을 친구라는 관계로 연결하는 가상성이 강하기 때문에 연결은 '가상적'이다. 컴퓨터 사이의 통신선 연결이 물리적 연결인 것은 물론이지만, 사람과 사람을 친구라는 의미로 연결하는 가상성도 포함하고 있는 것이다.

무선 네트워크에서도 물리적인 공간의 컴퓨팅 장치가 정점이고, 장치로부터 신호를 충분하게 주고받는 두 장치를 간선으로 연결한다. 이때 두 정점 u와 v는 신호가 전달될 수 있을 만큼 가까운 위치에 있으며, 간선은 물리적이지 않고 가상적으로 연결된다. 그리고 전파 신호를 받을 수 있는 장치도 있지만 받을 수 없는 장치(전파의 세기, 지형적 원인, 비행기 안, 도서관, 공연장, 수신전용 장치 등)도 있을 수 있기 때문에 방향이 있는 그래프가 될 수 있다.

이러한 통신 네트워크에서는 정점이 실제의 물리적(컴퓨터, 스마트폰 등)인 객체일 수도 있고 가상적(사람, 운영자, 정보 서비스, 자료 등)일 수도 있으며, 간선 역시 물리적(통신선, 포트 등)일 수도 있고 가상적(전파 등)일 수도 있다.

(3) 정보 네트워크

월드 와이드 웹은 자연스럽게 방향 그래프가 된다. 정점은 웹 페이지가 되고, 간선 e=(u, v)는 u에서 v로 가는 하이퍼링크다. 여기에서 방향성은 매우 중요하다. 즉, 많은 페이지에서 인기 있거나 중요한 사이트로 연결하지만, 연결된 각 사이트가 자신을 연결한 모든 페이지와 양방향 일 대 일로 명확하게 연결되는 것은 아니다.

이러한 하이퍼링크 연결 구조를 통하여 웹에서 가장 중요한 페이지를 알아내거나 찾아낼 수 있다. 또한 특정 검색어를 통하여 관련 페이지를 찾아내어 연결해 주기도 하고 데이터베이스 등에서도 사용한다. 이와 같이 웹의 하이퍼텍스트 구조는 여러 정보 네트워크를 구성하는 그래프다. 이때 정점인 각 사이트나 페이지는 가상적인 동시에 물리적이며, 하이퍼텍스트에 의한 연결은 가상적이다.

(4) 종속관계 네트워크

어떤 객체들 사이에서 상호 종속관계는 '방향 그래프'로 쉽게 나타낼 수 있다. 예를 들어, 〈그림 3.8〉과 같이 어느 대학 학과의 학년별 개설 과목에서 특정 과목을 수강하기 위해 미리 수강해야 하는 선수과목이 있을 경우 과목 사이에 '먼저'와 '나중'이라는 종속관계가 존재한다. 즉, 두 개의 과목 이름을 정점 u와 v라 하면, 정점 u에서 v로 가는 방향이 있는 간선이 존재한다. 이것은 u를 먼저 수강하고 v를 나중에 수강해야 한다는 종속의 의미를 가지는 종속관계 네트워크다.

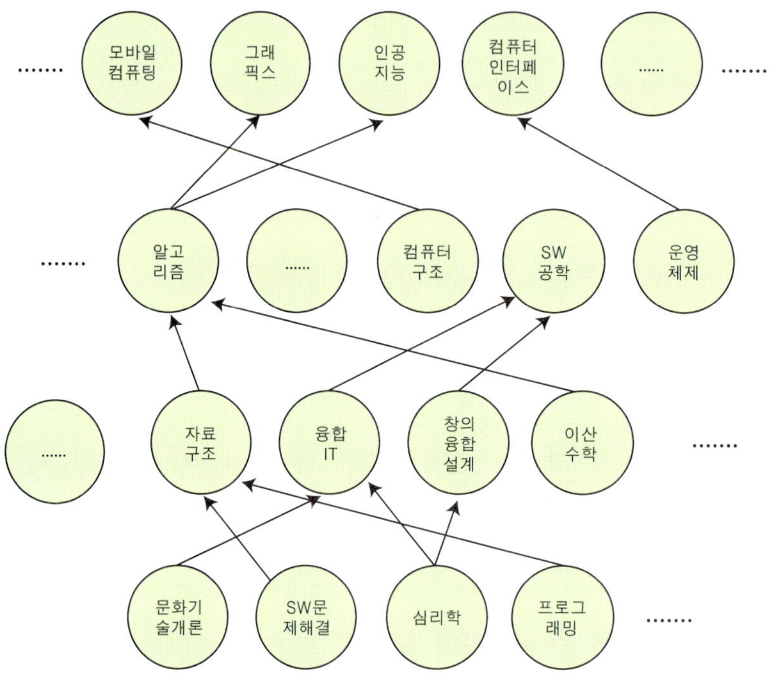

그림 3.8 선수과목에 대한 종속관계 그래프의 예

또 어떤 대형 소프트웨어 시스템에서 각 기능이나 모듈이 있다면, 각 기능은 정점이 되고, u가 v를 함수 호출로 구동시킨다면 u에서 v로 가는 간선이 존재하게 된다. 〈그림 3.9〉는 대형 소프트웨어를 개발하는 과정에서 각 모듈 사이의 순차적인 실행 순서에 따른 모듈과 모듈 사이의 종속관계를 나타낸 그래프다. 각 모듈은 화살표의 방향으로 순서에 따라 실행하므로 위의 모듈이 실행을 마쳐야 다음 모듈을 실행하는 종속관계다. 이러한 종속관계 그래프를 활용하면 여러 문제를 해결하거나 시스템을 개발하는 데 효과적일 수 있다.

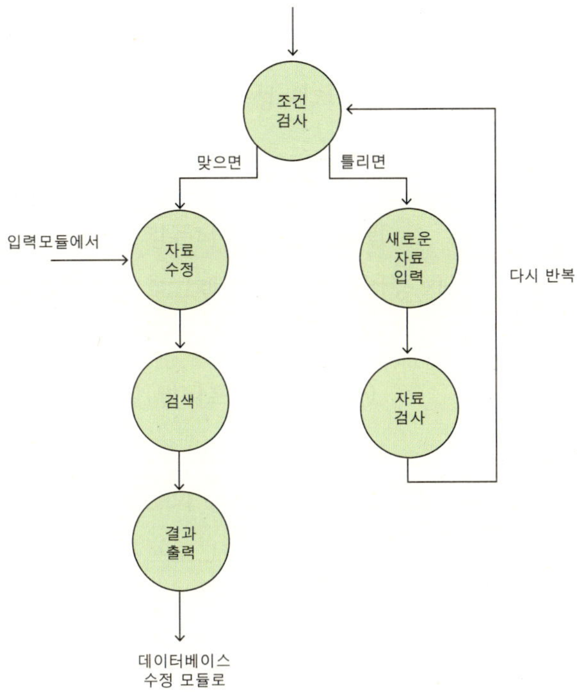

그림 3.9 소프트웨어 모듈 사이의 종속관계 그래프의 예

(5) 소셜 네트워크

상호작용(회사 직원, 학생, 마을이나 도시의 주민, 어느 스타의 팬들, 동창회 등)하는 사람들의 모임이 있다고 하자. 이 경우에는 사람이 정점이 되고, 간선 e=(u, v)는 사람인 정점 u와 v가 서로 '친구관계'를 형성하는 네트워크로 정의할 수 있다. 그리고 간선 e=(u, v)는 친구관계 외에도 다른 여러 유형의 관계를 의미할 수도 있다.

소셜 네트워크에서의 무방향 간선 (u, v)는 친구관계는 물론, 친척관계, 팬, 선거권자와 피선거권자, 신용관계, 재정관계, 좋아하는 관계, 고용관계 등 다양한 사회적인 관계를 형성할 수 있다. 그리고 방향이 있는 간선 e=(u, v)는 u와 v 사이에서 특정 지어지는 관계를 말할 수 있다. 예를 들어, u가 v에게 메일을 보낸다거나, u가 항상 v에게 일에 관한 보고를 한다면, u와 v 사이가 고용관계임을 말할 수 있다.

또한 협력에 바탕을 두는 소셜 네트워크를 생각할 수 있다. 사람의 집합 X와 조직의 집합 Y가 주어지고, 한 사람 u가 어떤 조직 v에 속한다면, $u \in X$와 $v \in Y$ 사이에 소속을 나타내는 간선 $e = (u, v)$를 정의할 수 있다. 〈그림 3.10〉은 협력 관계를 나타내는 소셜 네트워크다.

이러한 소셜 네트워크는 사람 사이의 관계와 상호작용이 사회 속에서 어떠한 영향을 미치는가를 알아내기 위하여 사회학에서 많은 관심을 두고 활용하고 있다. 예를 들면, 직장이나 사회에서 '가장 영향력 있는 사람'을 알아내거나, 사회적으로 '신뢰할 수 있는 관계'를 구성하거나, 유행, 소문, 유언비어, 질병, 이메일 바이러스, 광고 등이 어떻게 전파되는지 알아내기 위해 추적하거나 차단하는 데 활용하기도 한다. 한 사람 u가 v라는 조직에도 속하고, 학교나 특정 모임에도 속할 수 있다. 그러면 u는 학교는 물론 v라는 조직에 속함을 간선으로 표현한다.

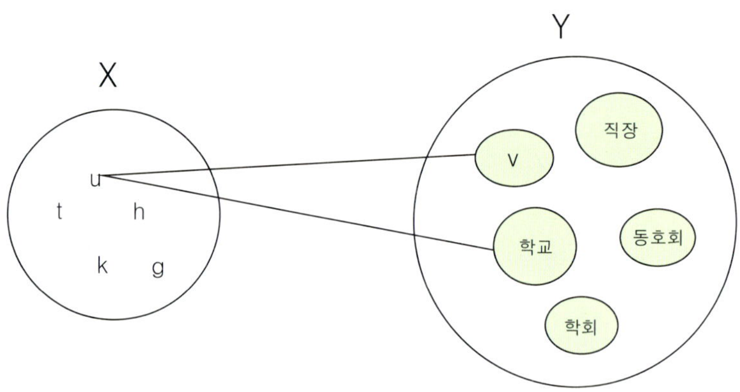

그림 3.10 협력 관계를 나타내는 소셜 네트워크

5) 트리

사회생활에서 '계층구조'를 나타내거나 특별히 계층적인 구조의 속성을 잘 표현할 수 있는 그래프를 '트리'라 한다. 이 트리는 그래프의 일종이지만 특정 정점 v_i에서 v_i 자신으로 되돌아올 수 있는 경로인 사이클이 존재하지 않는다. 이 때문에 위아래 계층을 구분하기 좋아 계층적인 구조를 잘 표현할 수 있다. 트리로 표현하는 계층구조는 계급적인 문화를 가진 사회조직을 의미하는데 기업, 대학, 군대, 가족관계, 족보 등 다양한 예가 있다. 뿐만 아니라, 홈페이지의 연결 관계 설계, 사용자 인터페이스의 설계, 소프트웨어 구조 설계, 운영체제의 실행 순서 등에도 적용한다. 즉, 웹 구조에서 기관의 기본 홈페이지는 뿌리이고 각 부서나 각각의 업무는 자식 또는 후손이 될 수 있다.

〈그림 3.11〉은 한 대학의 조직을 표현하는 트리 구조로 무방향 그래프의 간선들이 계층을 이루는 정점들 사이를 위아래로 연결하고 있다. 그러나, 한 계층에 있는 정점들 사이에는 간선이 연결되어 있지 않다. 즉, 그래프(트리) 안의 정점들 사이의 경로에 사이클이 존재하지 않는다.

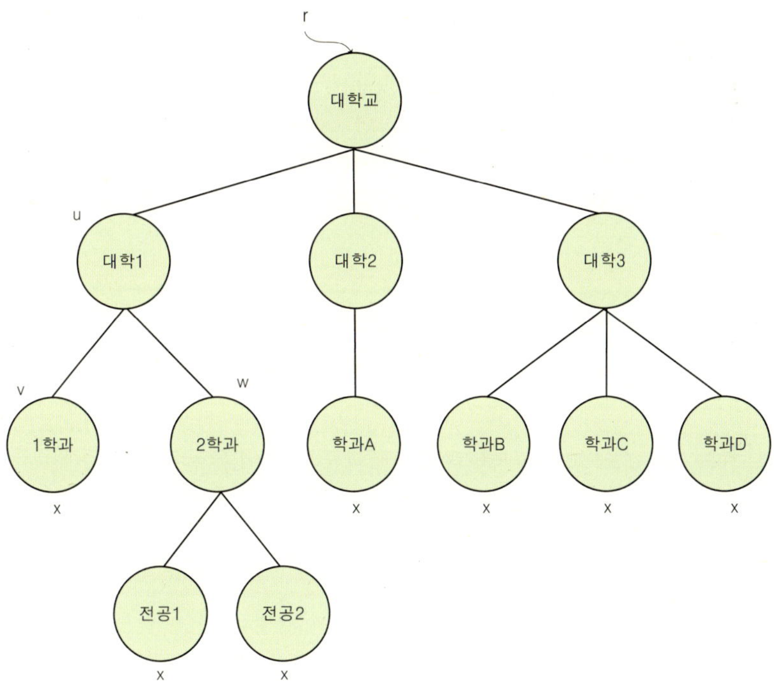

그림 3.11 트리 구조의 예

〈그림 3.11〉의 트리 T에서 트리만의 특성을 간단히 살펴보자. 트리 T는 뿌리(루트)라고 하는 특별한 정점 r에서 나무처럼 가지를 뻗으면서 아래 계층으로 내

려와 아래 계층의 정점을 간선으로 연결하는 가상적인 구조다. 트리 구조는 아래의 특성을 가진다.

- 트리 T의 정점 r을 이 트리의 뿌리(루트)라고 한다. 그러므로 트리 T의 각 간선은 뿌리 r에서 서로 다른 정점 v_i (i=1, ⋯, n)로 내려온다.
- 정점 u는 한 경로에서 v보다 바로 앞(위)에 오기 때문에 u를 v의 '부모'라고 한다.
- 정점 v는 한 경로에서 u보다 바로 다음(아래)에 연결되므로 '자식(차일드)'이라고 한다.
- 마찬가지로, u는 w의 부모이고, w는 u의 자식이다.
- 일반적으로 말하면, w는 u의 후손이고, u는 w의 조상이다.
- 더 이상의 후손이 없는 정점 x를 '잎(터미널)' 노드라고 한다.
- 정점 r인 루트 노드나 정점 x인 잎 노드가 아닌 중간 계층에 있는 정점들을 '중간 노드'라고 한다.
- 같은 계층에 있는 정점(노드) v와 w 사이는 서로 '형제'라고 한다.
- 이 트리는 사이클이 없다.

위의 특성과 더불어, 트리 구조에서 간선에 대하여 몇 가지 사실을 찾아보자.

- 트리에서 정점과 정점을 연결하는 간선을 '가지'라고 한다.
- 트리에서는 루트에서 위로 나가는 간선은 없다.
- 루트에서는 아래로 나가는 간선만 존재한다.
- 트리의 중간 노드에서 부모 노드로 나가는 간선의 수는 반드시 한 개다.
- 트리의 중간 노드에서 자식 노드로 나가는 간선의 수는 여러 개다.
  - 간선의 수가 한 개도 없을 경우에는 중간 노드는 터미널 노드가 된다.
  - 간선의 수가 한 개만 있을 수 있다.
  - 간선의 수가 두 개만 있을 수 있다.
  - 간선의 수가 세 개 이상 있을 수 있다.

- 트리 T의 어떤 노드에서 자식 쪽으로 나가는 간선의 수가 아래의 조건을 만족할 경우 특별히 '이진트리'라 한다(그림 3.12). 이진트리에는 간선이 0~2개만 있다.
  - 한 개도 없거나(간선의 수 0)
  - 한 개만 있거나(간선의 수 1)
  - 두 개만 있거나(간선의 수 2)

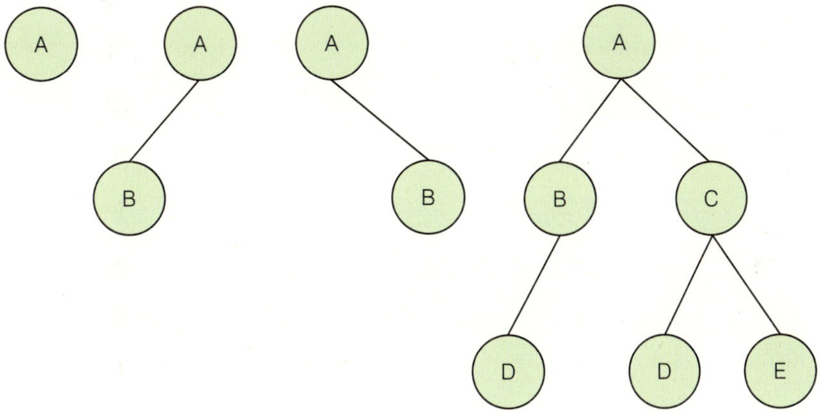

그림 3.12 여러 이진트리의 예

n개의 정점을 가지는 트리 T에서 간선은 모두 몇 개인지 살펴보자.

- n개의 정점을 가진 트리에는 정확히 최대 n-1개의 간선이 있다. 이것은 아래와 같이 확인할 수 있다.
  - 트리 T를 n개의 정점을 가진 무방향 그래프 G라고 한다.
  - 그래프 G는 연결되어 있다.
  - 또한 그래프 G에는 사이클이 없다. 그러므로 정점과 정점 사이의 간선의 수는 정점의 수보다 한 개가 적다.
  - 그래프 G에는 n-1개의 간선이 있다.
  - 결국 트리 T에는 정확히 최대 n-1개의 간선이 있다.

이런 트리의 특성을 이용하여 사회적 구성 요소(객체, 정점, 노드)와 이것들을 연결하는 간선으로 구성된 그래프를 만들고 이를 통하여 여러 사회적인 특성을 표현하거나 분석할 수 있다. 물론 자료의 양이 방대하거나 문제가 어려울 때는 컴퓨터 알고리즘이나 소프트웨어 기술을 활용한다. 아래에서 그래프의 개념을 확장한 소셜 네트워크에 대하여 살펴본다.

2. 소셜 네트워크

사람과 사람 사이의 관계에 대한 연구는 사회학이나 심리학 등 전통적인 여러 인문학 분야에서 수십 년 동안 연구해 왔다. 이들 분야에서는 각종 다양한 형식과 특성을 가지는 소셜 네트워크를 제시했다. 이때의 연구는 주로 '오프라인'에서 사람 사이의 상호작용 방법(면 대 면, 편지, 전화, 모임, 식사, 파티, 조직 상하 관계, 조직에서 개인의 행동 등)을 온라인에도 그대로 적용하려 하였다. 또한 소셜 네트워크가 어떻게 유지되어 왔고, 인간 생활에 어떠한 영향을 주는지 등을 주로 파악하는 연구였다.

1) 사회학과 심리학적인 관심

소셜 네트워크는 여러 분야에서 연구되어 왔으며 많은 사람이 소셜 네트워크의 분석에 관심을 두었다.[8]

심리학계가 사회에 관심을 두면서 소셜 네트워크 연구가 시작되었다. 1930년대 미국 학계는 '게슈탈트(Gestalt) 심리학'에 뿌리를 두고, 인간이 사회에서 어떻게 인간관계를 유지하며 살아가는가에 많은 관심을 기울였다. 즉, 사회 속에서의 인간관계를 측정하고 분석하는 것이었다. 이때는 미국이 대공황을 맞이하여 많은 사람들이 어렵게 생활하고 있을 시기였다. 그래서 심리학이나 사회학에서의 연구는 대부분 '잘 산다는 것을 사람들이 어떻게 받아들이고 느끼는가'에 관한 것이었다. 연구 결과 '사람들이 사회생활을 어떻게 하고, 사람과 사람 사이에

8 존 스콧(John Scott)이 대표적이다.

서 어떻게 관계를 맺고 있는가'에 따라 그 사람이 잘 사는지가 결정된다는 결론이 도출되었다.

이때 제이콥 모레노(Jacob Moreno)는 인간관계를 그래프를 사용하여 시각적으로 표현하였다. 이 그래프는 사람 사이의 관계를 이해하기 쉽도록 각 사람은 점으로 표현하였으며, 다른 사람과의 관계를 표현하기 위한 연결은 간선으로 나타내었다. 이 외에도 쿠르트 레빈(Kurt Lewin)은 개인이 속한 그룹과 그룹 관계를 수학적 모델로 정립하였으며, 프리츠 하이더(Fritz Heider)는 다른 사람들과의 관계에서는 개인의 '지각 능력'이 중요하다고 하였다.

같은 시기에 미국 하버드대학교에서는 사회 속에서 조직을 형성하는 공동체 구조에 관심을 가졌다. 즉, 큰 공동체에 속하는 여러 공동체에서 특별히 응집력이 강한(단합이 강한, 파벌이 센, 배타성이 강한) 작은 공동체(서브 그룹)를 찾아내는 것에 관심이 있었다. 그래프의 서브그래프를 발견하는 것이다. 예를 들어, 직장, 친척 모임, 동아리 모임, 협회, 동창회, 학회 등의 큰 집단에서, 전체 집단에 어떤 영향을 행사하거나 어떤 의미를 지니는 작은 집단이 있는지 찾아내는 것이다. 이런 관심은 인류학자인 알프레드 래드클리프-브라운(Alfred Radcliffe-Brown)에게 많은 영향을 받았으며 주로 공장이나 학교 같은 공동체 생활에 초점을 두었다.

이러한 연구들을 통하여 1954년에 영국 맨체스터의 인류학자인 존 반스(John Barnes)가 '소셜 네트워크'라는 용어를 처음 제시하였다. 더불어 엘리자베스 봇(Elizabeth Bott)은 계량사회학적인 접근 방식으로 공식기관에 관련된 사람들의 관계보다는 각 개인의 비공식적인 사회관계에 관심을 두었다. 개인의 비공식적인 관계는 변화무쌍하고 다양하기 때문에 소셜 네트워크에서는 충돌과 변화가 많이 발생하였다.

이와 같이 많은 연구의 진화를 거치면서 소셜 네트워크의 방법과 분야도 확장되었다. 대표적으로 크리드 미첼(Clyde Mitchell)은 기존의 계량사회학적인 방법을 수학의 그래프 이론을 활용하여 확장함으로써 기존의 소셜 네트워크 연구에서 해결하지 못했던 문제를 해결하게 되었다. 이 그래프이론을 바탕으로 하버드대학교의 해리슨 화이트(Harrison White) 팀은 1960년대와 1970년대에 인간이 관계를 형성하여 만들어지는 사회적인 구성과 패턴이 수학적인 모델이 될 수 있음을 밝혔고 이로써 인간관계를 수학적으로 해석할 수 있는 기초를 마련했다. 이들은 인간관계를 서로 연결하고 강도나 거리 같은 개념을 제시하여 그룹에 대한 대수학적 모델을 만들었다.

마크 그라노베터(Mark Granovetter)는 소셜 네트워크의 일반적인 접근방식에 대하여 제시하였다. 미국이라는 공동체 안에서 사람과 사람 사이의 비공식적인 관계(연결)에서 얻어진 정보가 직업을 구하는 데 어떻게 사용되는지에 관한 것이다. 이 일반적인 분석 방법이 오늘날 소셜 네트워크 분석의 기초가 되었다.

이와 같이 그래프와 네트워크의 특성을 사회적 현상에 적용하여 사람들이 직접이든 간접이든 서로 어떻게 연결되어 있는지를 표현하고 분석할 수 있다. 또한 연결된 상태로 어떠한 현상이 발생하는가를 표현하거나 분석하기도 한다. 이와 같이 인간관계의 사회적 현상을 표현하거나 분석하는 도구와 기술이 '소셜 네트워크'이다. 그 대상은 소셜 네트워크는 개인, 그룹, 조직 등의 각 계층에 적용되는 사람과 사람 간에 사회적 관계를 바탕으로 한다. 그 대상은 인간의 '관계'와 '행동'에 따른 비즈니스, 커뮤니티, 사회적 충격이나 영향 등 다양하다. 소셜 네트워크로 사회적 특성을 분석하기 위해 지능정보기술을 활용하기도 한다.

2) 관계성

기존의 소셜 네트워크가 주로 사회적인 인간관계에 초점을 두었다면, 오늘날 소셜 네트워크는 주로 인터넷에서 사람(개인)과 사람(개인) 사이의 상호작용에 초점을 맞춘다. 사람과 사람 외에도 사람과 사물, 사물과 사물 사이에서도 관계가 형성되어 상호작용이 이루어지기도 한다. 상호작용의 초점은 주로 '관계를 맺는 것'에 있다. 아래는 이러한 관계에 대한 몇 가지 예다.

- '갖고 있는가'의 관계: 누가 이런 물건을 가지고 있는가, 중고물건 판매 시스템, 예약 시스템 …
- '존재하는가'의 관계: 동창생 찾기, 직업(아르바이트) 찾기, 맛집 찾기 …
- '사귀는 것'의 관계: 친구 맺기, 데이트하기 …

- ‘감정, 좋아하는가’의 관계: 스타 팬클럽, 정치적 신념 옹호자, 같은 취미 …
- ‘가족이나 친족’의 관계: ~의 형, ~의 동생 …
- ‘사회적 역할’의 관계: ~의 부장, ~의 친구 …
- ‘행위나 행동’의 관계: ~와 식사하다, ~와 춤을 추다, ~와 싸우다 …

소셜 네트워크에서는 정점과 정점 사이의 여러 관계에 따라 다양한 정보가 전파된다. 그러므로 관계로 연결된 경로 위에 있는 정점들의 연결을 따라 전파되는 내용을 분석하면 정점과 연결을 여러 종류로 특징지을 수 있다.

아래는 정점의 특징에 관한 예다.

- 힘에 관한 정점: 이익과 직접적으로 관련되어 연결되는 정점
  - 힘이 있는 정점(기업 사장, 동호회장 등)
  - 힘이 없는 정점(신입사원, 관심 없는 홈페이지 등)
- 행동에 관한 정점: 행동이 자주 발생하는 정점
  - 능동적인 정점(전화나 메일을 자주 하는 기관이나 개인 등)
  - 수동적인 정점(메일이나 전화를 받기만 하는 기관이나 개인 등)
- 변화에 관한 정점: 자주 수정되거나 인기에 의해 관심이 발생하는 정점
  - 변화가 있는 정점(도서관 같은 기관, 정치인, 연예인 등)
  - 변화가 많지 않은 정점(대학의 학과 같은 기관, 지하철 노선 홈페이지 등)

아래는 연결의 특징에 관한 예다.

- 강도에 의한 연결: 친밀 정도에 따른 연결
  - 강한 연결(동창회 중에서도 같은 동아리 회원들)
  - 약한 연결(단지 동창회원인 경우)
- 공적 관계와 사적 관계에 의한 연결: 개인과 공적인 업무 사이의 연결
  - 개인적 연결(개인 사이의 친구관계)

- 공적 연결(수업을 통한 교사와 학생의 연결)

- 복잡 연결: 개인이 하나 혹은 여러 관계에 의해 연결되는지 여부
  - 단독 연결(개인과 학교 수업 하나만 연결)
  - 다양하고 복잡한 연결(개인이 수업, 동창회, 동아리, 타 학교 친구, 태권도 교사, 학원 교사, 원격 강좌 등 여러 곳에 연결)
- 중복 연결
  - 유일한 것
  - 중복 연결(개인이 한 교사의 일반 교실 수업과 온라인 수업을 중복수강하는 경우)
- 병렬 연결
  - 병렬로 연결된 것
  - 교차하여 연결된 것 등

이와 같이 정점 사이의 정보와 콘텐츠의 흐름은 그 양이 많기도 하고, 드물기도 하며, 일정할 수도 있고, 간헐적일 수도 있다. 또한 한 방향일 수도 있으며 양방향일 수도 있다. 때에 따라서는 의미가 있을 수도 있으며, 의미가 없을 수도 있다. 그러므로 소셜 네트워크 안에 있는 정점과 간선 그리고 흐름의 개념을 분석하면 네트워크의 구조를 이해할 수 있으며, 관계를 맺고 있는 모든 객체 사이에 의미를 부여할 수 있다. 뿐만 아니라, 구조화된 소셜 네트워크에서 다른 특정한 의미를 지니는 서브 네트워크의 구조와 관계를 파악할 수 있다(조직 내 조직 구조, 파벌, 영향력 있는 사람의 파악 등).

이렇게 정점, 간선, 흐름으로 구성된 각종 소셜 네트워크의 공통적인 구조와 특성은 아래와 같다.

- 중앙집중적
- 분권적(다중 중앙집중적)
- 분산적(비중앙집중적)
- 계층 구조적 혹은 수평 구조적

- 제한적 혹은 무제한적
- 유한적(정점과 간선의 수가 한정되어 있음)
- 접근 가능 혹은 접근 불가능
- 포함하거나 배타적
- 강도가 셈(밀집도가 중복되거나 다양하게 연결된 정점이 적음. 강한 간선)
- 확장 가능함(상호적인 정점이 많음. 여러 방향으로 흐름)
- 상호적이지 않음(오직 한 방향으로만 흐름)

여러 구조와 모양의 특성도 시간이 지남에 따라 네트워크에서 변화되는데, 네트워크가 커지기도 하고, 소멸되기도 한다. 그러므로 각종 구조의 네트워크에서 여러 패턴을 이해하면 변화의 원인과 결과를 파악할 수 있으며, 앞으로의 결과도 예측할 수 있다.

3. 인터넷과 소셜 네트워크

소셜 네트워크와 인터넷은 떨어질 수 없는 관계가 되었다. 사람 중심의 소셜 네트워크에서 정점이 장치 혹은 장치나 홈페이지를 취급하는 사람으로 변화하면서 정점이 대치되었다. 즉, 인터넷은 소셜 네트워크의 사람을 대치하는 중요한 도구다.

그러므로 인터넷의 정보 흐름를 파악하면 아래처럼 다양한 내용을 분석할 수 있다. 이 분석 내용은 소셜 네트워크 분석에서 중요한 요소다.

- 사람들이 왜 다른 사람에게 관심이 많을까?
- 어떻게 하면 관심을 표현할 수 있을까?
- 사람들이 어떤 서비스에 관심을 가질까?
- 기업이 어떤 서비스를 제공하면 물건을 구매할 것인가?
- 어떤 광고를 보내면 좋을까?

인터넷을 통한 소셜 네트워크는 사람들 사이에서 통신의 흐름 상태(로그인 횟수, 통화 횟수, 메시지 전송 횟수 및 내용 등)을 추적하여 여러 수학적 방법으로 다양하게 분석한다.

그러나 단순하게 인터넷에서 통신의 흐름 상태로만 사람 사이의 관계를 분석하기는 어렵다. 왜냐하면 인터넷에서는 인간의 소통 방법이 매우 다양하고 유동적이기 때문이다. 인터넷에서 인간의 상호작용 행위는 매우 복잡하다. '친한 사이'라는 개념을 예로 들면, 이제는 더 이상 실세계에서처럼 '친하다'와 '안 친하다'의 경계는 의미가 없다. 누구든지 어느 곳에 있는 누구와도 접속하고 소통하고 친구가 될 수 있기 때문이다.

이러한 이유로 소셜 네트워크용 각종 소프트웨어는 인터넷에서 어느 정점(사이트 등)에 접근이 몰리는지 파악할 수 있다. 접근이 많이 몰리면 '밀집도'가 강하다고 한다. 그러므로 소셜 네트워크에서 연결을 잘 유지하지 못하면 쉽게 사라진다. 이러한 일을 하는 소셜 네트워크 서비스는 네이버, 다음, 구글, 카카오톡, 유튜브 등 다양하다. 이들 서비스는 개인과 개인 사이의 접촉은 물론, 그룹이나 공동체의 소통도 더욱 강화하고 있다. 이 외에도 다양한 소셜 네트워크 소프트웨어와 서비스가 있다.

이와 같이 인터넷을 기반으로 하는 소셜 네트워크에서의 상호작용은 여러 분야에서 자료를 분석하고 측정할 수 있다.

- 어떻게 소통하면 소셜 네트워크를 진화, 안정, 변동시키는가?
- 사람들이 온라인에서 어떻게 상호작용하는가?
- 언제, 어디서, 어떻게 연결하고, 얼마 동안이나 어떤 방법으로 연결하는가?
- 연결을 통하여 어떤 서비스를 받는가?
- 개인 사이의 친밀도가 약하게 혹은 강하게 연결되어 있는가?
- 사람들은 누구에게서 정보와 지식을 얻는가?
- 누구와 정보 및 지식을 공유하는가?

이렇게 소셜 네트워크에서 정보의 흐름에 따라 분석하는 일은 중요한데, 그중에서 상호작용에 따라 중요한 위치에서 영향력을 발휘하는 중복된 노드를 탐지할 수 있다.[9] 이 중복된 노드의 탐지는 여러 서브 그룹에 연결된 노드에서 영향력 있는 특정 노드를 탐지하는 것이다. 이 외에도 온라인에서의 사회성이 사람들의 정신 건강에 얼마나 효과를 주는지 등도 파악할 수 있다.[10] 이와 같이 인터넷에 의한 소셜 네트워크를 분석하면 사회의 상태와 변화를 흥미롭게 파악할 수 있다.

그러나 가끔은 소셜 네트워크 분석을 특별하게 적용하여 조직 안에서의 비공식적인 관계를 들추어내거나 비합법적인 정보의 흐름을 파악하여 폭로할 수도 있다. 이러한 비공식적인 정보의 흐름을 분석하는 행위는 작은 조직은 물론, 한 국가 안이나 국가 사이의 관계에서도 적용할 수 있다. 소셜 네트워크에서 비합법적인 분석을 따로 취급하여 '조직 네트워크 분석'[11]이라고 부르기도 한다.

인터넷에서 소셜 네트워크를 분석한다는 것은 정당하고 합법적인 조직 안에서의 관계에 따른 공식적인 절차로 정보가 어떻게 흘러가는가를 탐지하여 분석하는 것이다. 정당한 정보 흐름의 분석을 통하여 조직, 사회, 국가, 국가 간 관계에서 개인이나 사람에 대한 좋은 서비스를 제공하는 것이어야 한다. 더불어, 기업 같은 조직에서는 생산성을 증대하거나, 고용 등에서 비용 절감과 효율성을 개선할 수 있다.

4. 소셜 네트워크 분석

소셜 네트워크를 분석한다는 것은 정점에서의 행동과 정점 사이의 연결에 의한 네트워크의 변화가 작용하는 힘 사이의 동적인 작용과 반작용을 파악하는 것이다. 인간이 어떤 조직을 형성하고 서로 교류를 하는 것은 자연스러운 일이며, 인간은 이러한 교류 과정에서 개인의 생각과 욕망을 이루려 한다. 그러므로 사회

---

9 Paul Kim, Sangwook Kim, "Detecting Overlapping and Hierarchical Communications in Complex Network using Interaction-based Edge Clustering," *Physica A*, vol. 417, pp. 46-56, 2015.

10 J. Sunden, *Material Virtualizations: Approaching Online Textual Embodiment*, Peter Lang Publishing, 2003.

11 R. Cross, A. Parker, and S. Borgatti, "Making Invisible Work Visible: Using Social Network Analysis to Support Strategic Collaboration", *Calif. Management Rev.*, vol. 44, no. 2, pp. 25-46, 2002.

학적인 인간의 교류와 모임을 네트워크 이론으로 과학적으로 분석하기에는 한계가 있다. 다만 문제를 해결해 가는 과학적인 방법을 찾는 과정에서 사회학적인 요소를 가미하는 것이다.

이와 같이 소셜 네트워크 분석은 다양성을 지니고 있으며 사회 분야(인간의 사회적인 행동 분석 등), 인류 분야(인류에 대한 분석 등), 사회심리 분야(개인의 인지 과정, 타인에의 영향, 관계를 형성하는 과정 분석 등), 조직구조 분야(조직에서의 행위 분석 등), 컴퓨터 분야(검색 등), 데이터과학(빅데이터 등) 등 다양한 분야에서 중요하게 다루고 있다.

소셜 네트워크 분석은 기본적으로 여러 개의 소셜 네트워크에 연결된 개인이나 그룹이 많은 영역에 접근할 가능성이 더 크고, 각종 정보를 구하는 능력이나 확장성이 더 좋을 것이라는 개념에서 출발한다. 예를 들어 개인이 어떤 네트워크 한 개에만 연결된 것보다, 여러 유형의 많은 네트워크에 연결되어 있을 경우 정보의 확산이나 네트워크 안에서의 영향력이 더 클 수 있다. 즉 개인의 잠재력이나 능력이 네트워크의 구조와 특성에 따라 다양하게 나타날 수 있다.

소셜 네트워크 분석에서는 개인의 속성보다 개인 간의 관계와 연결을 더 중요하게 여긴다. 대부분의 연구는 정점의 속성 자체보다는 정점 사이의 상호작용 효과를 분석한다. 특히 소셜 네트워크 분석에서는 사회적 관계를 '노드'와 '타이'라고 부르는데, 노드는 행동자(액터)이고 타이는 네트워크 안에서의 관계를 나타낸다. 시각적으로 볼 때 네트워크의 노드는 정점이고, 타이는 사회적인 연결성을 나타내는 간선이다.

이와 같은 분석을 하려면 이메일 등 다양한 방법(이론이나 알고리즘)을 사용하는데, 보통 아래 항목들을 분석하여 결과를 유추한다. 이 외에도 여러 효율적이고 새로운 방법과 기술이 많이 제시되어 있다.

1) 차수

네트워크 안에서 한 정점에 연결된 간선의 수(양)이다. 예를 들어, 소셜 네트워크에서 개인이 '친구 맺기'로 연결된 친구의 수가 차수다. 이 차수를 측정하고 분석하면 개인의 영향력을 파악할 수 있다. 유명 연예인이나 정치인 혹은 유명

사이트나 홈페이지는 이 차수가 많다고 할 수 있다. 〈그림 3.13〉에서 정점 '희선'의 차수는 8이며, '영주'의 차수는 4다.

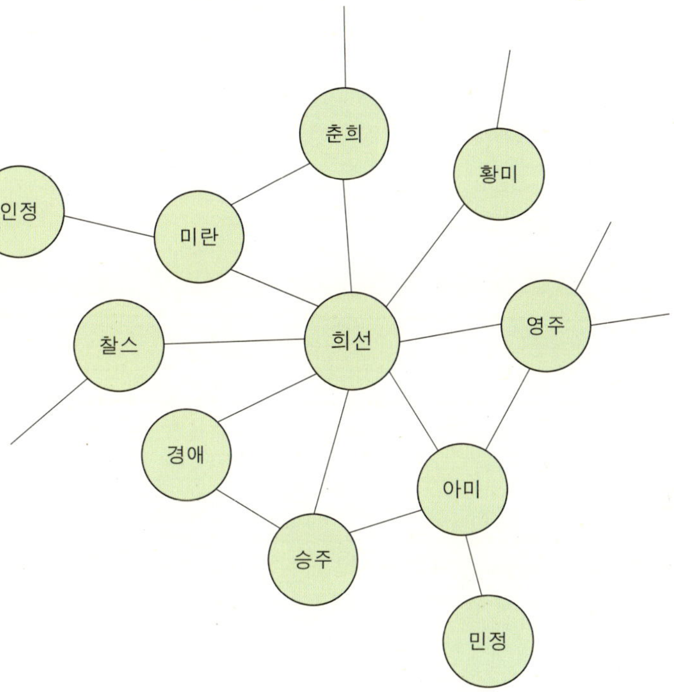

그림 3.13 소셜 네트워크에서 차수의 예

이와 같이 차수를 분석하거나 흐름을 파악하면 개인과 개인의 관계에서 정보를 획득할 수 있는데 〈그림 3.14〉에서 연결 관계를 분석하면 '경애'는 '미란', '희선'과 아주 친한 친구이며, '아미' 역시 '희선'과 친한 친구관계다. 간선이 강하게(굵게) 연결되어 이를 표현하고 있다. 또한 '미란', '경애', '아미'는 제각각 〈마미정〉이라는 영화를 좋아한다. 그러면 '희선'도 〈마미정〉이라는 영화를 좋아한다고 추정할 수 있다.

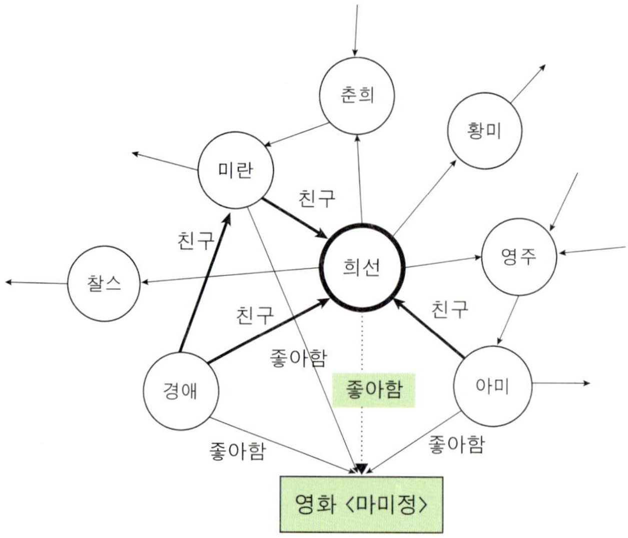

그림 3.14 네트워크의 차수에 의한 연결 관계 분석 예

2) 차수 중심성

차수 중심성은 연결정도 중심성 혹은 연결 중심성이라 하며, 차수가 높은 노드를 중심성이 높다고 측정한다. 즉, 네트워크에서 어떤 특정 노드가 다른 노드보다 많은 연결을 가지면 그 노드가 다른 노드보다 중요한 노드라고 판단한다. 그러므로 네트워크 안의 모든 노드에서 가장 연결을 많이 가진 한 노드가 가장 중요한 노드라고 할 수 있다. 〈그림 3.15〉는 차수 중심성의 예다.

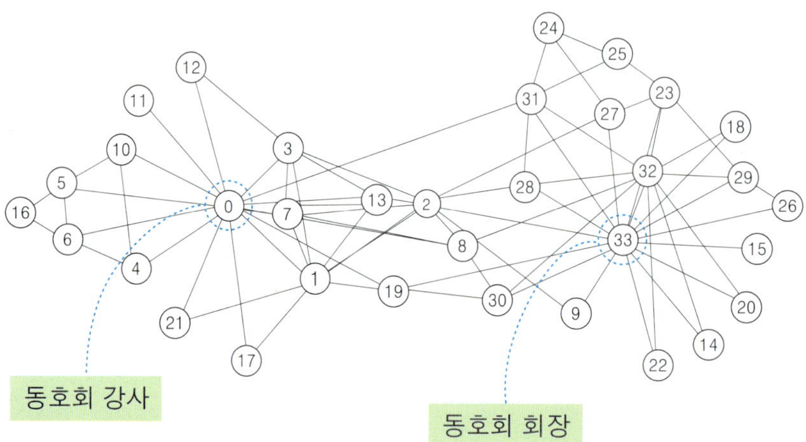

그림 3.15 동호회 소셜 네트워크에서 차수 중심성을 보이는 예

〈그림 3.15〉는 태권도 체육관의 동호회 인맥을 나타내는 소셜 네트워크다. 이 네트워크에서 동호회 강사인 노드도 많은 연결을 가지고 있으며, 동호회 회장인 노드도 많은 연결을 가지고 있다. 그러므로 두 노드인 태권도 강사와 동호회 회장 모두 이 네트워크에서는 차수에 의한 중심성이 높다고 할 수 있다. 즉, 중요한 노드로 판단한다.

3) 사이 정도

매개 중심성, 중개 중심성, 사이 중심성이라 하기도 하며, 네트워크 안에 있는 노드들 사이에서의 최단 경로에서 가장 많이 거쳐 가는 거점 노드를 중심성이 높다고 한다. 즉, 여러 노드와 노드 사이에서의 경로가 특정 노드를 많이(혹은 빈번하게) 거쳐 간다면 그 특정 노드를 중심성이 높다고 측정한다. 이것은 네트워크 안에 있는 어떤 노드에서 임의의 다른 노드까지의 길이(연결된 타이의 수)를 측정하는 것이다. 예를 들어, 노드(사람)들 사이에서 한 노드와 이웃 노드(개인-개인)는 직접 연결되지만, 이 직접 연결들을 여러 번 거쳐 다른 곳의 노드(사람)와 간접적으로 연결된 노드(사람)를 중심성이 높다고 한다.

4) 친밀 정도

네트워크 안에 있는 임의의 한 노드에서 다른 노드까지의 가장 짧은 거리(최단 경로)다. 예를 들어, 최단 경로를 가진 개인과 개인 사이에서 어떤 기준에 의해 측정된 값을 표현(네트워크에서의 가중치, 시각적으로는 색상, 굵기 등)할 수 있다. 전화 통화 횟수, 주고받은 이메일 수, 채팅 횟수, 통화 기간 등 다양한 요소로 종합적으로 측정한다. 〈그림 3.16〉은 친밀 정도를 나타내는 소셜 네트워크 예다.

〈그림 3.16〉에서 '미영', '신유', '미란'은 '현경'이나 '윤혜'보다 연결 차수가 많아 다른 노드보다 친밀 정도가 높다고 할 수 있다. 거기에 반하여 '윤혜'는 상대적으로 연결 차수가 적기 때문에 친밀 정도가 낮다고 한다. 그리고 연결된 차수가 많은 노드는 친밀 정도가 강한 정도를 나타내기 위하여 노드의 크기를 크게 보이고 있다. 상대적으로 친밀 정도가 낮은 노드는 크기를 작게 보이고 있다.

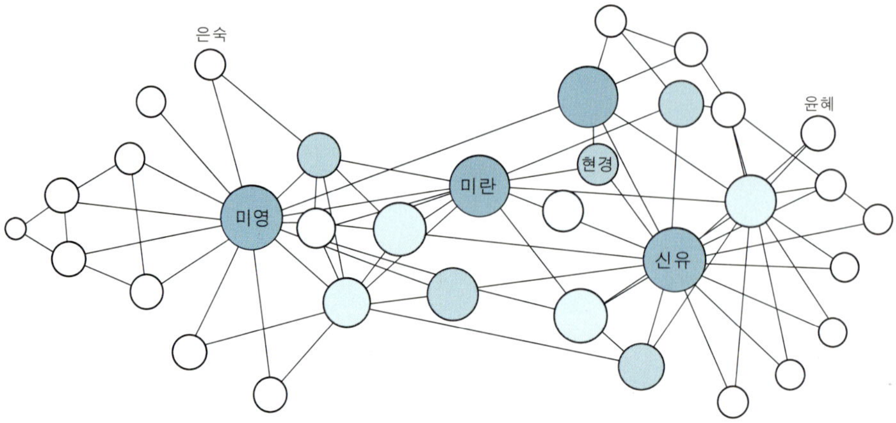

그림 3.16 네트워크에서의 친밀 정도를 보이는 예

5) 아이겐벡터 중심성 정도

위세 중심성이라고도 하며, 네트워크 안에서 어떤 한 노드의 중요도를 측정한다. 아이겐벡터 중심성 정도를 볼 때는 네트워크 안에 있는 모든 노드에 대하여 상대적인 점수를 부여하여 계산한다. 즉, 연결된 노드의 개수뿐만 아니라 연결된 이웃노드가 얼마나 중요한지도 함께 고려하여 '차수에 의한 중심성' 개념을 확장하는 것이다.

연결된 다른 노드의 중심성을 가중치로 하여 계산하는 연결의 정도이므로, 어떤 노드가 영향력이 높은 다른 노드들과 연결될수록 중심성은 높아진다고 할 수 있다. 예를 들어, 소셜 네트워크에서 힘을 가진(위세를 떨치는, 영향력을 가진) 사람을 알고 있다면 평범한 사람 여러 명을 알고 있는 것보다, 자신의 힘을 더 과시하거나 증대시킬 수 있다고 보는 것이다.

〈그림 3.17〉은 아이겐벡터 중심성에 관한 그래프 예다. 〈그림 3.17〉에서 크게 그려진 노드인 '손권'은 여러 연결에 의하여 영향력이 있는 노드이고, 상대적으로 '조조'는 단순하게 연결되어 '손권'보다 위세가 약한 노드이다. 그러므로 '공명'의 입장에서는 '조조'보다는 '손권'에 연결되는 것이 더 영향력이 있다고 보는 것이다. 이러한 노드는 많은 계산을 통하여 발견할 수 있다.

아이겐벡터 중심성 계산은 단순하지 않다. 다음의 수식을 이용한 여러 단계의 복잡한 계산 과정이 필요하다.

$$C_E(i)=\lambda\Sigma_{j\in N}A_{ij}C_E(j),\ i\neq j$$

(1) 각 노드의 1단계 중심성값은 해당 노드의 모든 이웃 노드의 차수의 합으로 계산한다.
(2) 2단계 중심성값은 각 노드의 이웃 노드들의 1단계 중심성값의 합으로 계산한다. 즉, 이 값은 노드의 이웃 노드들의 또 다른 이웃 노드들이 얼마나 잘 연결되어 있는지를 보이는 것이다.
(3) 각 노드의 3단계 중심성값은 해당 노드의 이웃 노드들의 2단계 중심성값의 합으로 계산한다.
(4) 이러한 단계별 계산 과정을 중심성값이 더 이상 변화하지 않을 때까지, 즉 중심성값이 수렴할 때까지 계속 반복하여 수행한다.

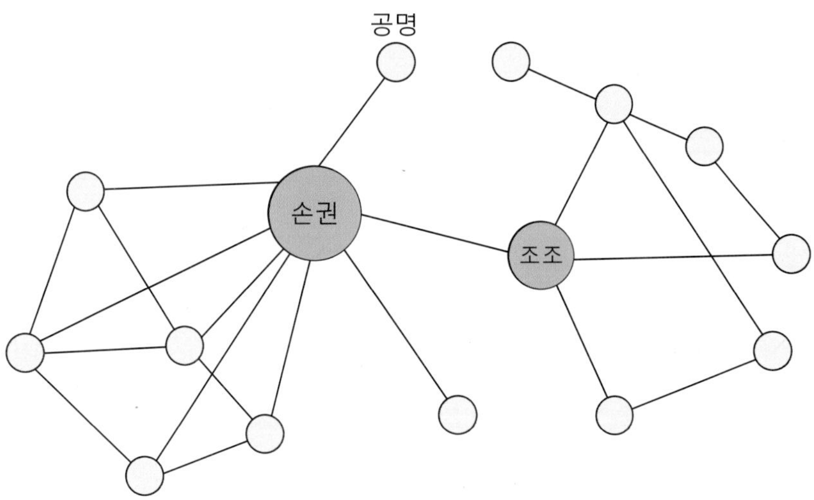

그림 3.17 아이겐벡터 중심성을 보이는 네트워크의 예

6) 군집 정도

어떤 두 노드의 연관성(혹은 존재할 가능성)을 측정한다. 이를 통해 모든 노

드가 주위의 다른 노드와 이웃이 될 수 있는지를 알 수 있다. 어떤 노드와 주위에 있는 노드 사이에 연관성이 깊은 노드들만 모이면 군집을 이룰 수 있다. 연관성이 얼마나 있는가, 즉 군집 정도에 따라서 특별한 특징을 가진 혹은 특징이 다른 서브그래프로 분리되며 그 자체로 작은 소셜 네트워크가 될 수 있다.

7) 응집 정도

노드들의 모임 정도가 얼마나 단단하게 결속되어 있는가를 측정한다. 즉, 친밀 정도나 군집 정도가 강하다면 단단하게 결속될 가능성이 높아서 응집 정도가 높다고 할 수 있다. 예를 들어, 동호회에서도 임원직을 맡은 노드(사람)의 모임은 응집력이 높을 수 있다. 또한, 소프트웨어의 특정 기능을 수행하는 모듈의 원시 코드의 각 문장들이 서로 종속 정도가 강하다면 응집 정도가 강하다고 할 수 있다. 일반적으로 방금 실행한 문장의 결과가 모듈 안의 다른 문장의 입력으로 사용된다면 두 문장은 서로 종속이 강하다고 한다. 그러므로 프로그램 모듈의 응집 정도가 강하다는 것은 그 모듈이 한 덩어리로 수행한다는 의미다. 강한 응집력을 가진 모듈은 다른 프로그램을 개발할 때 재사용하기 쉽고, 소프트웨어 전체를 읽기 쉽다.

8) 구조적 공백

흩어져 있는 다른 네트워크나 서브 네트워크를 이루는 여러 노드를 하나로 연결하기 위해 한 개 이상의 연결이 사용된다. 구조적 공백은 사회적 자원을 연결하는 것이다. 예를 들어 어떤 사람이 서로 연결되어 있지 않은 두 사람을 연결한다면, 그 사람은 연결되어 있지 않던 두 사람 사이의 소통을 제어할 수 있다. 〈그림 3.18〉은 구조적 공백의 예다.

이 구조적 공백은 소셜 네트워크를 통하여 사회적인 구조 안에 존재할 수 있는 빈 공간, 틈새 혹은 결함을 발견하여 연결함으로써 네트워크 분석에서 구조적으로 특별한 위치를 차지한다. 즉, 어떤 사람(노드)에게 접촉할 기회가 없는 사람(노드)들을 연결하고 중개자 역할을 한다. 이러한 공백을 연결하면 소셜 네트워크 안에서 정보의 흐름을 효율적으로 가져올 수 있다. 공백으로 정보가 원활하게 전달되지 않으면 협업이 비효율적일 수 있다.

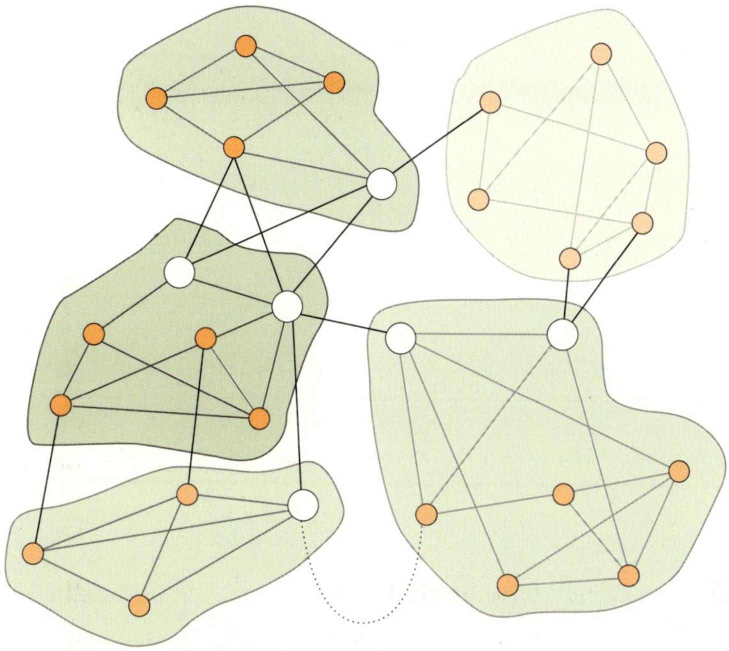

그림 3.18 구조적 공백과 연결을 보이는 예

이 외에도 소셜 네트워크를 분석하기, 네트워크에서 어떤 사람의 새로운 정보와 영향력이 제공되고 전달되어 퍼져 나가는 정도인 '방사 정도', 네트워크의 어떤 멤버가 네트워크의 다른 멤버들에게 도달할 수 있는 수단인 '도달 정도', 노드들이 시스템 안에 있는 다른 여러 노드에 공동으로 연결되도록 확장하는 '구조 일치 정도' 등 다양한 척도를 사용할 수 있다.

5. 소셜 네트워크 분석 사례: 파벌 찾기

〈그림 3.19〉와 같은 소셜 네트워크를 구성하는 조직에서 경영상의 이유로 조직이 붕괴되었다고 가정하자. 이 조직의 붕괴 원인을 파악하기 위해 소셜 네트워크 중심성을 분석하였다. 여기에서 아이겐벡터, 다른 그룹과의 사이 정도, 차수,

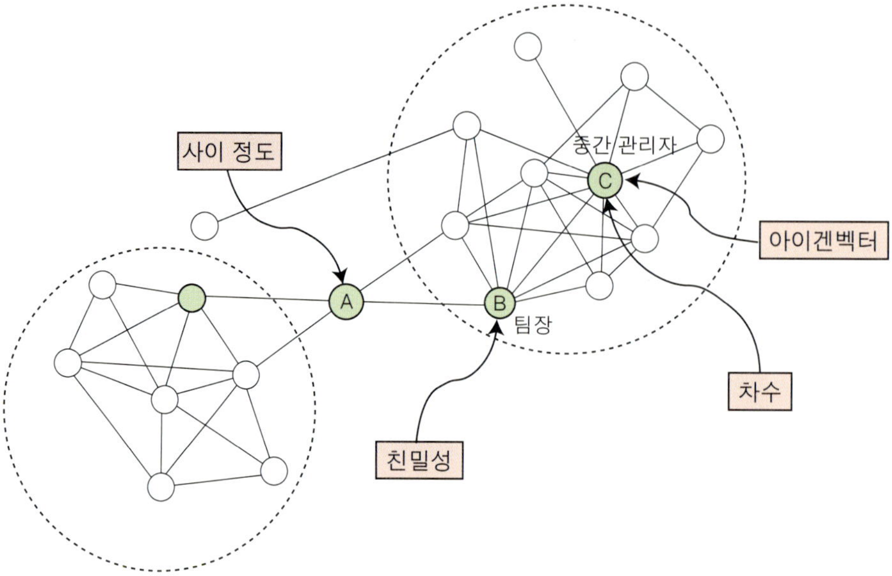

그림 3.19 소셜 네트워크에서 파벌 찾기를 보이는 예

친밀성 등을 분석했다. 그 결과 팀장인 B노드보다 중간 관리자 C의 중심성 정도가 강했다. 즉, 노드 C의 인기나 영향력이 더 강했으며, 다른 서브 그룹을 연결하는 노드 A의 사이 정도도 큰 영향력을 발휘하지 못했다고 분석할 수 있다. 한 조직의 그룹 혹은 파벌을 이와 같이 분석할 수 있다.

chapter 4

문화기술 사례

이 장에서는 실시간으로 영상을 공유하는 기술을 바탕으로, 관람자들 사이의 네트워크를 통해 '소셜 인터랙티브 아트'를 구성한 작품의 사례를 보인다.[12] 영상 공유 기술은 하나의 대형화면에 여러 사용자의 스마트 기기 화면을 동시에 중첩 투영시키는 기술이다. 이 기술을 통해 관람자는 자신의 스마트 기기 화면을 대형 화면에 실시간으로 나타낼 수 있으며, 이를 다른 관람자와 공유할 수 있다.

관람자는 시스템에 쉽게 접근할 수 있는데, 이는 관람자에게 새로운 방식의 예술 참여 환경을 제공한다. 따라서 소셜 인터랙티브 아트는 모든 관람자의 의도, 메시지, 개인 콘텐츠를 네트워크로 공유하는 협업 예술이다. 이러한 기술은 쇼핑몰, 학교, 공원, 전시장, 공공장소 등 다양한 곳에서 응용할 수 있다.

1. 작품 개념

소셜 인터랙티브 아트는 다양한 기종의 스마트 기기를 사용하는 다수의 관람자가 각자의 기기 화면을 대형화면에 공유하여 하나의 작품을 만드는 일종의 협업 예술이다. 이 절에서는 작품과 관람자 사이의 상호작용은 물론이고, 관람자들 사이의 상호작용과 협업을 통해 소셜 인터랙티브 아트 작품을 만드는 실시간 영상 공유 기술을 설명한다. 이 기술은 소셜 인터랙티브 아트를 생성하도록 하는 기본 플랫폼으로, 유선이나 무선 인터넷을 활용할 수 있는 환경에서는 언제든지 여러 화면의 영상을 공유하여 새로운 영상을 생성할 수 있다. 각 스마트 기기와

---

12 김상욱 외, 「실시간 영상 공유를 통한 소셜 인터랙티브 아트」, 『한국영상학회논문집』 제13권 6호, pp.69-85, 2015.

대형화면을 관리하는 서버 사이에서 화면의 영상을 동기화하는 것이 이 기술의 핵심이다.[13]

이러한 관점에서 다양한 스마트 기기의 화면 영상을 동시에 공유하는 기술을 개발하고, 여러 관람자가 참여하는 소셜 인터랙티브 아트에 적용하는 것은 문화기술적 측면에서 중요한 시도다. 이 영상 공유 기법은 각 관람자가 자신의 영상 콘텐츠에도 의미를 부여하지만, 화면을 공유하는 전체 콘텐츠와 상호작용할 수 있도록 한다. 이것은 예술 속에 몰입하는 새로운 형태의 영상 기술을 시도하는 것이다. 또한 공공장소가 예술 작품의 새로운 전시공간이 되면서 임의의 관람자가 협업에 참여할 수도 있다. 이 기술은 새로운 개념의 소셜 미디어 아트를 표현하는 도구로, 전시에 대한 시간과 공간적인 경계를 확장하고 예술이 대중과 소통할 수 있게 해 준다.

2. 스마트 기기에 의한 영상 공유 기술과 작품

소셜 인터랙티브 아트를 설명하기 전에 문화기술을 이해하기 좋은 영상 공유 작품 몇 개를 살펴보자.

유·무선 네트워크의 확장에 따라 예술 작품의 협업에 많은 변화가 생겨났으며 작품 작업의 참여와 참여자 간의 소통을 중요하게 생각하게 되었다. 그중에서도 스마트 기기를 통한 영상 공유 기술을 이용하는 예술 작품이 다양하게 만들어지고 있다.[14, 15]

〈그림 4.1〉은 장승은의 '소셜 아트(Social Art)'라는 작품이다. 이 작품은 스마트 패드 한 개와 달항아리 두 개로 구성되어 있는데, 관람자가 스마트 패드상의 항

---

13 S. Kim, *A Large Facade Technique to Project Screen of many Spectators Smart Device Simultaneously*. Result report of industry-university joint research project, Kyungpook National University, 2014.

14 Liu, J. & Shi, Y., "UI Portals: Sharing Arbitrary Regions of User Interfaces on Traditional and Multi User Interactive Devices", *2012 9th International Conference on Ubiquitous Intelligence & Computing and 9th International Conference on Autonomic & Trusted Computing (UIC/ATC)*, IEEE, 957-962, 2012.

15 Wu, X. & Yin, D., "A remote control system for embedded devices to control personal computers via wireless network", *Proceedings of International Conference on Computer Science and Service System (CSSS)*, IEEE, 1009-1012, 2011.

아리를 터치하면 스마트 패드 앞쪽에 있는 실제 항아리에 투영된 말이 움직인다. 예를 들어 관람자가 스마트 패드를 터치하여 왼쪽 항아리에 있는 말을 오른쪽 항아리로 옮기면, 패드 앞의 왼쪽 항아리에 투사된 말이 오른쪽 항아리로 건너뛴다. 반대로 오른쪽에서 왼쪽으로 옮기면 오른쪽 항아리에서 왼쪽 항아리로 건너뛴다. 이 작품은 관람자가 스마트 패드를 터치하면 스마트 패드와 두 개의 달항아리가 상호작용하여 항아리에 말이 달리는 모습이 나타나는데, 이때 음향효과가 가미되어 재미를 더한다. 즉 관람자의 손짓과 말의 움직임의 상호작용을 통하여 인간과 말이 소통한다는 메시지를 전해 준다. 그러나 콘텐츠는 지정된 움직임만 수행하므로 관람자와 투영된 영상 사이에는 간단한 상호작용만 이루어지며, 상호작용 측면에서 관람자와 기기 사이의 거리에도 한계가 있다. 뿐만 아니라, 여러 사용자가 자신의 스마트 기기를 활용하여 동시에 참여하기는 어렵다.

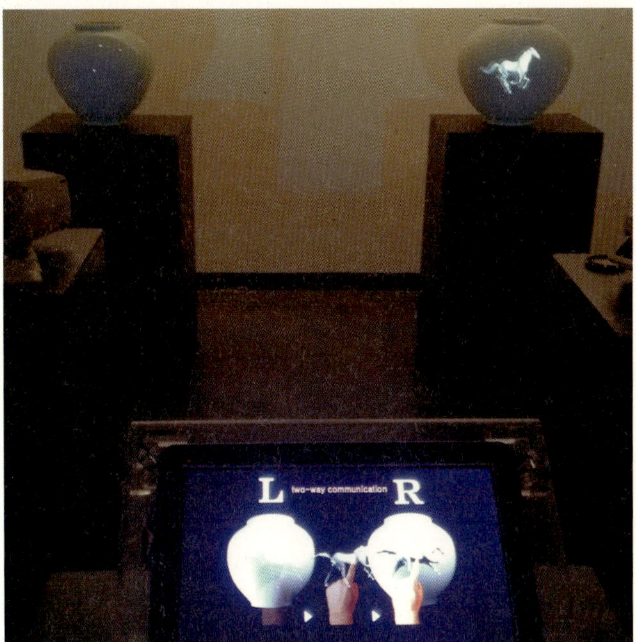

그림 4.1 소셜 아트(장승은, EXCO 전시, 2012)

〈그림 4.2〉는 경북대학교와 대구 실감게임 콘텐츠 문화기술공동연구센터가 공동으로 개발한 작품이다. 양궁게임을 문화 콘텐츠로 개발한 이 작품은 스마트 기기로 하는 실감게임이다. 개인의 스마트폰에 나타난 양궁 장면을 건물 외벽에 투영하는 기술을 제공하여, 여러 사람이 각자의 스마트폰으로 건물 외벽에 투영된 양궁장에서 실시간으로 게임을 즐기도록 한다. 또한 건물 외벽에 투영된 양궁장 영상이 피드백되어 각자의 스마트 기기에 나타난다. 그러므로 멀리 떨어진 공간에서도 상호작용할 수 있으며, 공공장소의 스크린(건물 벽)에 스마트 기기의 영상을 투영함으로써 스마트 기기의 영상을 공유할 수도 있다.

그림 4.2 실감 양궁게임(김상욱 외, 대구예술발전소 전시, 2013)

이것은 다수의 사용자들이 같은 영상 콘텐츠를 공유한다는 의미를 가진다. 같은 영상을 공유함으로써 게임이나 예술 작품의 협업을 수행할 수 있다. 그러나 여러 스마트 기기와 스크린의 영상은 크기만 다를 뿐 같은 영상 콘텐츠다. 즉, 관람자 개개인의 스마트 기기 영상을 화면에 동시에 투영할 수는 없다.

이와 같이 영상 공유 기술은 대부분 스마트 기기와 서버 사이에서 일대일로 화면을 공유한다. 〈그림 4.3〉은 작품은 아니지만 일대일 공유에서 벗어나 영상 콘텐츠를 여러 대의 모바일 기기에 분산하여 나타내는 기술을 보여 준다. 즉, 여러 대의 스마트 기기에서 기기 하나를 마치 픽셀 하나인 것처럼 활용하여 전체를 구성한다. 스마트 기기를 아무 데나 놓아도 화면을 공유할 수 있으며, 군집한 사람들이 지니고 있는 스마트 기기에 영상을 분산하여 보이게 할 수도 있고, 테이블 위에 정리되어 있는 스마트 기기에 영상을 분산할 수도 있다.

그림 4.3 스마트 기기를 사용한 영상 분산 디스플레이

이러한 영상 분산에 의한 공유 기술은 작은 스마트 기기를 모아서 멀티비전으로 사용할 수 있으므로 영상을 크게 보이게 한다. 또한 기기의 크기에 따라 영상 크기를 자동으로 조절하며 동기화하고, 새로운 기기가 추가되면 영상이 전체적으로 자동 분산되도록 조절된다. 그러므로 스마트 기기를 아무 때, 아무 데서나 추가하고 삭제할 수 있다.[16]

앞에서도 밝혔듯이 대부분의 영상 공유 기술은 스마트 기기와 서버 사이에서 일대일로 화면을 공유하거나 분산하여 공유하고 있다. 기본적인 방법은 클라이

16 Hao Ren, Sangwook Kim, "A Contents Self-Reconfigurable Multi-vision System by Two Dimensional Relative Location among Smart Devices", *Proceedings of Smart Media Conference*, Korea Smart Media, Apr. 2012.

언트 기기의 화면을 서버에 전송하였다가 공유하고자 하는 다른 기기의 화면으로 전송한다. 그러나 대부분의 기술은 한 화면에 여러 기기의 화면을 동시에 나타내는 방법은 아니다.

3. 대형화면에 실시간으로 영상을 공유하는 기술

1) 영상 공유의 개요

〈그림 4.4〉는 여러 관람자가 자신의 스마트 기기 안에 있는 영상 콘텐츠를 다른 대형화면에 동시에 중첩으로 투영하는 공유 기법의 개요다.

먼저 클라이언트인 스마트 기기에 저장된 사용자의 영상 콘텐츠 정보를 무선으로 서버에 보낸다. 서버에서는 스마트 기기에서 전송되어 온 영상 콘텐츠의 재생 정보를 서버의 영상 콘텐츠 재생 프로그램의 입력으로 사용한다. 이때 영상 콘텐츠 재생 프로그램에서 실행 가능하도록 영상 콘텐츠의 정보를 변환한다. 그런 다음 영상 콘텐츠 재생 프로그램에서 영상 콘텐츠를 재생한다. 영상 콘텐츠를 재생하는 동안 여러 스마트 기기의 영상 콘텐츠가 겹치거나 왜곡되지 않도록 한다.

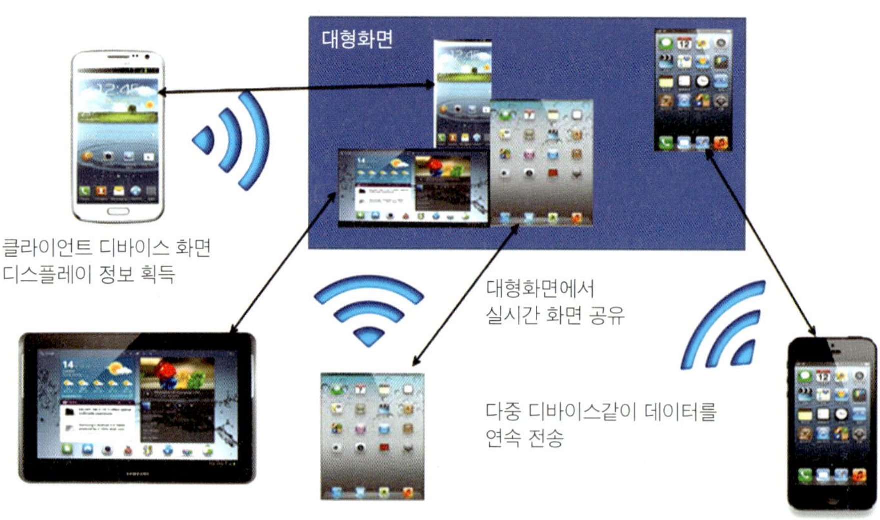

그림 4.4 실시간 영상 공유 시스템의 개요

영상 콘텐츠를 재생하는 동안 영상 콘텐츠의 화면 크기와 프레임의 위치 등을 자유롭게 제어할 수 있다. 이와 같이 함으로써, 더 많은 스마트 기기의 영상 콘텐츠를 시스템에서 공유할 수 있다. 뿐만 아니라, 사용자가 어떤 종류의 플랫폼을 가지고 있든지 고려하지 않아도 된다.

2) 시스템의 구조

실시간으로 영상을 공유하는 시스템은 〈그림 4.5〉와 같이 클라이언트와 서버로 구성된다.

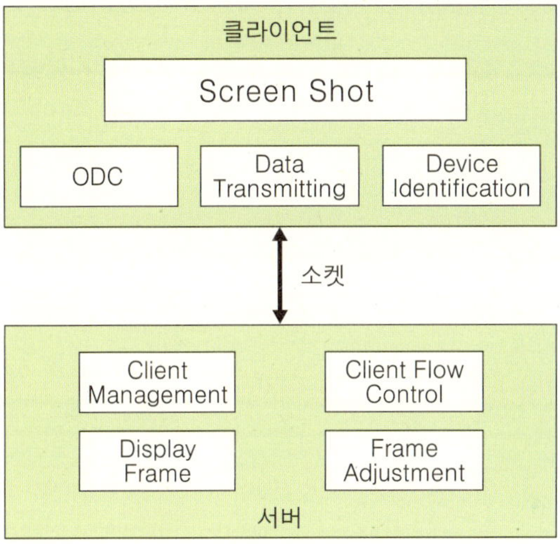

그림 4.5 영상 공유 시스템 구조

클라이언트와 서버의 각 기능을 살펴본다. 먼저, 클라이언트의 각 모듈은 아래의 기능을 수행한다.

- Screen Shot: 스마트 기기 운영체제의 백그라운드로 실행되면서 화면에 재생하고 있는 영상 콘텐츠를 캡처한다.
- ODC(Original Data Converting): 안드로이드 운영체제의 내부 인터페이스에서 오는 바이트 스트링을 필요한 정보로 해석하고 변환한다.

- Data Transmitting: 클라이언트에서 서버까지 데이터를 전송한다.
- Device Identification: 시스템에 접속되는 스마트 기기의 정보를 제공하여 서버와 클라이언트가 서로 인증하도록 한다. 이는 시스템에 접속되어 추가되는 장치를 서버에서 관리하기 편리하도록 한다.
- Communication: 서버와 클라이언트 사이의 영상 콘텐츠 데이터를 소켓을 통해 전송하는 통로다.

서버의 각 모듈은 아래의 기능을 수행한다. 서버는 사용자의 경험에 직접적인 영향을 미치며, 시스템에 참여하는 클라이언트를 식별하고 관리하는 기능이 있다.

- Client Management: 이 기종의 여러 클라이언트가 동시에 접속할 때 가입과 탈퇴를 관리한다.
- Client Flow Control: 시스템의 순간 성능에 따라 사용자 접근을 제한할 수 있다.
- Display Frame: 프레임을 만들고 프레임 안에서 스마트 기기의 영상 콘텐츠를 재생한다.
- Frame Adjustment: 프레임워크를 관리한다(영상 프레임 크기, 위치, 모양, 컬러 등).

3) 시스템의 동작

영상 콘텐츠 공유 시스템은 클라이언트와 서버에서 아래와 같이 동작한다. 스마트 기기의 운영체제인 안드로이드에서 영상 콘텐츠를 재생하는 정보를 캡처하고, 서버는 현재 접속된 스마트 기기의 정보를 가지고 클라이언트를 인증한다. 그러면 서버와 클라이언트 사이의 데이터 전송 통로가 설정된다. 그 후에 클라이언트에서 캡처한 영상 콘텐츠 재생 정보를 서버로 전송한다. 서버에서는 스마트 기기의 영상 콘텐츠를 올바로 재생하기 위해 정보가 왜곡되지 않도록 제어나 동기화를 수행하고 영상 콘텐츠를 재생한다. 뿐만 아니라, 서버에서는 이미 재생 중인 영상 콘텐츠 재생 프로그램과 동기화화여 스마트 기기에서 전송된 영상을 중첩하여 투영한다. 사용자의 기기에서 캡처하는 영상 콘텐츠는 jpeg, gif, png의

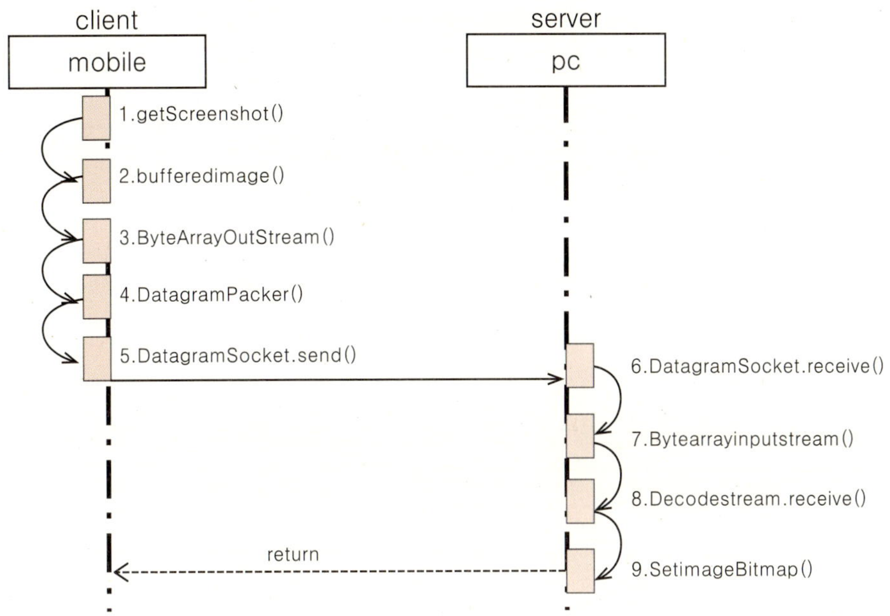

그림 4.6 시스템 동작 이벤트 시퀀스 다이어그램

포맷이다. 〈그림 4.6〉은 영상 공유 시스템의 동작 이벤트 다이어그램이다.

4) 시스템 구현 결과

〈그림 4.7〉은 이러한 기법으로 구현한 시스템을 공유한 화면으로, 동영상, 사진, 편집 등을 한 화면에 중첩으로 투영하고 있다. 〈그림 4.7〉의 위는 두 개의 동영상과 사진을 공유하는 것이며, 아래는 여러 개의 스마트 기기에서 자료를 편집하면 공유한 화면에서 실시간으로 편집을 수행하는 것을 보이고 있다. 이러한 기능 외에도 다중 클라이언트가 동시에 접속할 때, 클라이언트의 가입과 탈퇴를 관리하는 기능, 사용자들의 접수대기 기능, 서버의 성능에 따라서 액세스를 제한할 수 있는 기능이 있다. 또한 서버 관리자는 이미지 크기, 모양, 컬러 등 프레임워크 관리 기능, 부하 조절 기능 등이 있다. 무선 네트워크 프로토콜은 UDP나 TCP를 사용하며, 스마트 장치 영상 콘텐츠의 질을 더 좋게 하기 위해 클라이언트의 영상 콘텐츠 프레임을 설정한다. 무선 인터넷 환경의 상황에 따라서 이미지 파일 압축 비율도 고려한다.

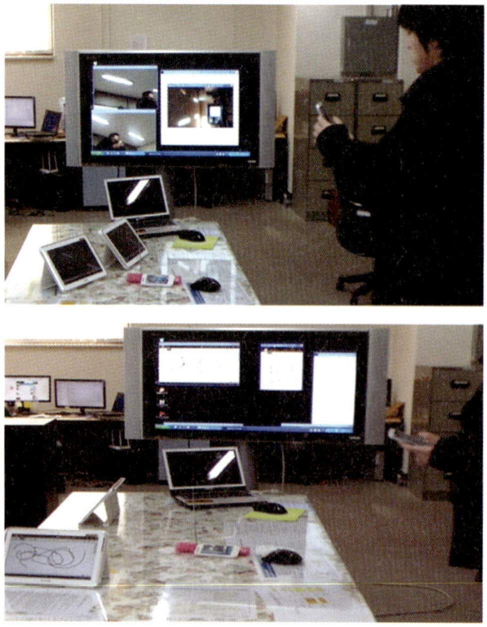

그림 4.7 실시간 영상 공유 기술의 구현 결과

4. 실시간 영상 공유 기술이 적용된 작품

실시간 영상 공유 기술을 이용한 소셜 인터랙티브 아트는 네트워크, 스마트 기기, 카메라 등을 활용하여 상호작용이 가능하다. 사용자의 행동이나 상황이 스마트 기기, 카메라, 네트워크 통신을 통해 서버에 전달되어 서버의 영상 콘텐츠와 상호작용하므로 작품 콘텐츠에 변화를 줄 수 있다. 즉 소셜 인터랙티브 아트는 여러 명의 사용자가 함께 참여해 작품을 만들어 내는 공공예술이다.

1) Digilog: 반 고흐 2014

(1) 작품 의도 및 개요

작품 'Digilog: 반 고흐 2014'는 관람자들 간의 상호작용을 실현하기 위해서 스마트 기기와 영상 오브젝트를 연동한 작품이다. 이 설치 작품은 액자 속에 과거와 중첩된 '나'에 대한 시공간이다. 인간은 누구에게나 과거와 연속된 시간이 있다. 인간이 주도적으로 시간을 인식할 때에는 시간 속에 '나'가 존재하지만, '나'

로부터 연상되는 시간이 존재하기도 한다. 디지털 도구로 그려진 반 고흐의 자화상을 액자 속에 재생하면서, 스마트 기기 속 '나'의 영상을 액자 속 '반 고흐'의 자화상이나 다른 작품의 영상과 중첩되도록 액자 속에 투영한다. 각각의 서버에 스마트 기기를 한 대씩 연결한 컴퓨터에 무선 네트워크로 IP주소를 할당받는다. 그리고 프로젝션과 연결하여 마지막으로 최종 프레임인 액자 오브젝트에 중첩한 영상 콘텐츠를 연결한다. 액자는 영상 출력부로서 디스플레이다. 데이터 입력부인 스마트 단말기에서 관람자의 의도에 따라 변화하는 영상 콘텐츠가 무선 네트워크를 통해 서버로 연결되면 실시간으로 액자(크기 2m×1.5m)에 출력된다.

〈그림 4.8〉은 작품 'Digilog: 반 고흐 2014'를 제작하기 위해 중복 투영할 콘텐츠를 준비하고, 재생할 영상 콘텐츠에 자신의 얼굴 영상을 실시간으로 중첩하여 투영해 보는 모습이다. 〈그림 4.8〉의 작품은 고전적인 르네상스식 액자스타일의 오브젝트를 전시장 벽면이 아닌 중앙에 설치함으로써 디지털시대에 시간적·공간적인 공존의 의미를 전달하고 있다. 관람객은 액자의 앞뒤로 영상을 볼 수 있으며, 액자에는 관람객이 실시간으로 촬영한 영상이 나타난다.

관람자들이 다양한 콘텐츠를 즐길 수 있도록 스마트 기기에 있는 어플리케이션들을 실시간으로 다양하게 활용한다. 영상 콘텐츠를 실시간으로 공유하기 때문에 작가와 관람자는 편하게 소통할 수 있고 작가가 관람자의 의도를 제한하지도 않는다. 그러므로 관람자가 다양한 액션을 스마트 기기에 적용할 수 있다. 설치된 액자 프레임 안에 관람객이 실시간으로 찍은 사진이 전시된다든지, 그림을

그림 4.8 Digilog: 반 고흐 2014(박남희 외 5명, 200cm×150cm×300cm, 2014)

그리면 액자 속에서 시각적으로 디스플레이되어 다른 관람객들이 작품을 관람하고, 자신들도 직접 참여하여 또 하나의 새로운 작품을 만들어 낸다.

이 작품의 콘텐츠들은 스마트 기기 속에서 안드로이드 플랫폼을 기반으로 만들어진 어플리케이션들을 사용하였고, 사진 어플은 이 시스템을 위해 개발한 카메라 어플(mmlcamera)을 사용하였다. 이와 같이 무선 네트워크 시스템을 통하여 전시 공간과 상호작용 범위를 확장할 수 있다.

(2) 소셜 인터랙티브 아트의 의의

- 상호작용

〈그림 4.9〉는 대형화면에 사용자 1의 작품(혹은 다운받은 작품)을 기본 계층(계층 1)으로 하고, 그 위에 사용자 2의 스마트 기기의 비디오 영상 화면을 투영한(계층 2) 다음, 사용자 3의 스마트 기기에서 임의로 편집한 영상을 투영한 작품이다. 이와 같이 여러 사용자가 하나의 대형화면을 통하여 동시에 상호작용할 수 있다. 그러므로 대형화면의 영상 콘텐츠는 자동으로 증강된다.

그림 4.9 계층 1을 기반으로 실시간 동영상(계층 2)과 영상(계층 3)을 중첩시킨 작품

결과적으로 〈그림 4.9〉는 새롭게 구성된 영상 작품이다. 즉, 여러 명의 사용자들이 각자의 스마트 기기를 이용해 대형화면에 영상을 공유하여 만들어 낸 새로운 작품이다.

• 협업

〈그림 4.10〉은 상호작용뿐 아니라 실시간으로 협업 예술작업이 가능함을 보인다. 대형화면의 다른 영역에 개인 스마트폰 기기의 화면을 공유하면서, 두 명의 사용자가 각자의 스마트 기기를 이용해 공유화면에서 동시에 협업으로 편집이 가능하다는 것을 보여 준다. 오른쪽에 있는 또 다른 영상(계층 1)을 편집기와 중첩하여 편집하거나 협업할 수 있다.

〈그림 4.10〉의 오른쪽에 있는 영상 작품은 스마트 기기를 사용해 오르세 미술관 앱에서 출력한 반 고흐의 작품 중 하나다. 오르세 미술관 앱에서 출력한 이 영상 작품에 여러 명의 사용자들이 각각의 행위(사진, 실시간 비디오 영상, 편집 등)를 중첩하여 협업한다.

마찬가지로 〈그림 4.11〉에서 대형화면의 오른쪽 영상 작품은 한 사용자의 스마트 기기 화면에 실시간으로 보이는 오르세 미술관의 작품이다. 왼쪽은 대형화

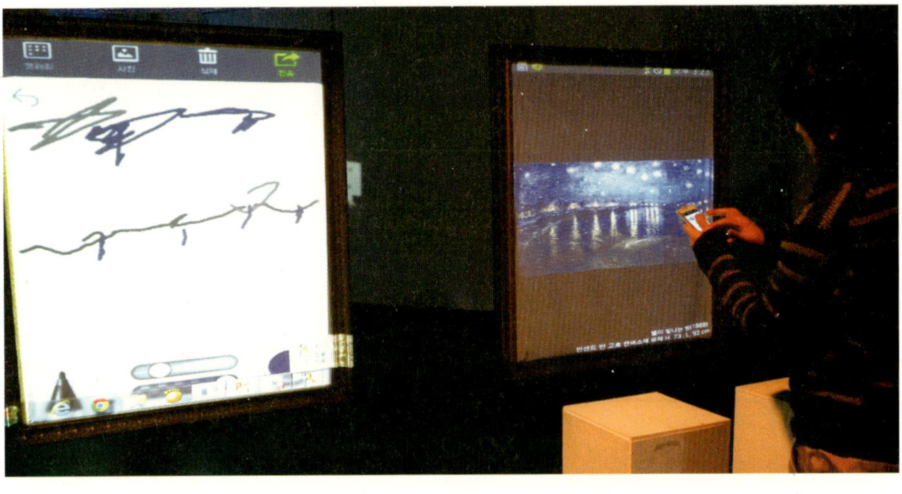

그림 4.10 두 명의 사용자가 각자의 스마트 기기를 이용해 공유화면에서 동시에 편집하는 모습

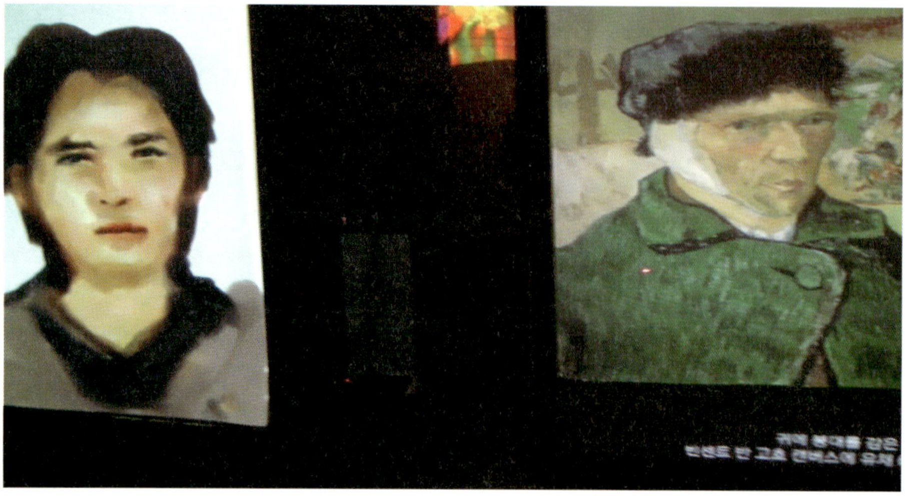

그림 4.11 대형화면에 공유된, 다른 사용자의 스마트폰 화면 영상을 가공한 영상

면에 공유된, 다른 사용자의 스마트폰 화면 영상을 가공한 것이다. 편집한 이 영상을 오른쪽 영상과 중첩하여 투영할 수도 있고, 오른쪽 영상 작품을 여러 사용자가 동시에 편집할 수도 있다. 또는 공유된 새로운 화면에서 여러 사용자가 협업하여 새로운 영상 작품을 만들어 낼 수도 있다.

이와 같이 각 사용자 사이의 분리된 계층을 중첩 투영하여 혼합된 한 개의 이차원 영상을 의도에 따라 조합하여 하나의 오브제를 설정한다. 또한 참여하는 관람객 수에 따라 각 층은 여러 개를 중첩 투영하며 시간이 지남에 따라 의식의 소통을 추구하는 새로운 공간을 구성한다. 이러한 작품 속에 참여하는 관객의 의식 흐름을 화면 공유 및 중첩 투영 기술을 통해 실시간으로 연결하고 표현한다.

- 기타 공유 기능

이 시스템에서는 다양한 편집기와 응용프로그램(팔레트, 선 그리기 등)을 제공하며, 이것들을 활용하여 협업할 수 있다(그림 4.12). 왼쪽부터 차례대로 선 그리기, 색상 조절, 영상 이미지 재생 및 수정, 각종 브러시와 같은 편집 기능의 예를 보여 준다. 이 외에도 채팅 기능, 비디오 재생기 등이 있다.

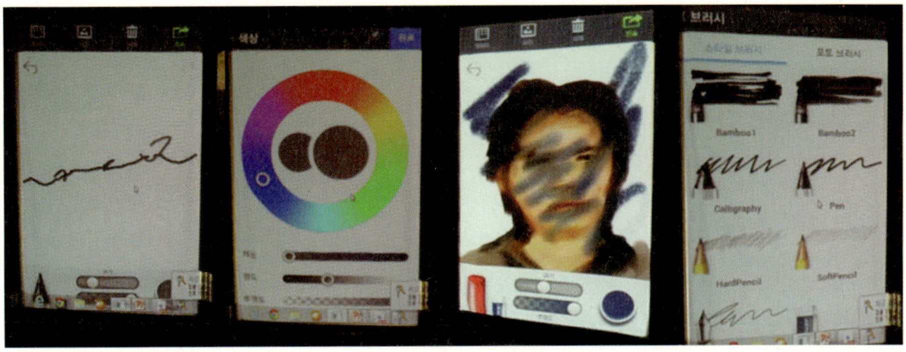

그림 4.12 여러 가지 편집 기능

(3) 작품 구성

전시 작품을 구성하기 위해서는 〈그림 4.13〉에서 보듯이 과거의 작품이나 인물을 미리 투영할 프로젝트의 위치와, 영상을 투영할 액자(반투명 실크)의 위치를 고정한다. 정해진 위치에 프로젝트 기기와 스마트 기기를 고정하고 설치하여 '나'라는 오브제에 중첩 투영하고자 하는 과거의 의식과 일치하는 영상을 서버에서 선택한다(여기서는 반 고흐의 '별이 빛나는 밤에'와 '귀에 붕대를 감은 자화상'을 선택).

그 후 스마트 기기의 카메라로 자신의 영상을 촬영해 실시간 영상 공유 기법을 통해 스크린에 중첩하여 나타낸다. 작품에서 '나'의 의식과 시간적 경험을 재

그림 4.13 가상 박물관이나 서버에서 영상을 선택하는 모습

구성하기 위해 스마트 기기에 나타난 영상을 편집해야 할 경우에는 스마트 기기 자체에서 영상의 색 또는 크기 변환, 그림자 효과, 채팅 등 다양한 방법으로 의식의 구조를 추가하여 표현한 회화적인 영상을 서버로 전송한다. 이러한 영상 공유 기술을 적용하는 작품은 작가가 정해 놓은 상호작용 방식이 아니라, 관람자에 의한 상호작용으로 임의적으로 나타나기도 하고 전혀 새롭게 구성할 수도 있다. 그러므로 보다 크고 다양한 작품 공간과 감상 공간으로 재구성이 가능하도록 한다. 이 전시 작품인 'Digilog: 빈센트 반 고흐 2014'는 과거 작품에 대한 영상 오브제의 시간과 공간을 현재 내가 있는 시간과 공간 속에 실시간으로 표현함으로써 관람자에게 자아를 찾도록 하는 확장된 소셜 인터랙티브 아트다.

2) Illusion Box

(1) 작품 개요

'Illusion Box'는 수십 개의 상자를 삼차원 입체로 설치한 후, 영상 콘텐츠를 투영하는 작품이다. 여러 관람자가 스마트 기기에서 전송한 자신의 모습이나 동영상 혹은 화면을 설치한 작품의 각 상자 위에 독립적으로 투영한다. 스마트 기기의 화면이나 영상은 원하는 수만큼 중첩하여 투영할 수 있다. 〈그림 4.14〉는 작품 'Illusion Box'를 보여 준다. 이는 환상적인 느낌을 주는 투영한 영상에 자신의 스마트 기기 영상이나 사진 등을 여러 명이 동시에 전송하여 실시간으로 화면을 공유한다는 데 의미가 있다. 그러므로 이는 곧 소셜 인터랙티브 아트를 구현한 것이다.

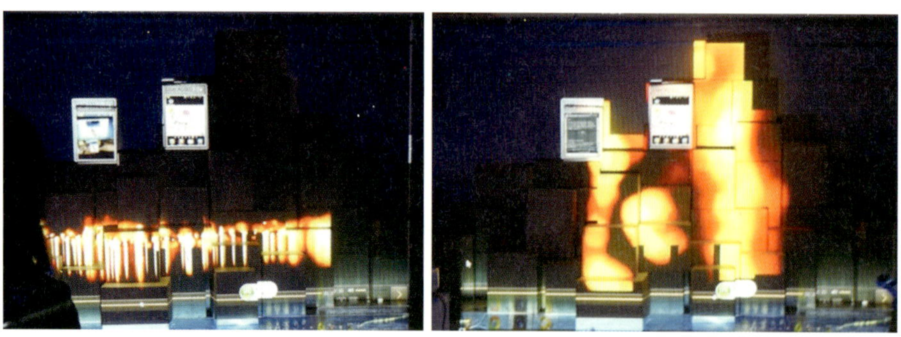

그림 4.14 Illusion Box(박남희 외 5명, 400cm×350cm, 2014)

(2) 작품 구성

이 작품은 다수의 관람자가 자신의 스마트 기기를 활용하여 작품과 소셜 인터랙션을 수행하는 것으로, 여러 관람자가 공간의 제약을 받지 않고 자유로운 곳에서 작품과 상호작용할 수 있음을 보인다. 즉, 영상 공유 기술을 통하여 각 관람자는 자신만의 화면을 가질 수 있으며, 동시에 각 화면이 모여 전체 작품을 구성한다. 즉, '따로, 또 같이'라는 의미를 가진다.

바탕에 재생한 전체 영상 위에서 개인 관람자의 스마트 기기 영상을 상자 각각에 중첩하여 투영한다. 그러면 전체는 서로 다른 개인 영상이 공유되며 중첩되는 새로운 형식의 소셜 인터랙티브 작품이 된다. 즉, 스마트 기기의 특성을 최대로 살린 새로운 형식의 작품을 구성하는 것이다.

이러한 작품 구성 활동은 곧 작품을 통하여 관람자가 실시간으로 동시에 참여하는 공간이 되는 것이며, 관람자 각각의 행위와 전송한 개인 영상에 따라 협업을 이루기 때문에 작품 전체를 항상 새롭게 구성할 수 있다. 이는 관람자는 작품뿐만 아니라 관람자끼리의 관계를 구성할 수 있다. 또한 관람자가 곧 공동 작가가 되는 것이며 시간과 공간을 공유하는 사회성을 지닌다. 이 작품도 앞에서 개발한 공유 기법을 사용하는데 마찬가지로 안드로이드 운영체제로 구현하였다.

이와 같이 영상 공유 기술을 활용하는 작품은 공간과 시간의 제약 없이 콘텐츠와 상호작용하고 관람자들 사이에 정보를 교환할 수 있다. 또한 한정된 크기의 화면에서 벗어나 여러 관람자와 제작자가 협업할 수 있다. 관람자들은 창작의 주체로서 작품 제작에 참여하며 자신의 의견을 자유롭게 화면에 나타낼 수 있다.

이러한 의미에서 이 작품들은 여러 사용자가 스마트 기기의 영상 콘텐츠를 하나의 화면에 동시에 투영하여 공유하는 시스템을 활용한 소셜 인터랙티브 아트다. 관람자는 여러 사람의 스마트 기기에 있는 영상 콘텐츠는 물론 각 관람자의 의도나 계획까지 공유하며 협업할 수 있다.

이 작품들은 무선 네트워크를 통하여 공간에 구애받지 않고 자유롭고 유동적인 전시 콘텐츠를 제작하도록 한다는 점에서 활용 가치가 있다. 그러므로 쇼핑몰, 광고, 전시, 교육 등 다양한 분야에서 활용할 수 있다.

INTRODUCTION TO CULTURAL TECHNOLOGY

제2부

문화를 지원하는 기술들

chapter 5

컴퓨터 그래픽스

컴퓨터 그래픽스는 컴퓨터 처리로 제작된 모든 화상정보와 관련된 기술을 일컫는 시각예술의 한 분야다. 오늘날 컴퓨터 그래픽스의 활용도는 회화, 디자인, 영화의 특수영상 효과와 같은 창작 예술 분야뿐만 아니라 각종 시뮬레이션, CAD, 비즈니스용 그래프, 의료·산업용 화상 처리, 인쇄 매체의 편집 등 과학, 의료, 군사, 교육 등 현대 문명 전반에 걸쳐 다양한 응용 분야로 크게 확장되고 있다.

1. 컴퓨터 그래픽스 개요

컴퓨터 그래픽스라는 용어는 1960년 미국 보잉사의 연구원인 윌리엄 페터(William Fetter)가 처음 사용했다. 그는 컴퓨터가 지시하는 좌표대로 제어되는 펜으로 설계도면이나 그래프를 그리고 출력하는 장치인 플로터(Plotter)를 이용해 비행기 조종실을 묘사하고, 이를 '컴퓨터 그래픽스'라고 지칭했다.

그림 5.1 스케치패드를 이용한 그래픽 작업[17]

17 출처: 유튜브 Ivan Sutherland: Sketchpad Demo(https://www.youtube.com/watch?v=USyoT_Ha_bA)

1962년 이반 서덜랜드(Ivan Sutherland)는 '스케치패드(Sketchpad)'라는 대화형 그래픽 프로그램을 최초로 개발했다. '스케치패드'는 사용자가 입력장치인 라이트펜으로 브라운관 화면 위에 직접 명령을 입력할 수 있는 프로그램이었다. 당시로는 획기적인 대화형 프로그램으로 사용자가 원하는 내용을 모니터에 즉시 나타낼 수 있는 것이 특징이었다.

1981년에 발표된 IBM PC는 일반 대중이 컴퓨터에 다가갈 수 있는 결정적인 계기가 되었으며, 1984년 그래픽 유저 인터페이스(GUI: Graphic User Interface)를 갖춘 최초의 컴퓨터 애플 매킨토시의 출현은 그래픽 사용자들에게 커다란 반응을 일으켰다. 그 후, 마이크로소프트 윈도우즈의 출현으로 개인용 컴퓨터의 그래픽 처리 능력이 매킨토시보다 월등해졌다.

2. 입출력 장치

여기에서는 인간과 상호작용하기 위한 입력과 출력에 대하여 살펴본다.

1) 입력장치

디지털 영상(이미지) 작업을 위한 입력장치로는 키보드와 마우스, 디지타이저, 스캐너, 디지털카메라, 비디오 카메라 등이 있다. 키보드와 마우스는 PC의 가장 대표적인 입력장치다. 최근에는 자판의 좌우가 분리되어 입력 시 손과 손목의 부담을 줄여 주도록 설계된 인체공학적 내추럴 키보드와 무선 마우스가 많이 사용되고 있다.

디지타이저(Digitizer)는 이미지, 설계도면, 필기체 문자 등의 아날로그 정보를 디지털 정보로 변환하여 입력하는 장치로 태블릿(tablet)과 전자펜으로 구성된다. 또한 이미지나 사진을 읽고 컴퓨터로 입력시키는 스캐너도 그래픽 하드웨어 구성에 반드시 필요하다. 스캐너는 스캐닝 방법에 따라 핸드 스캐너와 탁상 스캐너로 나뉜다. 디지털카메라는 아날로그 이미지를 디지털 이미지 파일 형태로 곧장 컴퓨터에 입력시킬 수 있는 장치다. 최근에는 레이저 빔을 이용하여 물체 외곽선의 좌표를 추출하여 3차원의 데이터를 얻을 수 있는 입력장치인 3D 스캐너와

3D 카메라도 등장했다.

2) 출력장치

출력장치로는 영상 데이터를 디스플레이하는 모니터와 컴퓨터에 저장된 데이터를 출력하는 프린터를 일반적으로 사용한다.

모니터는 컴퓨터가 생성한 정보를 디스플레이하는 화면 출력장치다. 1951년에 MIT의 월윈드(Whirlwind) 컴퓨터에 벡터스코프 그래픽 화면(Vectorscope Graphics Display) 방식이 도입되어 TV 모니터와 같은 디스플레이 화면을 사용하는 최초의 컴퓨터가 탄생하였다. 모니터 디스플레이 방식의 등장은 그래픽 하드웨어 개발의 시작을 의미했다.

프린터의 역사는 문자나 도면을 인쇄하는 제도기계의 일종인 플로터에서 시작되었으며, 오늘날은 잉크젯 프린터나 레이저 프린터가 가장 보편적으로 사용된다.

21세기 첨단기술의 하나로 손꼽히며 크게 주목받고 있는 3D 프린터는 3D 스캐너 혹은 3D 모델링 프로그램으로 만든 3차원 도면을 기반으로 실물의 입체모양을 만들어 내는 기계다. 입체를 만드는 방식에 따라 적층형과 절삭형으로 나뉜다. 적층형은 석고나 나일론 등의 파우더, 플라스틱 액체 또는 플라스틱 실을 종이보다 얇은 0.01~0.08mm의 레이어로 겹겹이 쌓아 입체형상을 만들어 내는 방식이며, 절삭형은 커다란 덩어리를 조각하듯이 깎아 내어 입체형상을 만들어 내는 방식이다.

3. 이미지와 그래픽의 표현

이미지는 텍스트에 비해 시각을 통해 정보를 쉽고 빠르게 전달할 수 있으며 기억에도 오래 남는다.

정적이면서 시각적인 데이터로 이미지와 그래픽을 들 수 있다. 이미지는 입력장치를 이용하여 생성된 이미지이며 디지털 형태로 컴퓨터 내부에 저장(표현)된다. 그러므로 이미지는 이미지 관련 소프트웨어를 통하여 스캔·입력된다. 이미지

그림 5.2 이미지와 그래픽

를 입력하는 도구는 스캐너, 디지털카메라, 비디오 카메라 등으로 다양하다.

반면에 컴퓨터 그래픽은 알고리즘(혹은 프로그램)으로 작성된 소프트웨어에 의해 생성된 이미지가 컴퓨터 화면이나 다른 출력장치에 표현되는 것으로 컴퓨터 내부에는 이미지와 마찬가지로 디지털 형태로 저장된다.

컴퓨터 내부에 저장하려면 자연 영상을 디지털 영상으로 변환해야 한다. 저장된 영상은 이미 자연 영상이 아니라 이진수로 된 디지털 영상이므로 개념적 의미에서는 영상이 아닐 수도 있다.

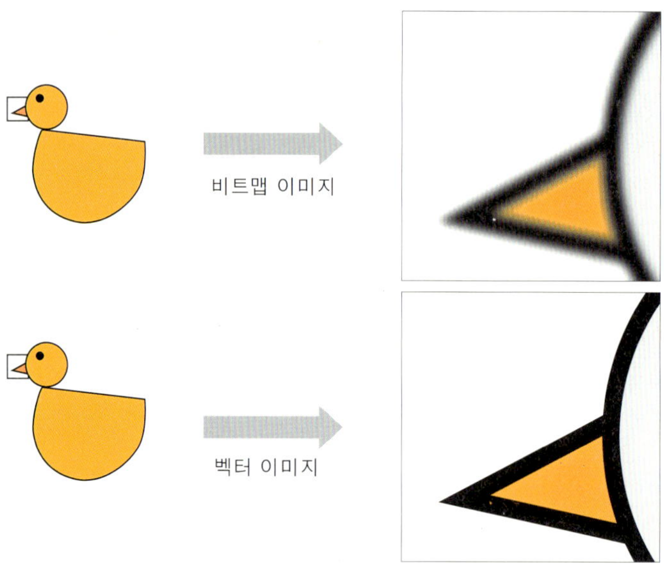

그림 5.3 비트맵 이미지와 벡터 이미지의 비교

그래픽과 이미지는 여러 가지로 표현되고 저장될 수 있지만 기본적으로 두 형식으로 구성한다. 디지털 영상의 표현 방식은 컴퓨터에 저장하는 방식에 따라 비트맵과 벡터 그래픽 표현 방식이 있다.

〈그림 5.3〉은 원본 이미지의 특정 부분을 확대할 경우, 비트맵 방식과 벡터 방식의 차이를 보여 준다.

1) 비트맵 방식

비트맵(bitmap) 방식은 픽셀(pixel, picture element)이라고 하는 여러 점들이 모여서 하나의 완성된 이미지를 표현하며 래스터(raster) 이미지라고도 부른다. 〈그림 5.4〉와 같이 이미지를 픽셀로 나누고 각 픽셀은 특정한 값으로 채워진 메모리 셀로 대응된다.

그림 5.4 비트맵 이미지와 픽셀의 예

단순한 비트맵 방식의 경우에는 이미지나 그래픽을 나타낼 때 흰색과 검은색의 조합으로 흑백 이미지를 표현할 수 있는데 〈그림 5.5〉는 흑백 이미지를 비트맵으로 표현한 예다. 각 픽셀마다 1비트(혹은 컴퓨터에 따라 1바이트)가 할당되어 검은색은 0으로 표현하고 흰색은 1로 표현한다.

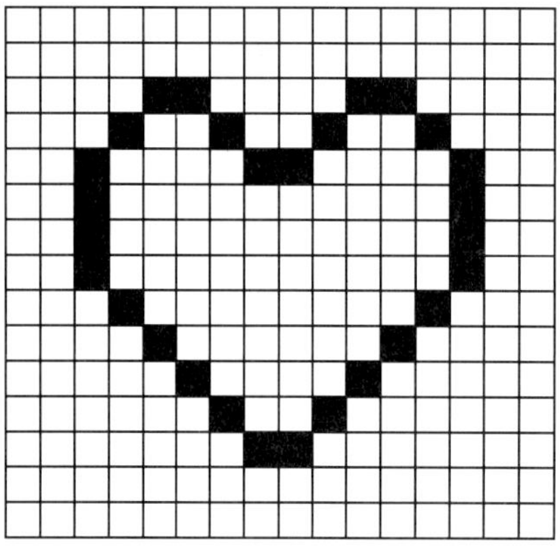

1	1	1	1	1	1	1	1	1	1	1	1	1	1	1	1
1	1	1	1	1	1	1	1	1	1	1	1	1	1	1	1
1	1	1	1	0	0	1	1	1	0	0	1	1	1	1	1
1	1	1	0	1	1	0	1	1	0	1	1	0	1	1	1
1	1	0	1	1	1	1	0	0	1	1	1	1	0	1	1
1	1	0	1	1	1	1	1	1	1	1	1	1	0	1	1
1	1	0	1	1	1	1	1	1	1	1	1	1	0	1	1
1	1	0	1	1	1	1	1	1	1	1	1	1	0	1	1
1	1	1	0	1	1	1	1	1	1	1	1	0	1	1	1
1	1	1	1	0	1	1	1	1	1	1	0	1	1	1	1
1	1	1	1	1	0	1	1	1	1	0	1	1	1	1	1
1	1	1	1	1	1	0	1	1	0	1	1	1	1	1	1
1	1	1	1	1	1	1	0	0	1	1	1	1	1	1	1
1	1	1	1	1	1	1	1	1	1	1	1	1	1	1	1
1	1	1	1	1	1	1	1	1	1	1	1	1	1	1	1

그림 5.5 흑백 이미지의 픽셀 표현과 메모리 내의 표현

따라서 10,000×8,000픽셀을 갖는 모니터의 화면에 위와 같은 방식으로 흑백 이미지를 표현하기 위해 요구되는 데이터의 크기는 아래와 같이 10MB(메가바이트)이다.

10,000×8,000×1비트 = 80,000,000비트 = 10,000,000바이트 = 10MB

회색 수준의 이미지에서는 각 픽셀이 8비트(1바이트)로 표현되며, 흰색과 검은색 중간의 색을 표현할 수 있다. 이 경우, 픽셀당 1바이트의 데이터가 요구되므로, 이 모니터에서는 총 10MB×8비트 = 80MB의 회색 수준의 색을 나타내는 정보가 필요하다.

컬러 이미지의 경우, 한 픽셀에는 RGB(Red, Green, Blue)값이 저장되어 있고 R, G, B 각각은 0부터 255까지의 값으로 나타낼 수 있는데 이 값을 이용하여 원하는 색을 표현한다. 비트맵의 각 픽셀에 대한 컬러를 표현하려면 빨강, 녹색, 파랑 각각 1바이트씩, 총 3바이트가 필요하다.

〈그림 5.6〉은 컬러 이미지의 표현 방식이다. 각 픽셀은 3바이트의 RGB 농도로 표현된다. 빨간색의 경우 R=100%, G=B=0%로 표현하고, 흰색의 경우는 R=G=B=100%로 표현한다.

R	G	B	
11111111	00000000	00000000	R=255, G=0, B=0, 빨간색
00000000	11111111	00000000	R=0, G=255, B=0, 녹색
00000000	00000000	11111111	R=0, G=0, B=255, 파란색
11111111	11111111	11111111	R=255, G=255, B=255, 흰색

그림 5.6 컬러 이미지의 표현

예를 들어, 10,000×8,000픽셀을 갖는 모니터의 화면 전체에 컬러 이미지를 표현하려면 요구되는 데이터의 크기는 아래와 같다.

10,000×8,000×3바이트 = 240,000,000바이트 = 240MB

즉, 모니터에서 10,000×8,000 크기의 컬러 사진을 취급하려면 총 240MB의 데이터를 취급한다.

이와 같이 비트맵 소프트웨어는 이미지에서 각 픽셀을 제어하므로 크게는 수백만 개까지의 픽셀을 관리하고 유지한다. 어떤 이미지의 픽셀 수는 흑백 이미지인지, 회색 수준의 이미지인지, 컬러 이미지인지에 따라 다르다.

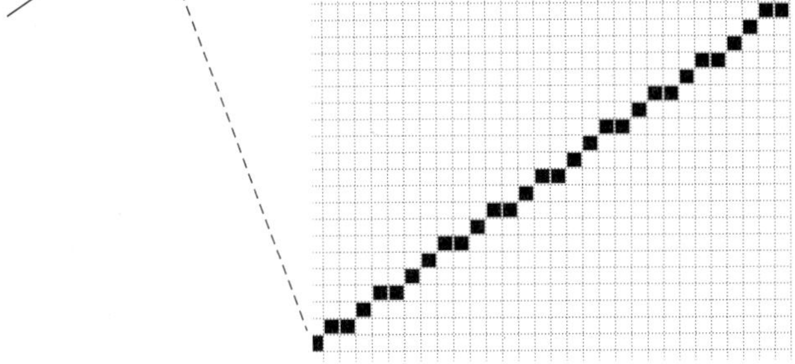

그림 5.7 확대한 선의 픽셀

비트맵 방식은 고해상도의 풍경이나 인물 사진에 적합한 방식으로 화면에 보여 주는 속도가 빠르다는 것이 장점이다. 그러나 이미지를 확대하거나 축소할 때 이미지가 손상되어 계단 현상이 나타나고 기억 공간을 많이 차지한다는 것이 단점이다. 비트맵 방식에서는 모든 이미지를 픽셀로 나누기 때문에 연결 부분이 명확하지 않을 수도 있다. 따라서 컴퓨터 화면에서 비트맵 기반의 선을 확대하면 선이 깨끗하게 연결되지 않고 〈그림 5.7〉과 같이 보인다.

비트맵 방식을 지원하는 파일 형식은 BMP, GIF, JPEG, TIFF 등이 있다.

(1) BMP

BMP(Bitmap)는 마이크로소프트사에서 지원하는 가장 단순한 형태의 파일 포맷으로, 윈도우즈의 그림판을 비롯한 대부분의 윈도우즈용 그래픽 프로그램들이 지원하는 형식이다. BMP는 비트맵 방식에서 가장 기본이 되는 포맷으로 비압축 이미지 파일이다. 즉, 파일의 크기를 비롯한 파일 관련 정보를 파일 헤더에 두고 각 픽셀의 컬러값을 그대로 표현한다. 압축되지 않은 형태이므로 파일의 크기가 커지는 단점이 있지만 고해상도의 이미지를 표현할 수 있다.

(2) GIF

GIF(Graphic Interchange Format)는 미국의 통신망인 컴퓨서브(CompuServe)사가 이미지 파일 전송시간을 줄일 수 있도록 개발한 압축파일 포맷이다. 압축률이 좋아 인터넷 웹 문서에서 많이 사용되며 움직이는 그림(애니메이션)이 가능하다. 무손실 압축 기법인 LZW(Lempel-Ziv-Welch) 방식의 알고리즘을 사용하므로 이미지의 손실은 없지만 읽어 들이거나 저장하는 속도가 느리다.

(3) JPEG

JPEG(Joint Photographic Expert Group)는 압축파일이면서 이미지의 질을 보존하는 파일로 이미지의 질을 제어하는 변수를 가지고 있다. 사진과 같은 복잡한 이미지를 표현하기 좋은 방법으로서 24비트 컬러를 사용하여 1,670만 컬러까지 나타낼 수 있으며 압축률이 높은 편이다. JPEG는 컬러 사진의 압축을 위해 1992년에 국제표준으로 알고리즘이 확정되었는데 일반적으로 손실 압축 방법이 많이 쓰이고 있다. 원본 이미지에서 불필요하게 복잡한 부분을 생략하여 압축률을 높이므로 복원된 이미지와 원본 이미지가 꼭 같지는 않으나 원본의 용량을 많이 줄여 줌으로써 인터넷에서 사진이나 이미지 등을 전송할 때 가장 많이 쓰이는 웹 표준 방식이다.

(4) TIFF

TIFF(Tagged Image File Format)는 높은 압축률을 가진 대단위 문서 관리 시스템에서 주로 사용하는 이미지 포맷이다. 입출력 속도나 전송 효율이 뛰어나 팩시밀리나 스캐너 등의 작업에 주로 이용된다. 컬러 정보, 해상도, 크기에 관계없이 파일 처리가 가능하다.

2) 벡터 방식

벡터(vector) 방식은 좌표 개념을 도입한 벡터 형식의 이미지를 말하는데, 선과 선의 연결 좌표 및 선의 종류와 그에 따른 여러 가지 변수들을 기억하게 된다. 따라서 단순한 선이나 색면을 표현하는 이미지에 적합한 방식이다.

벡터는 선이나 도형으로 표현하는 수식의 집합이다. 그러므로 벡터를 기반으로 하는 이미지는 개체를 픽셀로 표현하지 않고, 이미지 개체의 시작점과 끝점, 선의 굵기, 채우기 색, 기타 속성 등으로 표현한다. 〈그림 5.8〉은 벡터 방식으로 표현한 기하 이미지의 예다.

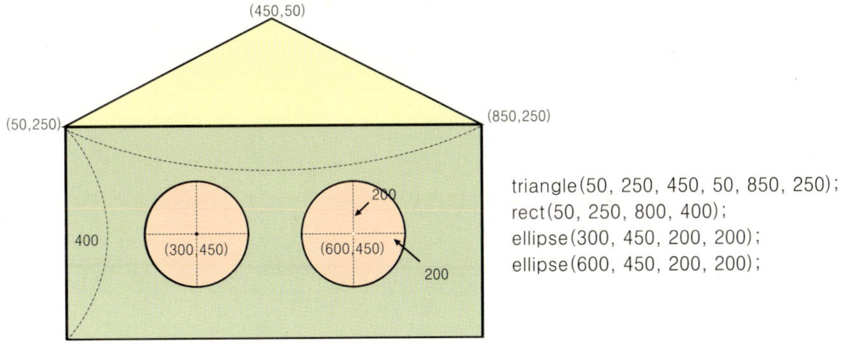

그림 5.8 벡터 방식에 의한 기하 이미지의 표현

이와 같이 벡터로 표현한 이미지는 〈그림 5.9〉와 같이 그래픽 소프트웨어에 의해 컴퓨터 화면에 표현된다. 벡터 방식을 사용한 그래픽은 드로잉 소프트웨어를 사용하여 편집과 객체를 분리할 수 있기 때문에, 편집에 유연성과 효율성을 제공한다.

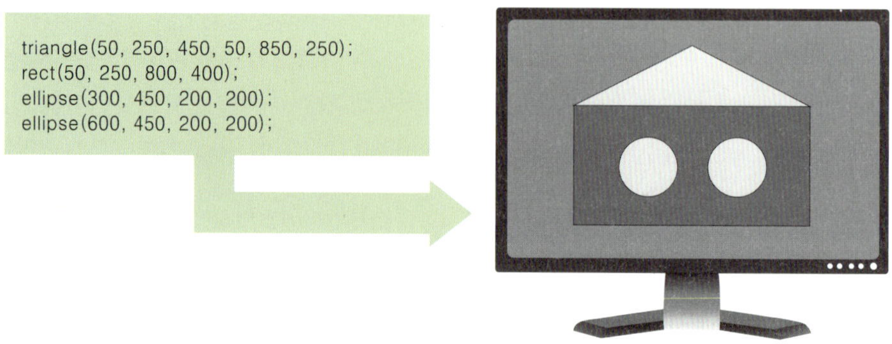

그림 5.9 벡터 이미지의 디스플레이

드로잉 소프트웨어에서 생성한 개체는 이동이나 회전과 같은 변형이 매우 쉽고, 이미지의 확대나 축소 시 화질의 손상이 거의 없으며 기억 공간을 적게 차지하는 장점이 있다. 그러나 복잡한 이미지의 표현이 힘들고 화면에 보여 주는 속도가 느리다. 최근 하드웨어의 발달로 속도 차이는 줄어들었으며 현재 대부분의 윈도우즈 폰트에 쓰이고 있다. 〈그림 5.10〉은 벡터 방식에 의하여 생성한 이미지와 각 개체를 편집하여 그룹 개체를 생성하는 예를 보인다.

그림 5.10 벡터 방식으로 생성한 이미지의 편집

벡터 방식을 지원하는 파일 형식은 AI, WMF, CDR, EPS 등이 있다.

(1) AI(Adobe Illustrator)

어도비 시스템즈사에서 개발한 일러스트레이터의 파일 형식이다. 비트맵과 벡터 형식 모두 저장 가능하며, 다른 그래픽 프로그램과도 호환이 된다.

(2) WMF(Windows Meta File)

WMF는 마이크로소프트사의 윈도우즈에서 응용프로그램 간의 교환을 위해 벡터 도형을 저장하는 데 사용되는 도형 파일 형식이다. 비트맵과 벡터 형식 모두 저장 가능하다.

(3) CDR(Corel Draw)

CDR은 코렐 드로우에서 사용되는 파일 형식으로 벡터 방식으로 저장한다.

(4) EPS(Encapsulated PostScript)

EPS는 포스트스크립트 언어에서 사용되는 파일 형식이다. 인쇄 및 출력에 많이 사용되고 고품질의 출력결과를 얻을 수 있다.

4. 색상 모델

이미지는 픽셀로 이루어지는데 하나의 픽셀에 몇 개의 비트가 할당되느냐에 따라 색상의 수가 결정된다.

[표 5-1]은 비트 수와 색상 수의 관계를 보여 준다. [표 5-1]에서 32비트 색상의 알파채널은 색상 정보를 가지지 않은 투명도를 나타낸다. 0은 불투명한 상태를, 256은 투명한 상태를, 그리고 중간값은 반투명한 상태를 나타낸다.

[표 5-1] 표본화율에 따른 파일의 크기

비트 수	색상 수	비고
1	2 (=2^1)	흑백
4	16 (=2^4)	팔레트
8	256 (=2^8)	팔레트
16	65,536 (=2^{16})	하이컬러 (R:G:B = 5:5:5)
24	16,777,216 (=2^{24})	트루컬러 (R:G:B = 8:8:8)
32	16,777,216 + 8비트 알파채널	트루컬러 + 알파채널

색상들 간의 관계를 표현하기 위한 방법으로 색상 모델(color model)이 있다. 일반적으로 RGB 모델을 사용하며 컬러 이미지를 출판할 때는 CMYK 모델을, 색상, 채도, 명도를 각각 다루어야 할 때는 HSI 모델을 사용한다.

1) RGB 모델

RGB 모델은 빛의 삼원색인 빨강(Red), 초록(Green), 파랑(Blue)의 세 가지 색상을 혼합하여 색상을 구현한 모델로 가장 많이 사용되는 모델이다. 세 가지 색상을 모두 혼합하면 흰색이 되는 가산(additive) 방식이다.

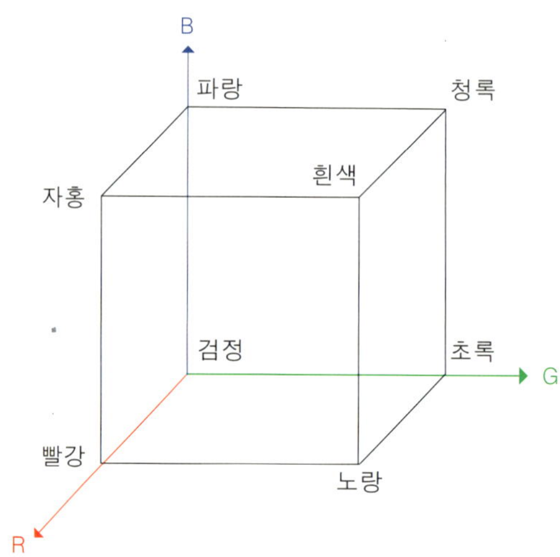

그림 5.11 RGB 모델

RGB 모델은 〈그림 5.11〉과 같이 빨강, 초록, 파랑의 3차원 좌표계로 표현될 수 있다. 원점은 세 가지 색이 모두 없는 곳으로 검정색을 나타내고, 3차원 좌표 (1, 1, 1)에 해당하는 점은 세 가지 색이 최대로 더해진 곳으로 흰색을 나타낸다. 24비트 컬러 시스템에서 빨강은 (255, 0, 0)로 표현되지만 이 좌표계에서는 (1, 0, 0)로 나타낸다.

2) CMY/CMYK 모델

CMY 모델은 청록(Cyan), 자홍(Magenta), 노랑(Yellow)의 색상을 혼합하여 색상을 구현한다. 컬러 모니터에서는 검은색의 모니터 상에 빛을 더하여 컬러를 만들지만, 프린터와 같은 인쇄 시스템에서는 흰색 종이에 잉크나 토너 등을 칠하여 컬러를 만들어 낸다. 따라서 CMY 모델의 세 가지 색상을 혼합하면 검은색이 되는 감산(subtractive) 방식이다. 컬러 프린터에서 주로 사용되는데, 검은색으로 인쇄할 때는 검정(Kappa) 색상을 추가하여 사용한다. 왜냐하면 혼합하여 만들어진 검은색보다 순수한 검은색이 더 선명하기 때문이다. 검은색이 추가된 모델이 CMYK 모델이다. RGB와 CMY는 서로 보색관계에 있으므로 두 모델 사이의 변환은 [표 5-2]와 같이 간단히 계산할 수 있다.

[표 5-2] RGB와 CMY 모델 사이의 변환

RGB ⇒ CMY	CMY ⇒ RGB
C = 1.0 − R	R = 1.0 − C
M = 1.0 − G	G = 1.0 − M
Y = 1.0 − B	B = 1.0 − Y

3) HSI 모델

색상(Hue), 채도(Saturation), 명도(Intensity)를 나타내는 HSI 모델은 HSB(Brightness) 모델이라고도 한다. 색상은 빛을 통해 보이는 색의 특성으로 빨강, 노랑, 파랑 등 색상의 이름으로 구별한다. 채도는 색의 순도를 나타내는 것으로 원색에 어느 정도의 흰색이 혼합되었는지를 나타낸다. 값이 클수록 진한 농도의 색이다. 명도

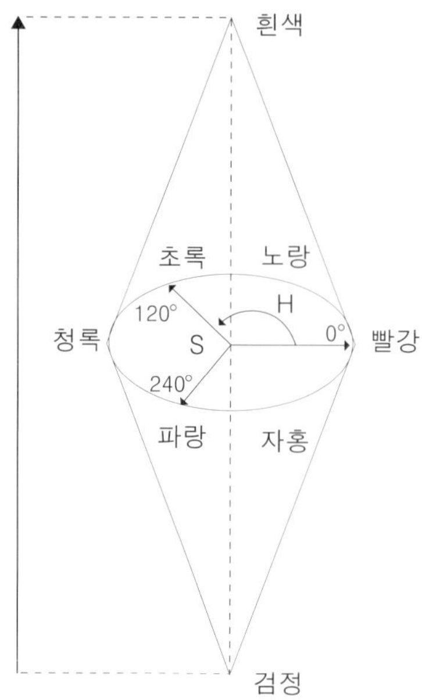

그림 5.12 HSI 모델

(Intensity)는 색의 밝기를 나타내며 0%(흰색)에서 100%(검은색)까지의 비율로 표시한다.

HSI 모델은 색의 변환을 용이하게 해 준다. 예를 들어 빨간색을 분홍색으로 만들기 위해서는 채도만 조절하면 되고, 어두운 색을 밝게 하려면 명도를 높이면 되는 것이다. HSI 모델은 〈그림 5.12〉와 같이 원뿔 모양의 좌표계로 표현된다. 색상은 원뿔 둘레를 따라 0도에서 360도 사이의 각도로 표현된다. 0도는 빨간색, 120도는 초록색, 240도는 파란색을 나타낸다. 채도는 0에서 1 사이의 값을 가지며 원뿔 중심으로부터의 수평거리로 표현된다. 원뿔 중심의 채도는 0으로 흰색을 나타내고, 원뿔 가장자리에는 채도가 1이 되어 흰색이 전혀 섞이지 않은 순수한 원색이 된다. 명도는 세로축을 기준으로 아래쪽 값이 0으로 검은색을 나타내고, 위쪽이 명도 1로 흰색을 나타낸다.

5. 그래픽 편집

디지털 영상처리(Digital Image Processing)란 기존의 아날로그 이미지를 디지털 신호로 변화하기 위해 스캔하거나 컴퓨터에서 디지털 이미지를 생성하여 이를 수정, 합성 또는 변환한 후 출력하는 과정을 말한다. 디지털 영상처리는 픽셀을 기반으로 작업이 이루어지는 2D 페인팅 작업이다.

1) 2D 이미지 도구: 어도비 포토샵(Adobe Photoshop)

포토샵은 어도비사에서 개발한 2차원 이미지 도구로서 강력한 기능을 가진 디지털 영상처리 프로그램이다.

포토샵은 다른 프로그램에 비해 인터페이스 디자인이 편리하다. 즉, 많은 기능을 제공하면서도 프로그램의 사용법이 쉽다. 또한 스캔받은 이미지를 보정하는 우수하고 다양한 이미지 보정 도구를 가지고 있으며 프로그램 자체 내에서 제공하는 필터 효과뿐 아니라 다양한 플러그인 필터를 사용하여 프로그램의 기능을 확장할 수 있다.

2) 3D 이미지 저작 도구: 3DS MAX

3D 이미지를 편집하고 모델링하는 소프트웨어 중 대표적인 것은 3DS MAX(3D Studio MAX)일 것이다. 3DS MAX는 AutoDesk사에서 제작한 3차원 모델링 도구로 현재 가장 널리 사용되고 있는 프로그램이다. 3DS MAX의 화면과 3DS MAX로 모델링하여 입체감 있는 이미지를 나타낼 수 있다.

3DS MAX의 주요 특징으로는 직관적이고 효율적인 인터페이스를 들 수 있다. 3차원 편집의 경우 2차원과 달리 상당히 복잡하고 어려우나, 3DS MAX에는 다양한 뷰(view)와 도구들이 있어 사용이 편리하다. 또한 캐릭터 스튜디오와 같은 외부 프로그램과 연동하여 사용할 수 있고 3D 모델링뿐 아니라 애니메이션도 지원한다.

chapter 6

디지털 영상처리

1. 영상처리 개요

디지털 영상처리는 〈그림 6.1〉과 같이 스캐너, 디지털카메라 등과 같은 영상 입력장치를 통하여 들어온 이미지를 디지털 이미지로 변환하여 저장한 후, 원하는 목적에 맞게 조작하는 것이다. 영상처리의 예로는 영상의 화질을 개선하거나, 영상을 기하학적으로 변환하거나 영상을 압축하는 등의 작업을 들 수 있다. 이때 영상처리는 크게 두 부분으로 나눌 수 있는데, 하나는 획득한 영상을 압축하여 저장하는 과정이며 다른 하나는 필요한 응용 분야에 따른 분야별 영상처리 과정이다.

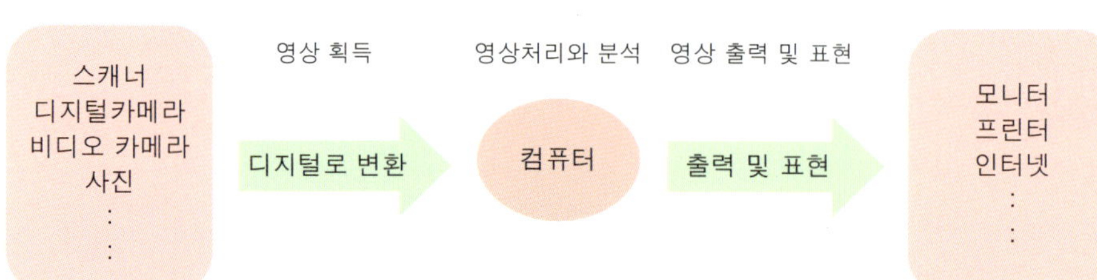

그림 6.1 디지털 영상처리의 흐름

자연 영상은 컬러와 음영이 연속적으로 변화하는 아날로그 영상이다. 이러한 아날로그 영상이 컴퓨터에서 처리되기 위해서는 디지털 영상으로 변환되어야 하는데 디지타이저가 주로 사용된다. 대표적인 디지타이저로는 스캐너, 디지털 카메라, 비디오 카메라 등이 있다. 디지타이저의 주요 기능은 표본화(Sampling)와 양자화(Quantization)다.

표본화는 아날로그 영상에서 일정한 간격으로 데이터를 추출하는 과정을 의미하고, 양자화는 표본화한 데이터에 숫자로 된 코드값을 할당하는 과정을 의미한다. 동일한 아날로그 영상이라도 표본화·양자화에 따라 다양한 디지털 영상을 얻을 수 있다. 또한 이렇게 얻어진 디지털 영상은 이진화된 숫자로 구성되므로 값을 더하거나 나누는 등의 여러 연산을 통하여 새로운 영상이나 변형된 영상을 생성할 수 있다. 표본화 수준이 높을수록, 양자화 수준이 클수록 원영상에 가깝게 된다.

1) 표본화

디지털 영상의 최소 단위를 픽셀이라 할 때, 아날로그 영상을 픽셀 단위로 데이터화하는 것을 표본화라고 한다. 즉 표본화는 획득한 자연 영상을 저장할 때 원영상이 파괴되지 않는 범위에서 일정 간격으로 영상을 추출하는 것을 말한다. 따라서 원영상의 일부분만 추출하여 표본화하므로 저장 데이터의 양이 줄어들 수 있다.

이렇게 추출한 디지털 영상은 픽셀로 구성되므로 행렬로 표현 가능하다. 즉, 외부에서 들어온 원래 자연 영상의 좌표를 (I_r, I_c), 표본화를 거친 디지털 영상의 좌표를 (D_r, D_c)라 할 때 디지털 영상 이미지는 다음과 같이 표현될 수 있다.

$$\begin{pmatrix} D_r \\ D_c \end{pmatrix} = \begin{pmatrix} S_x & 0 \\ 0 & S_y \end{pmatrix} \begin{pmatrix} I_r \\ I_c \end{pmatrix}$$

여기에서 S_x와 S_y는 스케일 요소로 원 자연 영상에 S_x와 S_y 값을 곱하거나 나누어 적당한 크기로 변형한다.

표본화의 크기는 가로 세로 방향으로 각각 몇 번의 데이터를 추출하느냐를 나타낸다. 〈그림 6.2〉는 다양한 표본화의 예다.

256×256 128×128 64×64

32×32 16×16 8×8

그림 6.2 다양한 표본화의 예

2) 양자화

양자화는 표본화를 통해 얻은 수치를 다시 정해진 수준으로 변환하는 기법이다. 즉, 픽셀에 대한 데이터의 표현 범위를 정하는 것으로 수치를 몇 가지 색상으로 표현할 것인가를 결정한다.

32비트 8비트 4비트 2비트

그림 6.3 다양한 양자화의 예

2. 영상처리 기술

영상처리에서 주로 사용하는 영상은 그레이스케일(grayscale) 영상이다. 그레이스케일 영상이란 색상 정보 없이 오직 밝기 정보만으로 구성된 영상을 말한다.

이는 흑백 사진처럼 검은색, 회색, 흰색으로 표현되는 영상이다. 이와는 반대로 색상정보를 가지고 있어서 다양한 색상을 표현할 수 있는 영상을 트루컬러(true color) 영상이라 한다.

이 절에서는 그레이스케일 영상을 기준으로 처리하는 방법에 대해 설명한다. 그레이스케일 영상에서 하나의 픽셀은 0에서 255 사이의 정수값을 가진다. 이는 하나의 픽셀을 표현하기 위해 1바이트(byte)의 메모리 공간을 사용하기 때문이다. 픽셀의 값이 0이면 검은색, 255는 흰색을 나타낸다.

입력된 영상들은 사용용도에 맞게 컴퓨터에서 처리되며 전자출판을 위한 영상처리 및 편집, 자동화 검사를 위한 영상 분석 및 인식 처리, 방송을 위한 영상가공, 그래픽스, 게임 등의 다양한 목적에 맞게 편집, 처리된다. 디지털 영상 편집을 위한 상업적 도구로는 Adobe사의 포토샵, JASC사의 페인트샵 등이 있다. 이 프로그램들은 영상 데이터를 입력받아 사용자가 원하는 다양한 효과의 영상처리를 수행할 수 있는 메뉴들을 구비하고 있다. 다양한 표준화된 영상 형식(bmp, jpg, gif, raw 등)들을 읽어 들여 영상처리를 수행한 후, 다시 표준 형식으로 저장한다.

1) 산술 연산

산술 연산은 각 픽셀의 값에 상수값을 사칙연산(더하고 빼고 곱하고 나눔)하여 변형된 영상을 만드는 가장 기본적인 픽셀기반 처리 방법이다. 이러한 과정을 수식으로 표현하면 다음과 같다.

$$I_n(D_r, D_c) = I_i(D_r, D_c)\, \Theta\, I_j(D_r, D_c)$$
$$I_n(D_r, D_c) = I_i(D_r, D_c)\, \Theta\, a$$

이 수식에서 I_n은 새로 생성한 이미지이고, I_i와 I_j는 임의의 이미지이며 $i \neq j$이다. 또한 a는 임의의 상수이며, Θ는 사칙연산기호 +, −, ×, ÷ 중의 하나이다. 즉, 한 이미지와 또 다른 이미지에 필요한 연산을 수행하면 디지털 이미지를 구성하는 값이 서로 연산되어 새로운 디지털 이미지를 생성하기도 하고, 어떤 이미지에

(a) 원 이미지 (b) 덧셈 연산 (c) 뺄셈 연산

(d) 곱셈 연산 (e) 나눗셈 연산

그림 6.4 α값으로 산술 연산하여 얻어진 디지털 영상

특정한 상수값으로 연산하면 새로운 디지털 이미지를 생성할 수도 있다. 〈그림 6.4〉는 원 이미지를 대상으로 특정값(α)를 이용하여 산술 연산한 결과 이미지들을 보여 준다.

2) 클리핑

클리핑(Clipping)은 픽셀의 값을 일정한 범위 내로 제한하는 기법이다. 즉, 모니터의 화면 밖으로 이미지가 나가는 부분은 화면에 나타나지 않도록 하거나 특정 영역 밖으로 나가는 영상은 제외하는 기법이다. 이 기법의 수식은 아래와 같다.

$$I_n = \begin{cases} 0 & I_i(D_r, D_c) < 0 \\ I_i(D_r, D_c) & 0 \le I_i(D_r, D_c) \le 255 \\ 255 & I_i(D_r, D_c) > 255 \end{cases}$$

〈그림 6.5〉는 클리핑의 한 예다.

그림 6.5 클리핑의 예

3) 영상의 반전

영상을 반전시킨다는 것은 영상 내의 모든 픽셀값을 하나하나 반전시킨다는 것이다. 그레이스케일 영상에서 0은 검은색, 255는 흰색을 의미한다. 픽셀값을 반전시키기 위해서는 0에 가까운 어두운 픽셀값은 255에 가깝게 만들어 주고, 255에 가까운 밝은 픽셀값은 0에 가깝도록 만들어 주면 된다. 이를 수식으로 나타내면 다음과 같다.

$$I_n(D_r, D_c) = 255 - I_i(D_r, D_c)$$

〈그림 6.6〉은 그레이스케일 영상과 이를 반전시킨 결과를 보여 준다.

(a) 그레이스케일 영상 (b) 반전 영상

그림 6.6 그레이스케일 영상과 반전 영상

4) 이진화 연산

이진화 연산은 영상 내 모든 픽셀에 대하여 그레이스케일값이 지정된 임계값(α)보다 작으면 픽셀들의 값을 0으로 치환하고, 임계값보다 크면 255로 치환하는 연산이다. 이 연산은 일반적으로 영상 데이터를 흑이나 백으로 이분화하는 데 적용되므로 문자 인식이나 물체 인식 등의 특정 응용 부분의 전처리 과정에 주로 사용된다. 예를 들어 어떤 디지털 영상에 여러 개의 개체가 혼합되어 있는 장면이 있을 때 각 개체나 장면을 분리하거나 영상을 여러 개로 나누어야 하는 경우에 각 개체나 장면마다 다른 임계값을 적용하여 분리할 수 있다. 다음은 지정한 임계값보다 크거나 작으면 255와 0이 할당되도록 하는 연산을 보여 주는 수식이다.

$$I_n(D_r, D_c) = \begin{cases} 255, & I_i(D_r, D_c) \geq \alpha \text{ 일 때} \\ 0, & \text{그 외} \end{cases}$$

〈그림 6.7〉은 임계값 128을 기준으로 이진화한 영상이다.

그림 6.7 임계값 128을 기준으로 이진화한 결과

다음은 서로 다른 임계값을 적용하여 한 영상을 여러 영상으로 나누는 수식이다.

$$I_n(D_r, D_c) = R_i, \qquad a_{i-1} \leq I_k(D_r, D_c) \leq a_i,\ i = 1, 2, 3, \cdots, N \text{ 일 때}$$

즉, 영역 I_k는 임계값 a_i+1과 임계값 a_i 사이에서 0과 255가 적용되어 분리된 새로운 영상을 생성한다.

5) 윤곽선 분리

윤곽선은 상대적으로 다른 명암도를 가진 두 영역 간의 경계이다. 즉, 그레이스케일 영상에서 밝기값이 급격히 변화하는 부분들을 말한다.

윤곽선을 검출하는 방법으로는 미분 개념을 이용한 방법이 널리 사용되고 있다. 프리위트(Prewitt), 로버츠(Roberts), 소벨(Sobel) 등이 미분을 이용한 윤곽선 검출용 회선 마스크를 개발하였다. 이 중 소벨 마스크가 가장 유명하며, 영상처리에 관심이 있는 사람들이 가장 쉽게 구현할 수 있는 필터 중 하나이다.

윤곽선은 물체의 위치, 형태, 크기 등 영상에 대한 많은 정보를 제공하므로 영상 분할을 비롯하여 여러 가지로 응용될 수 있다.

〈그림 6.8〉은 이진화 연산을 통하여 윤곽선을 분리한 새로운 영상이다.

그림 6.8 이진화 연산을 통한 윤곽선 분리 영상

6) 이동, 회전, 크기 변환

영상의 이동 변환(translation transform)은 영상을 주어진 위치로 이동하여 새로운 영상을 생성한다. 즉, 입력 영상의 특정 좌표값 (D_r, D_c)을 가로로 G_x만큼, 세로로 G_y만큼 이동시키는 이동 변환을 행렬로 표현하면 다음과 같다.

$$\begin{bmatrix} D_r^G \\ D_c^G \end{bmatrix} = \begin{bmatrix} G_x \\ G_y \end{bmatrix} + \begin{bmatrix} D_r \\ D_c \end{bmatrix}$$

여기서 (D_r^G, D_c^G)는 이동 변환에 의해 새로 결정되는 결과 영상의 픽셀 위치이다.

회전 변환(rotation transform)은 원점 (0,0)을 기준으로 특정 각도만큼 영상을 회전시키는 변환을 의미한다. 영상을 시계 방향으로 θ만큼 회전하는 연산은 다음과 같다.

$$\begin{bmatrix} D_r^G \\ D_c^G \end{bmatrix} = \begin{bmatrix} \cos\theta & -\sin\theta \\ \sin\theta & \cos\theta \end{bmatrix} + \begin{bmatrix} D_r \\ D_c \end{bmatrix}$$

〈그림 6.9〉는 앞의 원영상을 시계방향으로 50도 회전시킨 결과다.

그림 6.9 시계방향으로 50도 회전시킨 영상

크기 변환(scale transform)은 영상의 크기를 원영상보다 크거나 작게 만드는 변환을 의미한다. 확대나 축소를 하기 위한 스케일 상수 α, β가 1보다 클 때는 영상이 확대되고, 1보다 작을 때는 영상이 축소된다. 입력 영상의 크기를 가로 방향으로 α배로 늘리고, 세로 방향으로 β배로 변환하는 스케일 영상 (D_r^S, D_c^S)는 다음과 같이 연산한다.

$$\begin{bmatrix} D_r^S \\ D_c^S \end{bmatrix} = \begin{bmatrix} \alpha & 0 \\ 0 & \beta \end{bmatrix} + \begin{bmatrix} D_r \\ D_c \end{bmatrix}$$

〈그림 6.10〉은 원영상과 가로, 세로를 각각 1/2로 축소한 영상이다.

그림 6.10 원영상과 가로, 세로를 각각 1/2로 축소한 영상

7) 히스토그램 균등화

히스토그램(Histogram)은 영상의 픽셀들에 대한 명암값의 분포를 나타낸 것이다. 히스토그램의 가로축은 명암값을 나타내고, 세로축은 영상에서 해당 명암값이 사용된 빈도수를 나타낸다.

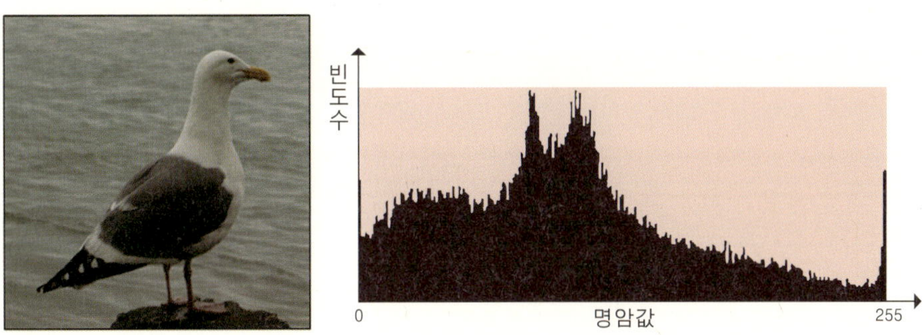

(a) 원영상 (b) 히스토그램

그림 6.11 원영상에 대한 히스토그램

히스토그램 영상의 특성을 살펴보면, 어두운 영상은 히스토그램이 왼쪽으로

(a) 희미한 영상

(b) 히스토그램

그림 6.12 명암대비가 낮은 영상의 히스토그램

치우쳐 있고, 밝은 영상은 오른쪽으로 치우쳐 있다. 또한 히스토그램이 좁은 영역에 분포하는 영상은 명암대비가 낮아 영상이 선명하지 않고, 히스토그램이 넓은 영역에 골고루 퍼져 있으면 명암대비가 높아서 영상이 선명하다.

〈그림 6.12〉와 같이 낮은 명암대비를 가지는 영상은 히스토그램 균등화(Histogram Equalization)에 의해 높은 명암대비를 갖는 영상으로 변환될 수 있다. 히스토그램 균등화는 영상의 히스토그램을 그레이스케일 전 구간에서 골고루 나타나도록 변경하는 방법이다. 히스토그램 균등화는 다음의 공식을 사용한다. 여기서 $h(i)$는 정규화된 히스토그램(보정값), $H(i)$는 원영상의 누적 히스토그램, G_{max}는 영상의 최대 밝기값, N은 영상의 크기, 즉 영상 내부에 존재하는 픽셀의 개수를 의미한다.

$$h(i) = \frac{G_{max}}{N} H(i)$$

히스토그램 균등화는 원영상을 개선하기 위해 추가적으로 데이터를 첨가하지는 않는다. 다만 히스토그램의 형상을 분석하여 밝기 분포가 특정한 부분으로 치우친 것을 좀 더 넓은 영역에 걸쳐 밝기 분포가 존재하도록 히스토그램을 펼쳐 준 것에 불과하다. 따라서 존재하는 데이터의 양이 바뀌지는 않는다. 〈그림 6.13〉은 히스토그램 균등화를 거친 후의 히스토그램을 보인다.

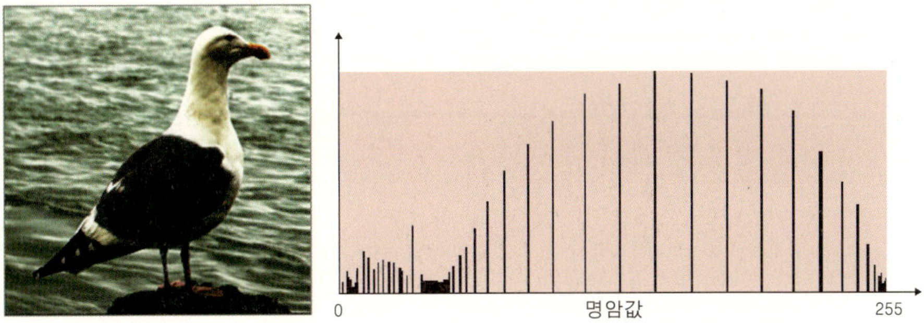

그림 6.13 히스토그램 균등화에 의한 히스토그램 분포의 변화

3. 영상 압축

압축되지 않은 영상은 큰 저장 공간을 필요로 한다. 저장 공간의 절약뿐 아니라 빠른 전송을 위해서도 압축이 필요하다.

영상 압축은 무손실 압축과 손실 압축, 두 가지 유형이 있다. 무손실 압축은 원영상의 모든 정보를 암호화하므로 나중에 압축된 자료로부터 원영상을 완벽하게 복원할 수 있다. 이 방법은 영상 정보의 손실이 없어 영상의 질이 저하되지 않는 장점이 있으나 압축률이 낮은 것이 단점이다.

손실 압축은 중요하지 않거나 중복되는 정보의 손실을 허용한다. 이는 사람이 시각적으로 감지하지 못하는 영상 정보를 제거함으로써 압축률이 높은 것이 장점이다. 하지만 영상의 질이 떨어질 수 있으므로 영상의 사용 용도에 따라 적당한 압축률의 선택이 중요하다.

예를 들어 진단 의학에서 사용되는 영상이나 건축 설계 도면 등은 영상 정보가 손실되어서는 안 되므로 무손실 압축이 이루어져야 하고, 인터넷을 통한 영화의 전송은 화질이 저하되더라도 영상이 끊기지 않고 실시간으로 전송되는 것이 더 중요하므로 손실 압축이 적당하다.

압축 방식은 영상의 변질을 최소화하면서 압축률을 높이는 것이 중요하다. 이 절에서는 인터넷에서 사용하기에 적합한 방식인 GIF 방식과 JPEG 방식에 대해 알아본다.

1) GIF 압축

이미지 파일 전송시간을 줄이기 위해 컴퓨서브사에서 개발한 압축 방식이다. 이 방식은 런 길이 부호화(Run length Encoding) 방식을 응용한 LZW(Lempel Ziv Welch) 알고리즘을 이용한다. 런(run)이란 같은 데이터값이 계속해서 반복되는 하나의 단위를 의미하고, 같은 데이터값이 반복되는 횟수를 런 길이라고 한다. 예를 들어 입력 데이터값이 다음과 같을 경우 런은 AA, BBBBBB, A이고, 런 길이는 각각 2, 6, 1이다.

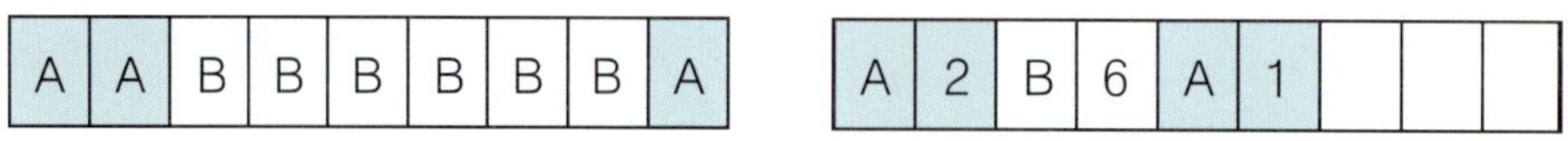

그림 6.14 GIF 압축

GIF 압축은 이미지 데이터를 수평으로 읽으면서 압축을 수행하므로 수평으로 같은 색을 갖는 이미지의 경우에는 압축효과가 크지만, 동일한 픽셀값의 반복이 작을 경우에는 압축 효과가 별로 없으며 오히려 파일의 크기가 커질 수 있다. 이런 특성으로 인하여 GIF 압축은 사진 이미지보다는 그래픽에 더 큰 압축률을 보인다.

2) JPEG 압축

JPEG는 국제 표준화 기구 ISO(International Standard Organization)와 국제 전신 전화 위원회 CCITT(Committee Consultative on International Telegraph and Telephone)에 의해 결성된 JPEG에 의해 만들어진 정지 영상 압축 기법이다.

2002년 발표된 JPEG 2000은 네 가지의 압축 모드(순차 모드, 점진적 모드, 계층적 모드, 무손실 모드)를 규정하고 있으며, 영상의 성질에 따라 적합한 모드를 선택해 사용할 수 있도록 하고 있다. 무손실 모드를 제외한 세 모드는 모두 손실 압축이다.

JPEG는 일반적으로 사람의 눈에 잘 보이지 않는 정보를 없애는 손실 압축 방식을 채택하고 있다. JPEG는 사진과 같은 영상을 20:1 이상 압축할 수 있는 성능

그림 6.15 JPEG 압축 예

을 가지고 있어 현재 사용되고 있는 정지 영상 압축 방법 중 가장 압축률이 높다.

〈그림 6.15〉에서 보듯이 Bird.bmp 파일의 크기가 2.5MB인 반면, 압축된 Bird.jpg 파일의 크기는 375KB이다. 크기가 약 1/7로 줄어들었음에도 불구하고 압축 전 영상과 압축 양상의 차이가 별로 없음을 알 수 있다.

이 외에도 영상처리 기법에는 입력 영상의 질을 높여 영상을 선명하게 하는 연산, 영상을 정밀하게 또는 세밀한 부분을 강조하는 연산, 영상 안에 포함된 개체의 경계나 모서리를 강조하기 위한 연산 등 다양한 연산이 있으며 각각 필요한 분야에 응용되고 있다.

4. 영상처리 응용

컴퓨터 기술의 발달에 따라 영상처리는 일반인들에게도 친숙한 분야가 되었으며 방송, 영화, 의료, 사진, 출판, 산업 현장 등 매우 광범위한 분야에서 이용되고 있다.

1) 방송, 영화

방송이나 영화에서 특수 효과를 위해 영상처리가 많이 이용된다. 대표적인 영상처리로 모핑(morphing)과 워핑(warping)을 들 수 있다. 모핑이란 두 영상 간의 부드러운 변화를 생성하는 기술을 의미하고, 워핑이란 한 영상에 대한 기하학적 변환을 하는 것으로 모핑의 한 과정으로 사용된다.

2) 의료

의료 진단에 사용하는 X-선, 초음파, CT(Computed Tomography), MRI(magnetic Resonance Imaging) 등에 영상처리가 사용되고 있다. 정확한 진단을 위해 영상을 확대하거나 조작, 변형하는 작업이 수행되고 있으며, 염색체의 해석 등의 기초의학 분야에서도 널리 사용된다.

3) 보안, 감시

지문이나 홍채를 이용해 사람을 인식하는 시스템, 사람의 얼굴을 구별하고 침입자를 인식하는 방범 시스템 등에 영상처리가 이용되고 있다.

4) 산업 현장

영상처리가 가장 잘 적용되고 있는 분야가 공장 자동화이다. 공장에서 결함 부품의 자동 검출, 결함 상품의 자동검사, 마크 인식, 조립을 위한 위치 정합 등의 목적으로 영상처리가 이용되고 있으며, 산업용 로봇 등에도 이용된다.

5) 사진, 출판

사진, 광고, 출판 분야에서도 영상의 질을 향상시키고 색을 조작하는 등의 특수 효과를 이용해 영상의 질을 높이는 작업을 하고 있다.

6) 위성사진

군사용이나 해양, 기후 조사 등의 목적으로 위성사진에서 지형의 형상을 자동 추출하거나 특정 위치를 발견하는 데도 영상처리가 이용되고 있다.

chapter 7

디지털 사진

1. 사진의 탄생

사진은 과학과 더불어 태어났고 발전하여 온 예술이다. 사진을 의미하는 포토그래피(Photography)는 Photo(빛) + Graph(그림)의 합성어로 '빛으로 그린 그림'이라는 뜻이다. 빛이나 복사에너지의 작용을 통해 감광성의 물체 위에 피사체의 형태를 영구적으로 기록하는 방법인 것이다.

1) 사진술 발명 이전

사진술이 발명되기 이전부터 카메라 옵스큐라, 바늘구멍 사진기(핀홀 카메라) 등이 연구되고 있었다. 카메라 옵스큐라(Camera Obscura)는 라틴어로 '어두운 방'이라는 뜻이다. 카메라 옵스큐라는 아리스토텔레스가 기원전 4세기경 태양의 일

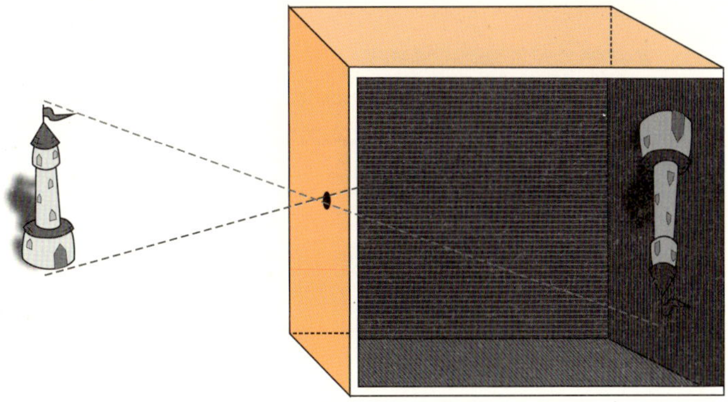

그림 7.1 카메라 옵스큐라

식을 관찰하기 위해서 만든 암실이 그 기원이 되었다. 아리스토텔레스는 암실에서 작은 구멍을 통해 태양의 일식을 관찰하던 중 구멍 사이로 들어온 빛을 관찰하게 된다. 빛의 간섭과 회절 현상으로 맞은편 벽에 바깥 풍경의 상이 거꾸로 맺혔던 것이다.

카메라 옵스큐라의 원리는 현대의 모든 카메라에 적용이 되었다. 현대의 사진기를 뜻하는 '카메라'라는 용어는 카메라 옵스큐라에서 나왔으며, 이 원리를 적용한 것이 카메라 내부에 장착된 조리개다.

2) 사진술의 발명

1826년 세계 최초의 사진촬영에 성공한 사람은 프랑스의 사진제판 발명가인 조셉 니세포어 니엡스(Joseph Nicéphore Niépce)다. 그는 헬리오그래피(Heliography)라는 사진기법을 이용하여 자신의 2층 작업실에서 바깥 풍경(이웃집 지붕)을 촬영했는데 노출시간이 무려 8시간이나 걸렸다. 노출시간이 너무 길어 태양이 하늘을 가로질러 움직였기 때문에 지붕의 양쪽에 그림자가 생기는 기이한 사진이 만들어졌다. 또한 태양이 동쪽에서 서쪽으로 움직이며 건물의 양편을 비추어 주었으므로 이미지도 왼쪽과 오른쪽이 바뀌어 있다. 니엡스의 헬리오그래피는 긴 노출시간으로 인하여 입체감이 없고 실용화할 수 없어 특허에 문제가 있었다.

그림 7.2 그라에 있는 니엡스의 집 창밖 풍경[18]

---

18 출처: https://en.wikipedia.org/wiki/Nicéphore_Niépce

니엡스와 공동 작업을 하던 프랑스의 화가이자 사진 발명가인 루이 자끄 망데 다게르(Louis Jacques Mandé Daguerre)는 니엡스의 갑작스런 사망 이후 그의 작업을 이어받게 된다. 그는 니엡스가 발명한 헬리오그래피를 다시 발전시켜 다게레오타입(Daguerreotype)이라는 독자적인 사진현상 방법을 발명하고 1839년 8월 19일 특허를 취득했다. 사진의 발명을 공식화한 다게레오타입은 대중적으로 널리 사용된 최초의 사진술이 되었다. 다게레오타입은 헬리오그래피로 8시간이나 걸리던 작업을 20분 내외로 줄였고, 사진의 질도 머리카락 한 올부터 섬세한 표정까지 정밀하게 묘사할 정도로 높아졌다.

그림 7.3 루이 다게르와 다게레오타입[19]

1880년대에 조지 이스트만(George Eastman)이 젤라틴 유제를 이용해 롤(roll)필름을 만들어 냈다. 그는 1888년, 100장의 사진을 찍을 수 있는 필름이 들어 있는 코닥(Kodak) 카메라를 내놓으며 사진의 대중화를 이끌었다.

미국의 코닥과 일본의 후지(Fuji)는 서양과 동양을 대표하는 필름 회사로 시장을 장악하였다. 하지만 디지털카메라의 발명으로 필름이 사양산업이 되면서 2012년 코닥은 파산보호 신청을 하며 역사의 뒤안길로 사라지게 되었다.

19 출처: https://en.wikipedia.org/wiki/Daguerreotype

2. 디지털카메라

디지털카메라는 필름이 아닌 이미지 센서에 영상을 투사하여 촬영하며, 메모리 카드 등 디지털 방식의 저장 매체에 사진을 기록한다. 본체에 전용 디스플레이를 갖추고 있어 별도의 현상이나 인화 과정 없이 촬영 후 곧장 사진을 확인할 수 있다. 또한 컴퓨터에서 사용 가능한 디지털 규격으로 데이터가 저장되므로 사진 보관이나 이동이 편리하다.

최초의 디지털카메라는 1981년 소니에서 만든 '소니 마비카(Sony Mavica)'이다. 마비카는 마그네틱(magnetic)과 비디오(video) 그리고 카메라(camera)를 합성한 말이며, CCD(Charge Coupled Device, 전하결합소자)로 빛의 영상을 전기신호로 바꾸어 자기 디스크에 기록하는 방법을 사용하였다.

1) 이미지 센서

이미지 센서는 빛을 전기적인 신호로 바꿔 주는 광센서로 필름 역할을 하는 디지털카메라의 핵심 부품이다. 카메라의 셔터를 누르면 빛이 렌즈와 조리개를 통해 들어온다. 내부로 전달된 빛은 이미지 센서에 의해 빛의 강약을 통하여 전기적 신호로 변환되고, 이 신호는 다시 아날로그 신호를 0과 1의 디지털 신호로 바꿔 주는 아날로그 디지털 컨버터(Analog Digital Converter, ADC)를 통해 이미지 파일로 변환되어 메모리에 저장된다.

이미지 센서는 일정 범위 내의 이미지를 이루는 픽셀의 수를 표현하는 화소 수에 따라 성능이 구별된다. 우리가 흔히 디지털카메라를 고를 때 500만 화소냐, 800만 화소냐를 따지는 것은 바로 이 이미지 센서에 들어간 화소 수를 말한다. 같은 범위에 화소가 많을수록 더 선명한 이미지를 얻을 수 있다. 하지만 화소의 집적도뿐 아니라 이미지 센서 자체의 크기도 화질에 큰 영향을 준다. 예를 들어, 동일한 800만 화소를 가지는 스마트폰 카메라와 DSLR 카메라를 비교해 보면 같은 화소 수라도 DSLR 카메라의 이미지 센서 크기가 스마트폰 카메라의 이미지 센서 크기보다 훨씬 크므로 화질이 좋은 것을 알 수 있다. 이미지 센서의 크기가 작은데 많은 화소를 넣게 되면 1개 화소의 사이즈가 그만큼 작아져 정확한 색의 표현이 힘들고 화소 간의 간격도 좁아져 색의 간섭이 일어나 색이 뭉개질 수도 있다.

이미지 센서는 제조방식에 따라 CCD와 CMOS(Complementary Metal Oxide Semiconductor)로 나뉜다.

CCD는 전하결합소자를 사용하여 전하의 축적과 전송을 이용한 기록소자이다. CCD는 적은 빛에도 민감하게 반응하므로 노이즈가 적어 화질이 좋고 어두운 곳에서도 촬영이 가능하다. 그러나 그만큼 전력소모가 심하고 제조공정이 복잡해 단가가 높은 것이 단점이다.

CMOS는 상보성 금속 산화물 반도체(CMOS) 구조를 가진 저소비 전력형의 촬상 소자이다. CMOS는 CCD에 비해 1/10의 소비전력만 필요하고 제조공정이 간단하여 가격이 저렴한 것이 장점이다. 전력소모와 제조과정은 CMOS가 우월하지만 CCD가 이미지 화질 면에서 우세하다. 그러나 최근에는 기술이 발달하면서 화질 차이가 작아짐에 따라 대부분의 카메라 제조회사에서 CMOS를 이용하고 있다.

2) 디지털카메라의 종류

디지털카메라는 외형을 기준으로 분류해 보면 콤팩트 카메라, 디지털 일안 렌즈 반사 카메라(Digital Single Lens Reflex, DSLR)와 거울 없는(mirrorless) 카메라로 나눌 수 있다.

콤팩트 카메라는 주요 부품들이 하나의 카메라에 일체형으로 구성되어 있어 일명 '똑딱이'라 부르기도 한다. 이는 크기가 작고 휴대가 간편한 것이 장점이다. 하지만 이미지 센서의 크기가 작아 화질이 떨어지며 렌즈교환이 안되고, 수동 모드가 없어 사용자의 표현범위가 작다.

DSLR 카메라는 렌즈와 이미지 센서 사이에 거울이나 펜타프리즘(오각형의 프리즘) 등의 광학 장치를 배치한 SLR 카메라를 기반으로 한다. 렌즈를 통해 들어온 빛을 거울로 반사시켜 파인더에 보이게 한다. 뷰파인더에 정확히 맺히기 때문에 촬영자가 보는 것과 완전히 동일한 사진을 얻을 수 있는 것이 특징이다.

거울로 반사시키기 때문에 촬영 시에는 거울이 비켜 줘야 필름에 빛이 닿을 수 있다. 따라서 거울이 움직일 때 충격이 있으며 이를 '미러 쇼크(mirror shock)'라고 한다. 또한 거울이 움직일 시간이 필요하므로 셔터를 누르는 즉시 촬영이 되지 않고 약간의 지연이 발생한다. 이러한 구조 때문에 제품의 크기가 크고 내부 공간에도 여유가 있어 여러 가지 부가기능을 더할 수 있으며, 다양한 렌즈를 장착하기에도 유리하다.

DSLR에서 거울을 뺀 것이 미러리스 카메라다. 거울이 없기 때문에 펜타프리즘, 뷰파인더도 없다. 따라서 렌즈를 통해 영상이 이미지센서로 바로 전달되고, 이 영상은 후면에 위치한 LCD패널을 통해 볼 수 있다. DSLR에 비해 들어가는 부품이 적기 때문에 크기도 작고 무게도 가벼워 휴대하기 좋다.

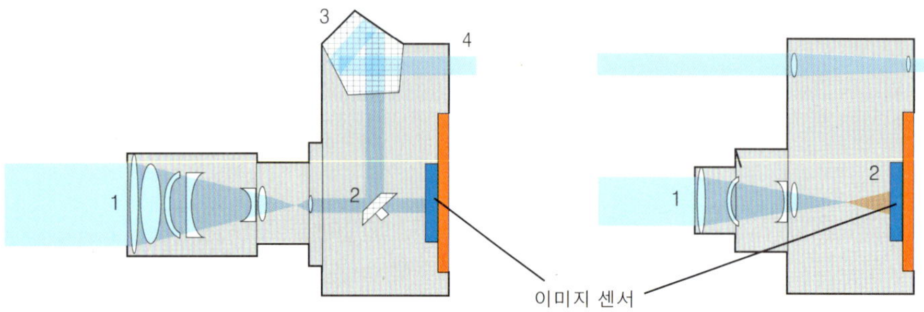

(a) DSLR 카메라

(b) 미러리스 카메라

그림 7.4 DSLR과 미러리스 카메라의 비교

3. 현대사진

현대사진이라 하면 현대미술처럼 용어 자체에 대한 선입견 때문에 난해하고 어렵게 느껴지며 뭔가 창조적이고 새로운 표현양식으로 포장된 작품이라는 인식이 널리 퍼져 있다.

현대사진은 사진사적으로 살펴보면 1950년대 후반부터 시작되었다. 이전의 근대 사진가들은 특별한 역사적 사건이나 사회적 의미가 있는 인물을 소재로 선택하여 객관적 시선으로 현실을 기록하는 포토저널리즘이 중요시했다. 즉, 작가가 아닌 표현대상이 작품의 중심이었던 것이다. 그러나 1950년대 후반에 새롭게 등장한 사진가들은 지극히 일상적인 풍경을 통하여 특정한 시대와 사회를 주관적인 시각으로 표현했다. 대상중심적인 사진 찍기가 아니라, 사진가가 대상을 통하여 자신의 세계관 및 주관을 표현한 것이다.

1956년 윌리엄 클라인(William Klein)의 『뉴욕(New york)』[20]과 1958년 로버트 프랭크(Robert Frank)의 『미국인(The Americans)』[21]이 현대사진의 시작을 알리는 대표작이다. 이 작품들은 근대사진들과는 다르게 지극히 주관적인 시각으로 사회현실을 바라보고 느낀 점을 표현한 개성적인 다큐멘터리 사진이다.

윌리엄 클라인의 『뉴욕』 시리즈에는 거리의 인파 가운데 특정 인물의 얼굴을 향하여 광각렌즈를 부착한 카메라를 클로즈업하여 셔터를 누른 사진들이 많다. 포커스도 선명하지 않고 구도가 안정적이지 못했으며, 콘트라스트도 기존의 작품에 비해서 상대적으로 강하여 카메라로 향한 인물의 시선이 날카롭게 느껴진다. 작가는 파인더를 바라보지 않고 셔터를 누른 것처럼 느껴진다. 작가가 발표한 『뉴욕』 시리즈는 대부분 이와 같은 방식으로 찍은 사진들로 구성되어 있다. 그는 내용과 형식의 조화가 아닌 특정한 순간을 포착해서 자신의 세계관을 표현하는 것을 중시했다. 그의 작품은 안정적인 프레임과 선명한 포커스로 순간을 포착한 기존의 사진들과는 전혀 다른 관점에서 세상을 바라본 결과물이었다.

스위스 출신 사진작가인 로버트 프랭크는 1955년에 구겐하임재단의 기금을 받아 1년 남짓 미국 전역을 여행하면서 자신의 관점에서 바라본 1950년대 미국의 모습을 사진으로 찍은 후, 1958년에 이것을 『미국인』이라는 이름의 사진집으로 묶어서 출간했다. 프랭크의 사진집 『미국인』은 대개의 사진처럼 주제를 결정하고 주제에 맞는 특징적인 대상을 찾아 사진을 찍은 것이 아니라 지극히 일상적인 생활에 시선을 두고서 미국인의 실상을 아주 근접하게 표현하고 있다. 그러나 운집한 군중 속의 고립, 밀폐된 창문들, 일상생활에 대한 침울한 권태와 절망 등을 보여 준 이 사진집은 정작 미국에서는 출간이 거부되어 프랑스에서 먼저 출간되었다. 현대사진 예술의 분수령을 마련했다는 평을 받으며 1년 뒤에 미국에서 출간되었다.

윌리엄 클라인의 『뉴욕』 시리즈와 로버트 프랭크의 『미국인』 시리즈를 비교해보면, 유사하게 느껴지는 결과물이지만 차이점도 많이 있다. 클라인의 시각은

---

20 출처: http://www.howardgreenberg.com/artists/william-klein
21 출처: https://www.lensculture.com/articles/robert-frank-the-americans

격정적으로 다가오지만 프랭크의 관점은 이성적이고 차갑게 느껴진다. 비판적으로 외부세계를 바라본 것은 비슷하지만 대상에 접근하는 태도와 표현방식은 많은 차이가 있다.

1980년대에는 현대사진의 주도적인 스타일로 구성사진이 등장했다. 구성사진은 의도적으로 연출된 사진을 의미한다. 대표적인 구성사진 작가로는 신디 셔먼(Cindy Sherman)을 들 수 있다. 그녀는 자신이 직접 분장을 하고 허구를 구성, 연출하여 자화상(self-portrait) 사진을 만들었다.

이처럼 현실에서 소재를 발견하지 않고 실재하는 것처럼 인위적으로 꾸며서 찍는 양식을 구성사진이라 한다.

4. 현대사진 예술

2000년대부터 디지털카메라 시대가 열리면서 사진에 대해 전반적인 관심을 가진 인구가 늘어났지만 대다수의 일반인들에게 '예술'로서의 사진은 아직까지도 낯선 영역이다.

사진은 카메라를 이용한 도구예술이다. 사진은 회화와는 달리 누구나 생산하기 쉬운 기술 의존적 매체이고, 기술복제가 가능한 매체이기 때문에 하나의 독립된 장르로 인정받기까지 순탄치 않은 여정을 거쳐 왔다. 그림을 편하게 그릴 수 있게 하는 도구에서 시작된 사진은 시간이 지나면서 기록성과 진실성을 가진 '예술'로 인정받게 됐다. 그러나 다른 미술품과 같이 순수예술 시장에서 활발하게 거래되기 시작한 것은 불과 30여 년 전부터이다. 1980년대 후반 미술시장은 세계적인 경기침체를 맞으며 새로운 변화를 모색하게 됐고, 기존 미술의 대안으로 사진을 주목하기 시작했다. 이후 조금씩 미술시장에 뿌리를 내리기 시작해 현재에 이르렀다. 안드레아스 거스키와 같은 해외 유명작가들의 사진작품은 수십억원에 거래되기도 하며 사진을 미술시장의 '신흥 강자'로 만들어 나가고 있다.

현재(2016년 6월) 세계에서 가장 비싼 사진은 호주의 사진작가인 피터 릭(Peter Lik)의 '팬텀(Phantom)'이다. 이 작품은 미국의 애리조나주에 있는 앤텔로프 캐니언에서 촬영된 흑백 풍경사진이다.

chapter 8

디지털 애니메이션

애니메이션은 컴퓨터 그래픽 기술을 이용하여 사물의 움직임을 표현하는 기법으로 '영혼, 생명'이라는 뜻을 가진 라틴어 'anima'에서 유래되었다. 애니메이션은 연속적인 이미지와 그래픽을 보여 주어 움직이는 것처럼 보이는 시각적 잔상효과(Persistence of Vision)를 이용한다. 잔상효과는 이미지가 이미 사라져도 사람의 눈이나 뇌에 계속 남아 있으려는 경향을 말하며, 일반적으로 초당 15장 이상의 그림이면 자연스러운 움직임을 느낄 수 있다. 텔레비전, 영사기, 비디오 플레이어는 모두 잔상효과를 이용한 것이다.

1. 애니메이션의 역사

최초의 애니메이션이라는 경계는 애매하다. 공인된 최초의 애니메이션은 프랑스 에밀 콜(Emil Cohl)의 1908년 작품 〈판타스마고리(fantasmagorie)〉다. 에밀 콜 본인이 하나하나 직접 그린 셀 애니메이션으로 36m 필름이며, 총 길이는 1분 18초다.

1920년 이후, 월트 디즈니사(Walt Disney)는 〈미키 마우스(Mickey mouse)〉, 〈도날드 덕〉 등을 제작하여 오락 매체로서의 입지를 다진다. 단편만 만들었던 월트 디즈니사는 당대는 물론 오랜 세월이 지나도 다시 볼 수 있을 만한 최고의 작품을 만들려는 계획을 세운다. 드디어 1937년 디즈니는 최초의 장편 애니메이션 〈백설 공주와 일곱 난장이(Snow White and the Seven Dwarfs)〉를 완성하며 뛰어난 평가를 받게 된다. 이 작품을 기점으로 애니메이션은 독립적인 극장용 오락영화로서 인식되기 시작했다.

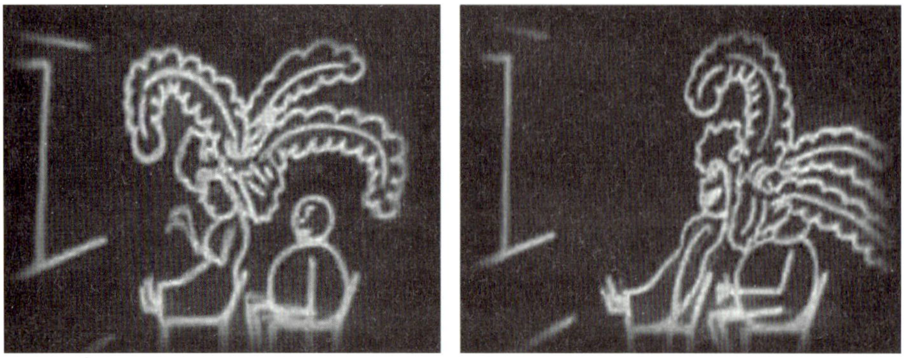

그림 8.1 세계 최초의 애니메이션 〈판타스마고리〉[22]

1940년대 컴퓨터가 발명된 이후, 이를 그래픽 효과와 결합하려는 실험은 꾸준히 있었다. 주로 군사용이나 건축, 과학 분야에 쓰기 위한 것이었다. 이때, 아주 단순하게나마 영화와 컴퓨터 그래픽의 결합을 시도했던 사람은 실험영화 예술가였던 존&제임스 휘트니 형제다. 존&제임스 휘트니 형제는 1961년 〈카탈로그〉[23]라는 최초의 컴퓨터 그래픽 애니메이션을 발표했다. 이 작품은 7분여 길이의 추상적인 작품이다.

그 후 컴퓨터 기술의 발전과 함께 다양한 영역에서 애니메이션이 활용되기 시작했다. 컴퓨터상에 가상의 입체공간을 만들고 그 공간에 3D 모델이나 캐릭터를 등장시켜 움직임을 재현하는 3D 컴퓨터 애니메이션도 발전하기 시작했다.

세계 최초의 3D 애니메이션은 1985년 한국인 감독인 스티브 한이 제작한 〈스타체이서(The Legend of Orin)〉다. 미국 개봉 당시 선풍적인 인기를 끌었지만 한국에선 3D상영 인프라가 부족해 아쉽게도 상영되지 못하였다.

1990년대 이후는 디지털 애니메이션의 전성기라 할 수 있다. 컴퓨터 하드웨어의 발전으로 보다 빠르고 저렴하게 컴퓨터 그래픽을 처리할 수 있게 되었고, 애니메이션 시스템이 개발되면서 비약적인 발전을 거듭했다.

1995년 픽사는 월트 디즈니와 함께 최초의 Full 3D 컴퓨터 애니메이션 영화

22 출처: https://en.wikipedia.org/wiki/Fantasmagorie_(1908_film)
23 출처: https://www.youtube.com/watch?v=TbV7loKp69s

〈토이 스토리(Toy story)〉를 제작해 큰 성공을 거뒀다. 〈토이 스토리〉는 월트 디즈니의 장편 애니메이션 제작 경험과 픽사의 그래픽 애니메이션 기술이 결합하여 탄생한 작품이었다.

1998년에 드림웍스의 3D 애니메이션 〈개미〉가 제작되었으며, 등장 캐릭터의 얼굴 모양이 실제 모습과 흡사하게 설계되는 수준에 이르렀다. 그래픽 기술, 3D 영상기술, 가상현실, 카메라 기술 등의 지속적인 발전에 힘입어, 2010년 〈아바타〉 등이 3D로 제작되었다.

2. 애니메이션의 종류

애니메이션은 제작 방식에 따라 그림 애니메이션, 모델 애니메이션, 컴퓨터 애니메이션, 특수 효과 등으로 분류된다.

1) 그림 애니메이션

그림 애니메이션은 물감이나 잉크 등을 사용하여 수작업으로 그린 애니메이션을 말한다. 플립 북 애니메이션(flip-book animation)과 셀 애니메이션(cell animation) 등이 여기에 속한다.

(1) 플립 북 애니메이션

플립 북 애니메이션은 가장 단순한 형태의 애니메이션으로 종이에 연속적인 그림을 그리고 종이를 빠르게 넘기면서 움직임을 보여 주는 애니메이션이다. 애니메이션을 구성하는 모든 프레임을 일일이 그려야 하므로 프레임 기반 애니메이션이라고도 한다. 플립 북 애니메이션은 모든 프레임에 대한 정보를 가지고 있어야 하므로 컴퓨터로 표현할 경우 파일의 크기가 커지는 단점이 있다. 따라서 인터넷 전송 시에는 사용이 힘들다.

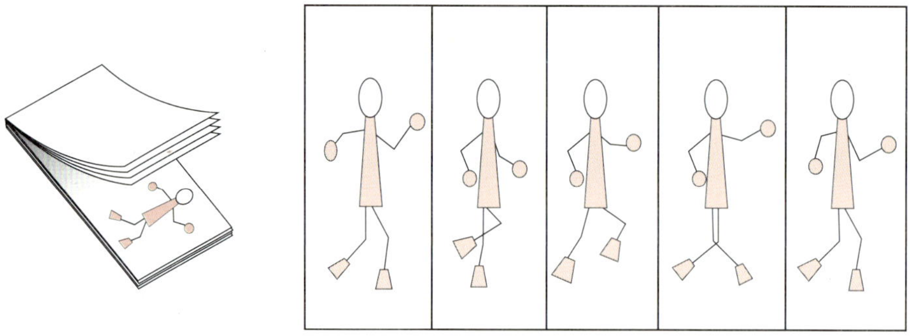

그림 8.2 플립 북 애니메이션의 제작 예

(2) 셀 애니메이션

셀 애니메이션은 투명한 셀룰로이드에 그린 캐릭터를 배경 그림 위에 올려놓고 촬영하는 애니메이션으로, 배경은 그대로 두고 캐릭터의 움직임만 바꾸면서 제작한다. 이 방법은 1913년 존 랜돌프(John Randolph)가 개발했으며, 많은 제작사들이 아직도 2차원 애니메이션을 제작할 때 많이 사용하고 있는 기법이다.

셀을 이용한 애니메이션 제작 방식은 초창기 애니메이션 작업 시 같은 장면을 반복해서 그려야 하는 불필요한 작업으로부터 벗어나게 해 준 당시로서는 혁신적인 제작 방식이었다. 셀 애니메이션은 기본적으로 하나의 배경 셀과 여러 장의 전경 셀이 필요하다. 이러한 여러 개의 셀들을 몇 겹의 층으로 구성하여 하나의 프레임을 만들어 낸다. 셀을 이용하면 하나의 프레임을 만든 후, 연속되는 다음 프레임을 만들 때는 변하는 부분만 다시 그리면 되는 장점이 있다.

초기에는 수작업으로 이루어졌으나 1960년 일반 문서 복사뿐 아니라 셀도 복사할 수 있게 된 제록스 시스템을 사용하면서 반복되는 작업을 기계화시켰다. 1990년 이후에는 컴퓨터를 이용하여 작업하게 되면서 애니메이션의 표현력도 풍부해지고 제작 시간도 크게 단축되었다. 현재는 컴퓨터 프로그램을 사용하므로 셀을 사용하지 않는 셀 애니메이션으로 발전하고 있다.

2) 모델 애니메이션

모델 애니메이션(model animation)은 점토, 종이, 나무 등을 이용하여 캐릭터와 배경을 만들고 조금씩 변화를 주면서 촬영하는 애니메이션이다. 캐릭터의 동작에 조금씩 변화를 주어 한 프레임씩 분리 촬영하는 제작방식인 스톱 모션(stop motion) 기법을 이용한다. 셀 애니메이션에 비해 입체감을 표현하는 데 뛰어나 실재감이 있으나, 속도감이나 유머의 은유가 어렵고, 제작기간이 긴 것이 단점이다. 대표적 예로 클레이 애니메이션(clay animation), 종이인형 애니메이션(paper-stand animation), 절지 애니메이션(cut-out animation) 등이 있다.

(1) 클레이 애니메이션

클레이 애니메이션은 찰흙과 같은 점성이 있는 소재를 이용해 인형을 만들고 그 인형의 형태를 조금씩 변형해 가면서 촬영한다. 작업이 매우 까다롭고 오래 걸리며 자유로운 제작이 어려운 한계가 있다. 대표적인 클레이 애니메이션 작품으로는 1997년에 영국인 감독 닉 파크(Nick Park)가 만든 〈월레스와 그로밋(Wallace and Gromit)〉 등이 있다.

(2) 종이인형 애니메이션

종이인형 애니메이션은 다음에 나오는 절지 애니메이션과 정의상 중복된 부분이 없지 않지만 클레이 애니메이션이 표현하지 못하는 새로운 조형성을 보여준다. 네덜란드 출신의 코 회드만(Co Hoedeman)의 1992년 작품 〈킁킁거리는 북극곰(The Sniffing Bear)〉에서 보여 준 3차원 종이곰의 움직임은 종이인형 애니메이션의 새로운 미학을 보여 준다.

(3) 절지 애니메이션

절지 애니메이션은 종이 위에 형태를 그리고 잘라 낸 다음 각각의 종이들을 한 장면씩 움직여 가면서 촬영하여 연속 동작을 만드는 스톱 프레임 애니메이션의 한 종류다. 천 조각이나 잡지, 신문 등을 쓸 수도 있으며, 실제 정지된 사진을 활용할 수도 있다. 절지 애니메이션의 대표작으로 제이미 칼리리(Jamie Caliri)의 〈Heart〉 등이 있다.

3) 컴퓨터 애니메이션

컴퓨터 애니메이션은 셀 애니메이션의 단점을 보완하면서 2차원, 3차원 애니메이션으로 급성장하고 있는 애니메이션이다. 컴퓨터를 이용한 애니메이션은 수정과 편집이 용이하고, 전송이나 저장도 쉽다. 또한 캐릭터의 복제가 가능하므로 캐릭터들의 대량생산이 가능하다. 이렇게 애니메이션 작업이 자동화함으로써 애니메이터들은 창조적인 일에 좀 더 많은 시간을 투자할 수 있게 되었다. 스프라이트(sprite) 애니메이션, 키 프레임(key frame) 애니메이션, 벡터(vector) 애니메이션 등이 이에 속한다.

(1) 스프라이트 애니메이션

스프라이트 애니메이션은 애니메이션의 배경 위에서 움직이는 개체인 스프라이트만을 다시 그려 주는 기법이다. 일단 스프라이트가 만들어지면 스크립트(script) 애니메이션이나 경로기반(path-based) 애니메이션을 적용하여 움직임을 생성할 수 있다. 따라서 플립북 애니메이션보다 파일의 크기가 작고 전송에 유리하다.

그림 8.3 스프라이트 애니메이션

(2) 키 프레임 애니메이션

키 프레임 애니메이션은 움직임의 기준이 되는 키 프레임을 먼저 그리고 중간 프레임들은 컴퓨터를 이용하여 만드는 애니메이션이다. 키 프레임 애니메이션은 2차원뿐 아니라 3차원 애니메이션에도 가장 많이 사용되는 기법이다. 애니메이터가 가장 중요한 장면, 액션이나 시점이 변하는 곳을 키 프레임으로 설정하면

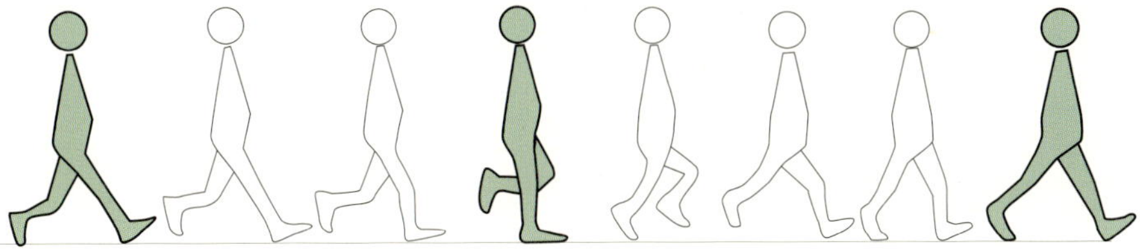

그림 8.4 키 프레임과 트위닝

컴퓨터가 키 프레임 사이를 일정한 시간 간격으로 채우는 중간 프레임들을 자동적으로 생성한다. 이런 기법을 트위닝(tweening)이라고 한다.

(3) 벡터 애니메이션

개체를 그래픽으로 만들면 용량이 커지므로 스프라이트를 수학적인 공식으로 표현할 수 있다. 이와 같이 스프라이트를 수학적인 공식으로 나타내는 것을 벡터 애니메이션이라 한다. 그러므로 벡터 애니메이션에서는 스프라이트의 파일 크기가 스프라이트 애니메이션보다 작다. 스프라이트를 수식으로 표현하므로 어떤 위치나 크기에서도 수식의 값만 변경하면 되어 위치나 크기에 관계없이 화면에 나타나는 그림은 선명하게 보인다. 그러나 수식으로 도형이나 개체를 나타내기 때문에 개체의 모든 색상이나 모양을 표현하는 데는 한계가 있다. 쇼크웨이브 파일 포맷이 여기에 속한다.

(4) 스크립트 애니메이션

스크립트란 C프로그래밍 언어처럼 컴파일러에 의해 번역되어 실행하는 언어가 아니라, 다른 프로그램에 의해 번역되거나 실행하는 지정한 명령어의 나열이나 프로그램을 말한다. 자바 스크립트 등이 이러한 방식으로 실행되는데, 월드와이드 웹에서 웹페이지에 들어 있는 자바 스크립트는 웹브라우저인 클라이언트에서 실행된다.

이러한 스크립트 언어는 구조적이며 C언어와 같은 컴파일 언어에 비해 배우거나 사용하기가 쉬우므로 컴파일된 기존 프로그램과 연결하여 재사용할 수 있

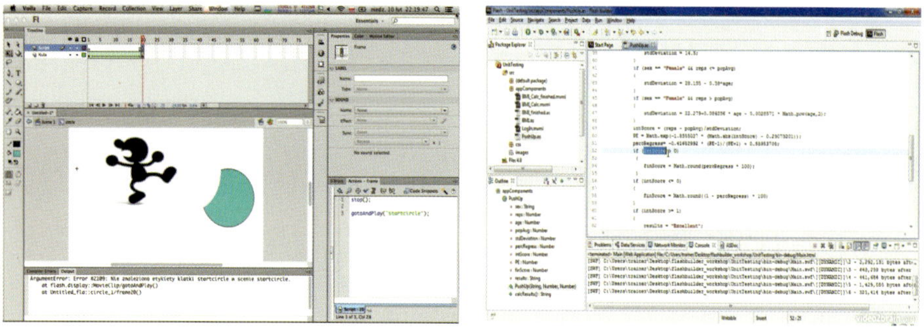

(a) 플래시 CS 6 인터페이스　　(b) 플래시에서의 액션 스크립트

그림 8.5 플래시에서 액션 스크립트를 사용한 예

다. 이와 같이 명령어를 나열하여 지정한 동작을 수행하도록 지시하여 애니메이션을 구성하는 방식을 스크립트 애니메이션이라 한다. 〈그림 8.5〉는 애니메이션 도구인 플래시에서 액션 스크립트를 사용하여 애니메이션을 구성하는 예다.

(5) 절차적 애니메이션

절차적 애니메이션(procedural animation)은 물체나 자연현상에 대하여 수식 모델을 만들고 그 수식에 따른 알고리즘으로 애니메이션 동작을 생성하는 것이다.

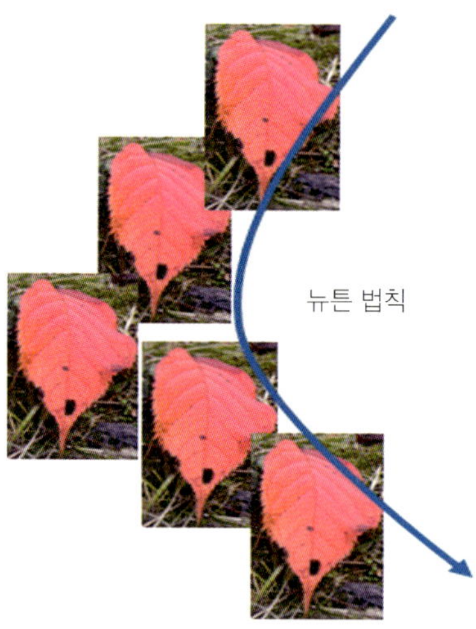

그림 8.6 절차적 애니메이션의 예

그러므로 사람이 직접 제어하기 어려운 복잡한 시스템의 애니메이션에 적합하다. 예를 들어 폭발, 파도, 연기, 유동 표면, 머리카락의 움직임 등 물리적인 자연 현상이나 함께 움직이는 소떼 등의 집합 애니메이션을 생성하기 위해서는 특정 현상에 대한 수식을 생성하여야 한다. 〈그림 8.6〉은 뉴튼 법칙에 따라 떨어지는 나뭇잎의 움직이는 현상을 절차적 애니메이션을 이용해 표현한 예다.

(6) 모션 캡처

모션 캡처는 몸에 센서를 부착시키거나, 적외선을 이용하는 등의 방법으로 인체의 움직임을 디지털 형태로 기록하는 작업을 말한다. 1970년대 말부터 알려지기 시작한 기술로 1980년대 들어 컴퓨터를 이용하면서 인간의 동작 분석이 구체적으로 시작되었다.

신체 여러 부분에 센서를 부착한 뒤에 센서의 위치값을 수치 데이터로 저장하였다가 컴퓨터로 만든 가상의 캐릭터에 모션 데이터를 넘겨 같은 동작으로 움직이게 하는 것이 이 기술의 핵심이다.

영화에서는 실제 촬영 중 일부 영상을 모션 캡처를 활용해 담아내지만, 3D 애니메이션 영화는 등장 캐릭터의 움직임과 얼굴 표정 등을 사람과 흡사하게 담아내기 위해 대부분의 움직임을 모션 캡처를 이용해 만든다. 움직임을 추적하기 위해 배우들이 마커(Marker) 또는 트랙커(Tracker)라 불리는 센서를 부착하고 카메라 앞에서 연기하면 그 움직임을 디지털 캐릭터가 화면 속에서 구현하게 되는 것이다. 모션 캡처의 장점은 매우 실감나는 영상 효과를 얻을 수 있다는 점과 디지털화된 정보의 복제가 가능해 경제성은 물론 용역의 재활용 효과도 얻을 수 있다는 것이다. 영화 〈반지의 제왕〉에서는 이 기술을 이용하여 골룸이라는 캐릭터의 움직임을 생생하게 만들어 냈다.

2000년대 후반에는 얼굴이나 손가락의 미세한 움직임도 반영할 수 있을 정도로 기술이 발전하여 이를 모션 캡처와 구분해 퍼포먼스 캡처라고 부르기도 한다. 영화 〈아바타〉는 퍼포먼스 캡처 기술을 극도로 발전시켜 배우들의 눈동자와 혀의 움직임까지 잡아냈는데, 감독인 제임스 카메론은 이를 배우의 감정까지 완벽하게 잡아냈다고 하여 '이모션 캡처(emotion capture)'라고 부르기도 했다.

4) 특수 효과

컴퓨터는 애니메이션에 혁명적인 변화를 가져왔다. 컴퓨터만이 할 수 있는 새로운 애니메이션을 가능하게 한 대표적 사례가 특수 효과다. 특수 효과는 영화, 텔레비전, 엔터테인먼트 산업 등에 다양하게 쓰이고 있다. 대표적인 특수 효과 몇 가지를 살펴보자.

(1) 모핑

모핑(morphing)은 2개의 서로 다른 이미지나 3차원 모델 사이에 서서히 변하는 모습을 보여 주는 과정이다. 변형 전의 모습과 변형 후의 모습이 담긴 두 개의 이미지가 필요하며 원리는 간단하다. 모핑의 첫 프레임과 마지막 프레임을 지정하고 각 프레임 사이에 서로 매핑되는 점들을 지정하면 중간과정은 컴퓨터가 수행한다. 이런 과정을 보간법(interpolation)이라고 한다. 모핑은 대중영화나 드라마 등을 통해 많이 알려지게 되었다.

그림 8.7 모핑 예: 처음 영상이 서서히 다른 영상으로 변한다

(2) 로토스코핑

로토스코핑(rotoscoping)은 1915년경 만화가이자 발명가인 막스 플레이셔(Max Fleischer)가 로토스코프(rotoscope)란 기계를 발명함으로써 생겨난 기법이다. 우선 움직이는 영상을 실사 촬영하고 이를 광학적 영사 장치인 로토스코프를 통해 한 프레임씩 그림으로 복사하여 작업한다. 로토스코핑은 실제 움직임을 자연스럽게 애니메이션에 옮길 수 있어 동작의 분석 및 움직임의 세밀한 연출이 가능하다.

로토스코핑을 이용한 사례로 디즈니의 1992년 작품 〈미녀와 야수〉를 들 수 있다. 미녀와 야수가 블루스를 추는 장면의 동작을 더욱 완벽하게 표현하기 위해 원화 작업 이전에 이미 두 차례 실사 촬영을 했으며, 이 작업을 통해 각 캐릭터의 앵글과 시각의 위치에 따라 정확하게 산출하여 묘사한 것이다. 물론 로토스코핑을 이용한 작품과 순수 애니메이션 작품을 비교해 보면 순수 애니메이션의 움직임이 더 나을 수도 있다. 하지만 두 작품은 카메라의 앵글에서 차이가 난다. 다각도로 찍는 부분은 로토스코핑을 이용하면 훨씬 자연스러운 영상을 연출할 수 있다. 국내에서는 로봇 태권브이의 태권도 동작을 표현할 때 로토스코핑을 이용하였으며 많은 영상물에서 애용하고 있는 기법이다.

(3) 애니메트로닉스

애니메트로닉스(animatronics)는 애니메이션과 일렉트로닉스(electronics)의 합성어이며, 컴퓨터 그래픽보다 사실감이 뛰어난 특수 효과다. 기계적인 뼈대나 전자회로를 이용해 만든 실물과 흡사한 모형 캐릭터를 원격조종해서 움직이게 한다. 애니메트로닉스로 제작된 모형은 배우와 함께 같은 시공간에서 실제 존재하는 장면을 연출하며 실물과 똑같으면서도 미세한 움직임까지 원격으로 조종이 가능하여 위험한 장면에 주로 활용된다. 영화 〈쥬라기 공원〉의 공룡, 영화 〈터미네이터〉의 터미네이터 등에 이 기법을 활용하였다.

그림 8.8 애니메트로닉스(쥬라기 공원)[24]

24 출처: http://jurassicpark.wikia.com/wiki/Jurassic_Park_Tyrannosaurus_rex_Animatronics

3. 애니메이션 저작

1) 2D 애니메이션

2D 애니메이션은 드로잉이나 페인팅 또는 이미지 프로세싱 처리된 영상을 동영상으로 저작한 애니메이션물이나 그 저작 과정을 말한다.

만화, 영화 등 전통적 2D 애니메이션을 위한 소프트웨어 프로그램으로는 툰즈(Toonz), 애니모(Animo), 유에스 애니메이션(US Animation) 등이 널리 이용되었고, 이 밖에도 애프터 이펙트(AfterEffect), 애니메이터(Autodesk Animator), 플래시 등의 프로그램이 있다.

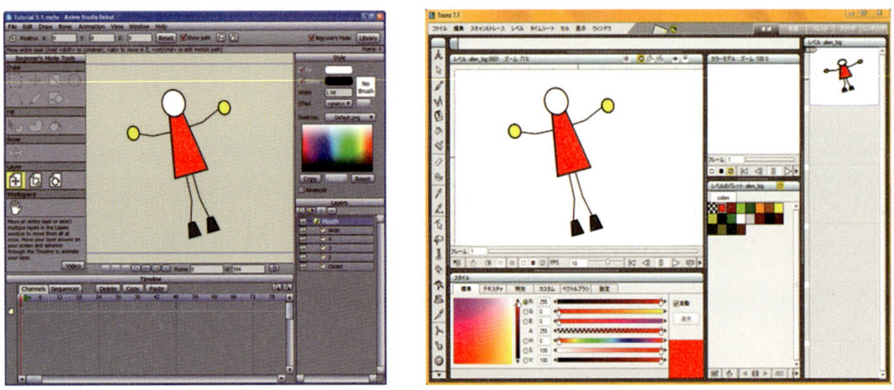

(a) Animo (b) Toonz

그림 8.9 2D 애니메이션의 저작 예

2) 3D 애니메이션

3D 컴퓨터 애니메이션은 물체를 만드는 모델링 작업, 움직임을 주는 애니메이션, 음영을 처리하는 셰이딩, 연산 처리로 최종적인 화면을 만드는 렌더링 단계를 거쳐 완성된다.

모델링(modeling)은 입체적인 3차원 물체의 형태를 형상화하는 작업인데, 크게 넙스(Nurbs: Non-Uniform Rational B-Spline) 방식과 폴리곤(Polygon) 방식으로 나뉜다. 넙스 방식은 커브와 면을 수학적으로 계산해 내는 방식으로, 부드러운 곡선 형태의 물체를 형상화하는 게 강점이다. 따라서 모델링 이후 애니메이션화하였

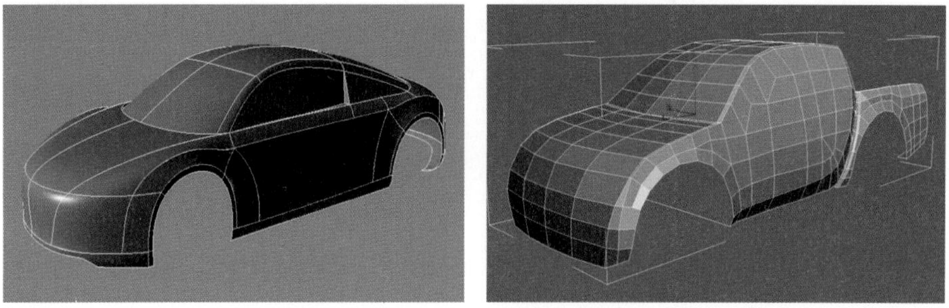

(a) 넙스 방식 모델링　　(b) 폴리곤 방식 모델링

그림 8.10 3D 모델링 방식의 비교

을 때 곡선을 이용하므로 이음새가 보이지 않아 보다 리얼하고 미세한 표현이 가능하다. 폴리곤 방식은 다각형면의 집합으로 물체를 형성하는 방식이다. 정밀한 물체를 표현하는 데 있어 제작이 쉽고 빠르며 수정이 쉬운 장점과 함께 정보량이 많아지는 단점이 있다.

애니메이션 단계에서는 캐릭터나 물체의 중요 장면에 키 프레임을 지정하는 작업을 한다. 일반적으로 영화에서는 1초당 24프레임, 비디오에서는 1초당 30프레임을 만든다. 셰이딩(shading)은 물체의 표면에 색을 입혀 입체감과 질감을 주는 음영처리 과정이다. 질감을 입히는 텍스처 매핑(Texture Mapping), 조명 등이 셰이딩 작업에 속한다. 렌더링(rendering)은 여러 명령을 계산해 최종적인 화면을 만드는 과정이다. 물체의 수와 텍스처(texture)의 양, 셰이딩의 방식, 해상도의 높고 낮음에 따라 렌더링 수준과 시간이 결정된다. 셰이딩 작업을 렌더링 단계 중의 하나로 보기도 한다.

3D 애니메이션 저작 도구로는 Softimage, Maya, 3ds Max 등이 있다. 각 소프트웨어의 특징을 간단히 살펴보면 Softimage는 애니메이션 기능은 월등하나 모델링이 상대적으로 미흡한 점이 있다. Maya의 특징은 넙스 방식을 이용한 캐릭터 애니메이션 기능을 제공하므로 캐릭터의 움직임이 자연스럽다는 것이다. 또한 스크립트 언어를 제공하여 독창적인 애니메이션을 저작할 수 있으며 API를 이용하여 플러그인으로 제작할 수도 있다. 3ds Max는 PC에서 돌아가는 최초의 3D 프로그램으로 폴리곤 방식 캐릭터 애니메이션 기능을 제공한다. 저렴한 가격

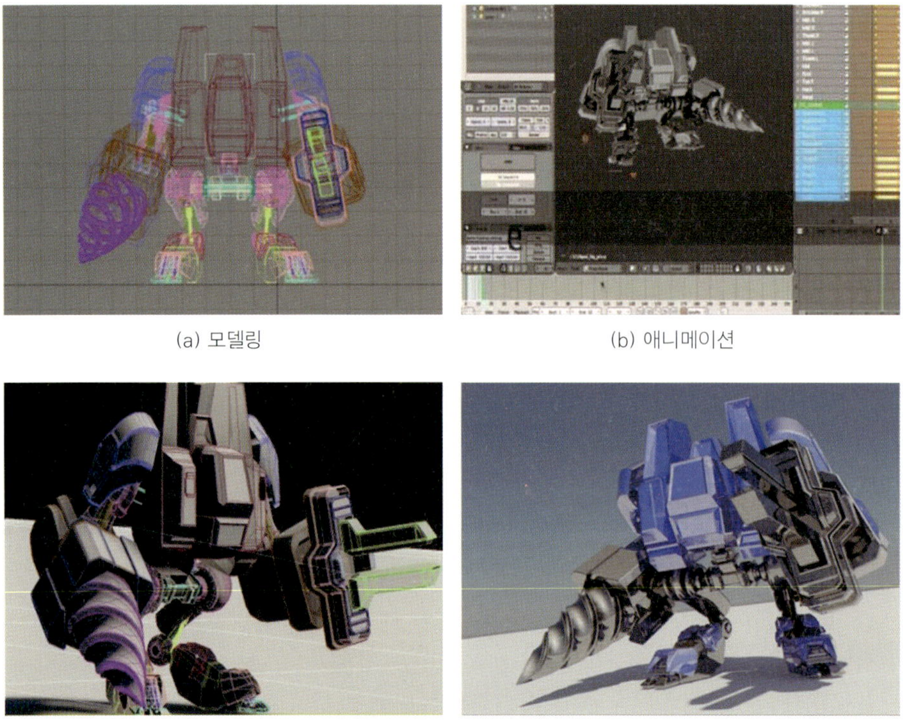

(a) 모델링　　(b) 애니메이션

(c) 셰이딩　　(d) 렌더링

그림 8.11 3D 애니메이션 저작 과정

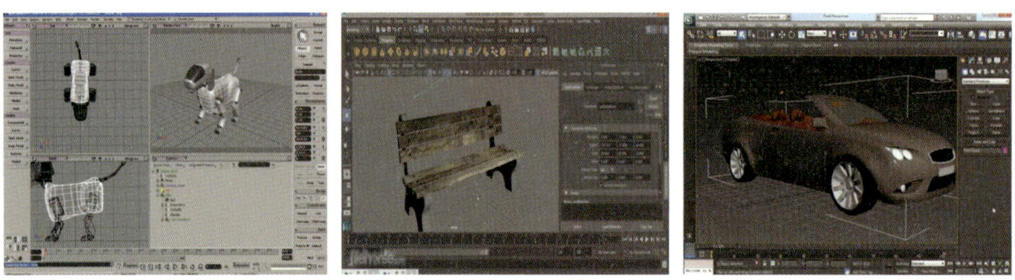

(a) Softimage　　(b) Maya　　(c) 3ds Max

그림 8.12 3D 애니메이션의 다양한 저작 도구들

대비 높은 품질로 3D 그래픽 관련 소프트웨어 중 가장 많은 사용자를 확보하고 있는 프로그램이다.

4. 애니메이션 활용

애니메이션이 활용되는 분야는 매우 광범위하고 다양하다.

1) 애니메이션 영화

일반적으로 애니메이션이라고 하면 만화영화를 떠올린다. 저작기법에도 많은 변화가 있었으며 미국, 일본, 프랑스, 한국 등 세계 각국에서 저작이 이루어지고 있다. 하지만 현재 애니메이션 시장은 크게 미국과 일본으로 양분되어 있다고 할 수 있다. 미국은 디즈니사를 중심으로 극장용 장편 애니메이션 시장에서, 일본은 TV 시리즈와 비디오 애니메이션 시장에서 각각 우위를 보이고 있다. 미국은 1초에 24프레임을 모두 그림 24장으로 완전히 그려 내는 풀 애니메이션(full animation) 방식을 기본으로 저작하고 있다. 이는 월트 디즈니의 완벽주의가 만들어 낸 저작방식으로 많은 저작 자본이 필요하다. 이러한 저작방식은 미국 내 안티 디즈니메이션의 스튜디오들과 타 국가의 중소 규모 스튜디오들이 대형 프로덕션으로 발전할 수 있는 가능성을 제한하는 걸림돌이 되어 왔다.

반면에 일본은 리미티드 애니메이션 저작방식을 주로 하고 있다. 리미티드 애니메이션은 움직임에 절대적으로 필요한 캐릭터의 일부 동작과 키 포즈(key pose)에 해당하는 움직임만을 골라 그림으로써 1초당 약 1~12장 수준으로 셀을 그려 내는 애니메이션 저작방식이다. 즉, 움직임이 적은 부분은 적은 프레임으로 해결하고 움직임이 큰 부분은 풀 프레임을 써서 커버함으로써 저작비를 절감할 수 있다. 이러한 리미티드 애니메이션 저작방식은 풀 애니메이션보다 빠르고 경제적으로 저작할 수 있기 때문에 TV 시리즈 애니메이션 저작방식으로 전세계 애니메이션 저작 스튜디오가 적극적으로 활용하고 있다.

2) 영화

최근 개봉하는 거의 모든 영화가 컴퓨터 애니메이션을 사용할 만큼 애니메이션의 활용도가 높다. 3차원 컴퓨터 그래픽이 본격적으로 도입된 최초의 영화는 1982년 디즈니에서 저작한 〈트론(Tron)〉이다. 1989년 영화 〈터미네이터 2〉에는 총 8분가량의 컴퓨터 애니메이션이 삽입되었고, 그 후 〈타이타닉〉, 〈파이널 환타지〉, 〈반지의 제왕〉, 〈아바타〉 등 많은 영화에서 애니메이션을 볼 수 있었다. 국내에서는 1994년 영화 〈구미호〉를 시작으로 많은 영화에서 컴퓨터 애니메이션을 사용하고 있다.

3) 광고

소비자에게 짧은 시간 내에 강한 인상을 남겨야 하는 광고에서는 특히 애니메이션이 유용한 수단이다. 애니메이션을 이용한 광고는 현실을 상징화하여 보여 주는 것이 주요 목적이며, 실사 광고가 갖지 못하는 다양한 표현이 가능하므로 소비자의 눈길을 끄는 데 유리하다. 우리나라에서 저작되는 텔레비전 광고는 애니메이션을 사용한 비율이 절반을 넘는다. 1956년, 비록 광고를 위해 만들어진 짧은 영상이지만 한국에서 저작한 최초의 애니메이션이 등장했는데 바로 치약 광고로 인형을 이용해 그림자 애니메이션을 구현하였다. 이후 몇 편의 광고가 등장하며 큰 효과를 보았고, 1960년에 나온 주류 광고는 디즈니에서 사용하는 1초당 24프레임 방식으로 저작된 첫 광고라고 할 수 있다.

4) 게임

애니메이션은 게임의 비주얼에 있어 중요한 요소 중 하나로 꼽힌다. 게임 속 캐릭터의 상황과 이미지에 어울리는 높은 품질의 애니메이션은 캐릭터가 살아 움직이는 듯한 생동감을 만들어 내고, 그만큼 유저들에게 몰입감을 제공한다. 애니메이션 저작 시 가장 중요하고 어려운 것은 캐릭터가 실제 사람처럼 자연스럽게 움직이도록 만드는 작업이며 '모션 캡처' 기법이 주로 활용되고 있다.

게임산업은 부가가치율이 70%에 이르는 고부가가치 산업으로 미래형 엔터테인먼트 산업으로의 성장 가능성이 매우 높은 분야다. 현재 세계의 컴퓨터 게임 시장은 미국이, 비디오 및 아케이드 게임시장은 일본이 우위를 점하고 있다. 최근에는 인터넷과 스마트폰의 발달로 네트워크 게임과 모바일 게임이 주류를 이루고 있다. 따라서 3D 애니메이션과 네트워크, 모바일, 가상현실 기술 등이 미래 게임의 핵심기술이 될 것이다.

chapter 9 사운드

사운드는 사람이 들을 수 있는 모든 정보를 말한다. 사람의 목소리인 음성, 악기의 소리인 음악, 음향효과를 통칭하는 개념이며, 때로는 사람이 들을 수 없는 범위까지 포함하기도 한다.

음성은 정보를 전달하는 중요 수단 중 하나로 문자보다 빠르게 전달되는 아날로그 데이터다. 음성에 비하여 음악은 정보를 전달하면서도 주로 분위기를 조성하는 데 사용되며, 전달방법과 효과에 따라 장면전환, 감정의 변화 등 부수적인 효과를 얻을 수 있다. 그러므로 음악은 음성에 적절한 감성을 추가하여 인간의 감정을 자극한다. 또한 소리는 음향효과에 의해 더욱 자극적으로 표현될 수 있는데, 배경효과로 특정장소를 현실감 있게 표현하거나 합성된 소리로 특별한 효과를 내는 데 사용된다. 이와 같이 멀티미디어 환경에서 사운드는 주로 정보전달 효과를 상승시키기 위해 다른 미디어와 함께 사용된다.

1. 사운드 개요

사운드는 소리가 생성되는 위치에서 공기를 진동함으로써 전달되는 신호를 청각신경이 받아들여 이해하는 자극이다. 이때 공기는 소리를 전달하는 매체(미디어)다. 물리적 이론에서 소리는 입자가 될 수도 있고 파형이 될 수도 있으나 이 장에서는 파형으로 가정한다.

사운드는 〈그림 9.1〉과 같이 일정한 간격마다 동일한 파형으로 나타나며, 주파수, 진폭, 음색의 세 가지 요소로 구성된다.

1) 주파수

주파수(frequency)는 1초당 몇 번 진동하는가를 나타내며 음의 높낮이와 관련이 있다. 사운드 파형의 초당 반복 횟수가 음의 높이를 결정한다. 주파수가 크면 고음이고, 작으면 저음이다. 단위는 Hz(헤르츠)를 사용한다. 인간은 대략 100Hz~6kHz대의 주파수를 발생하며, 인간이 들을 수 있는 주파수 영역대는 약 20Hz~20kHz이다. 이 중 인간의 청각이 가장 민감하게 반응하는 주파수대는 1~6kHz이다.

인간의 가청 주파수대(청각으로 들을 수 있는 주파수대)를 특히 오디오라고 하며 소리와 구분하여 말하기도 한다.

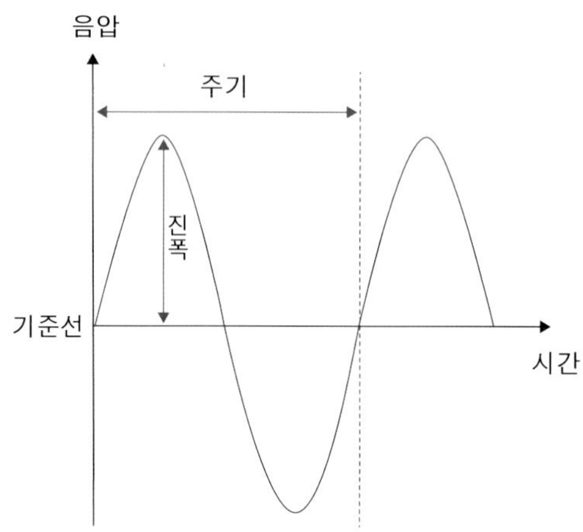

그림 9.1 소리의 기본 요소

2) 진폭

진폭(amplitude)은 사운드 파형의 기준선에서 최고점까지의 거리를 의미하며, 사운드의 크기와 관련이 있다. 진폭이 크면 사운드의 크기가 크고, 작으면 사운드의 크기가 작다. 사운드의 크기는 음압의 변화 비율로 표현하며 단위는 dB(데시벨)을 사용한다.

데시벨은 특정 참조점에 대비한 실제 들리는 소리의 비율을 로그값으로 표현한 것이다. 정상적인 귀로 들을 수 있는 가장 작은 사운드의 크기인 0dB을 기준으로 10dB씩 증가할 때마다 사운드의 크기가 10배씩 강해진다. 인간이 가장 편하게 들을 수 있는 소리의 범위는 0~90dB이다. 참고로 고함 소리나 지하철 소리는 90~100dB, 일상적인 대화 소리는 60~70dB, 속삭이는 소리는 20dB 정도다. 80dB 이상에서는 전화 통화가 힘들다.

3) 음색

음색(tone color)은 사운드의 고유한 특징을 나타낸다. 소리의 높이와 크기가 같아도 사람이나 악기마다 가지고 있는 고유한 특징이 있다. 예를 들어 귀여운 목소리, 허스키한 목소리 등이 음색이다.

2. 디지털 사운드로의 변환

디지털 사운드는 말뜻 그대로 자연의 소리가 아닌 디지털화된 소리다. 즉, 디지털 정보장치에 아날로그 소리가 숫자화되어 저장된 것을 의미한다. 엄밀하게 말하면 디지털 사운드는 소리가 아닌 숫자의 합성을 재생하는 것에 불과하다. 이와 같이 소리를 디지털화하기 위해서는 여러 기술로 자연의 소리를 숫자로 변환한다. 이때 원음에 가장 가깝게 만드는 것도 중요하지만 그렇게 할 경우 많은 저장공간이 필요하므로 이에 대한 고려가 필요하다. 저장공간을 줄이면 소리의 음질이 떨어진다. 따라서 성능 좋은 컴퓨터와 스피커 같은 장치가 필요하다.

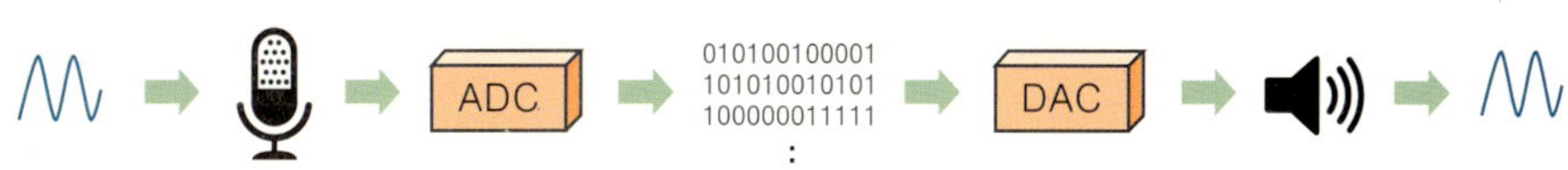

그림 9.2 아날로그 신호를 디지털 신호로 변환하는 과정

일상생활 속의 아날로그 사운드는 컴퓨터에서 처리하기 위해 디지털의 형태로 변환되어야 한다. 〈그림 9.2〉는 아날로그 사운드를 디지털 사운드로 변환하는 과정을 보여 준다. 마이크를 거친 아날로그 사운드는 ADC(Analog to Digital Converter) 장치를 통해 디지털 형태로 변환된다. 이때 내부적으로 표본화, 양자화

과정을 거쳐 디지털 신호로 출력이 된다. 변환된 디지털 사운드를 인간이 듣기 위해서는 반대의 과정을 거쳐야 한다. DAC(Digital to Analog Converter) 장치를 거쳐 아날로그 형태로 변환된 후 인간은 스피커를 통해 소리를 들을 수 있다.

1) 표본화

표본화(sampling)는 아날로그 파형을 디지털 정보로 표현하기 위해 원음 파형에서 표본을 추출하는 단계다. 이때 표본화 비율(Smapling Rate)은 1초 동안 얻은 표본수(디지털화하는 횟수)를 말하며 단위는 Hz를 사용한다. 〈그림 9.3〉은 표본화의 예다.

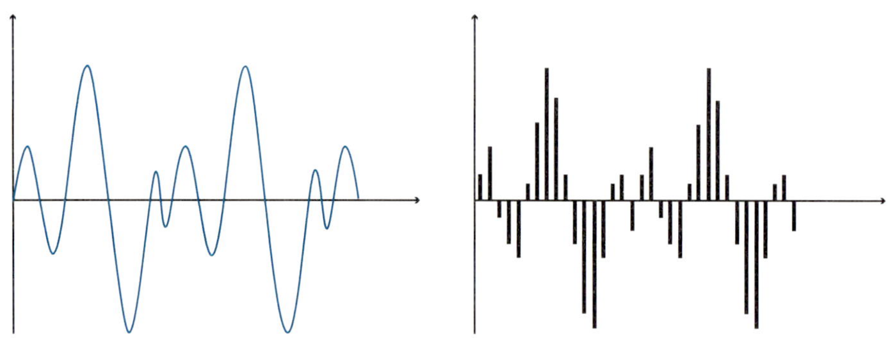

(a) 아날로그 파형 (b) 표본화된 파형

그림 9.3 아날로그 파형의 표본화

표본화 단계에서 많은 소리를 추출하면 원음을 잘 표현할 수는 있지만 추출된 데이터의 양이 많아 데이터 저장공간이 많이 필요하다. 그러므로 데이터 저장공간과 추출할 데이터의 양 사이에서 크기를 조절하는 것이 중요하다. 보통 표본화할 때 원음에 가깝게 만들기 위해서는 최소한 원음이 가지고 있는 최고 주파수의 2배 이상으로 표본화해야 하는데 이러한 이론을 '나이키스트의 정리(Nyquist theorem)'라고 한다.

〈그림 9.4〉는 6Hz의 원음을 각각 4Hz와 12Hz로 표본화한 예다. 〈그림 9.4(a)〉처럼 6Hz의 원음을 4Hz로 표본화하면 표본 중간의 음이 반영되지 않고 소실된

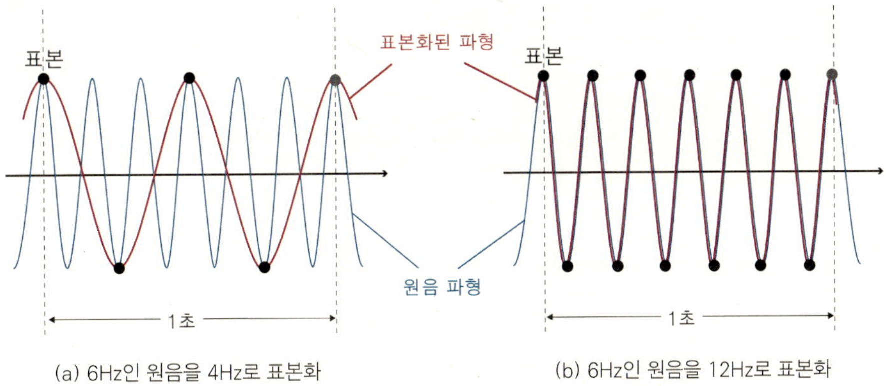

그림 9.4 표본화의 예

다. 따라서 6Hz의 원음에 가깝게 표현하려면 〈그림 9.4(b)〉와 같이 적어도 원음의 2배인 12Hz 이상으로 표본화해야 함을 알 수 있다.

나이키스트의 정리가 적용된 예를 들어 보면, 음악 CD의 표본화율은 대체로 44.1kHz이며, 이때 재생할 수 있는 최고 주파수는 22.05kHz이다.

2) 양자화

양자화(Quantizaition)는 소리를 디지털 형태로 표현할 때 어느 정도로 정확하게 표현할 것인지를 의미한다. 즉, 표본화되어 추출된 소리의 각 점이 숫자값으로 표현될 때 어느 정도의 정밀도로 표현할 것인가를 의미한다. 정밀도는 숫자값을 표현하는 비트수와 관계 있다. 예를 들어 8비트로 양자화하면 256(=2^8)단계의 값을 가질 수 있고, 16비트로 양자화하면 65,536(=2^{16}) 단계의 값을 가질 수 있어 더 세밀한 표현이 가능하다. 이와 같은 표본화하는 정밀도를 음의 해상도(Sampling Resolution)라 한다.

〈그림 9.5〉는 표본화하여 추출한 소리를 양자화한 예다. 추출한 각 소리에 대하여 1, 2, 4, 8, 9, -1, -3, -4 …의 값을 가진다. 이 십진수값을 5비트의 이진수값으로 표현해 보면 각각 00001, 00010, 00100, 01000, 01001, -00001, -00011, -00100 …와 같다. 그러나 이 비트 스트링은 추출한 소리를 그대로 비트로 표현하였기 때문에 데이터의 양이 많아 압축할 필요가 있다.

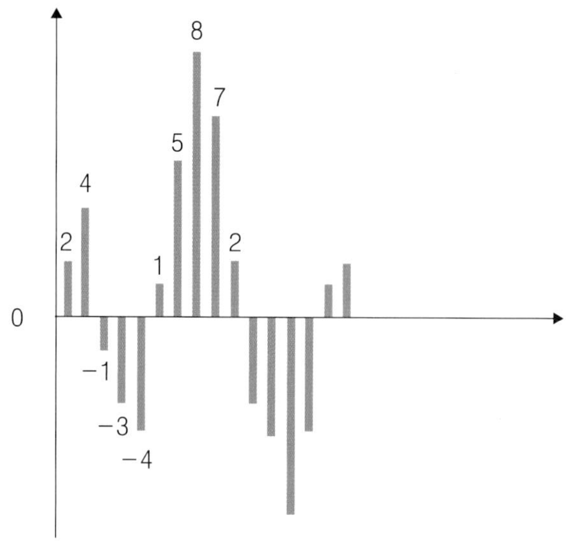

그림 9.5 표본화하여 추출한 소리를 양자화한 예

양자화할 때 주의해야 할 점은 잡음보다 높은 정밀도를 사용하는 것이다. 잡음보다 높은 정밀도를 사용하면 원음 안에 잡음까지 포함되어 양자화되기 때문이다. 따라서 양자화 과정에서 사용하는 비트수는 신호 대 잡음 비율 등을 고려해서 결정하도록 한다.

3) 부호화

소리 원음에 대하여 표본화와 양자화를 거친 후에는 부호화 단계를 거친다. 양자화 단계를 거친 소리는 디지털화되었지만 원음을 그대로 디지털화하였기 때문에 파일의 크기가 크다. 부호화 단계에서는 이러한 파일을 압축하거나 저장한다.

아날로그 사운드를 부호화하는 방식으로는 세 가지가 있는데 주로 ADPCM 방식이 사용되고 있다.

(1) PCM(Pulse Coded Modulation) 방식

PCM 방식은 압축하는 과정을 거치지 않고 입력된 값을 그대로 저장하는 방식

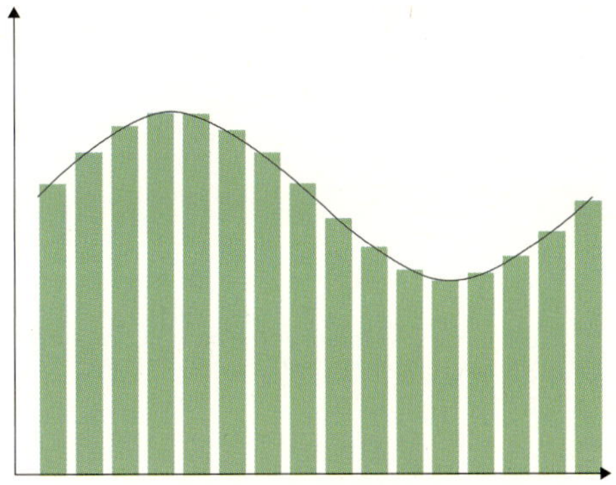

그림 9.6 PCM 방식

이다. 따라서 용량이 큰 것이 단점이다. 예전의 디지털 오디오 테이프나 CD에서 주로 사용되었다.

표본화와 양자화 과정을 거친 후 압축을 전혀 하지 않은 PCM 방식으로 파일을 저장할 때 파일의 크기는 아래와 같이 계산할 수 있다.

파일 크기=표본화율×해상도(비트수)×모드(모노=1, 스테레오=2)×시간(초)

예를 들어 CD의 표본화율이 44.1kHz이고 해상도가 16비트, 스테레오라고 할 때 1분 길이의 음악을 저장하기 위한 파일의 크기는 아래와 같다.

1분 길이의 음악 파일 = 44,100Hz × 16비트 × 2(스테레오) × 60초
= 84,672,000비트
= 10,584,000바이트
= 10.6MB

즉, 용량이 650MB인 CD 한 장에 4~5분짜리 음악 약 10~15곡을 저장할 수 있다. 표본화율에 따른 파일의 크기를 살펴보면 [표 9-1]과 같다.

[표 9-1] 표본화율에 따른 파일의 크기

스테레오에서의 표본화율 (kHz)	해상도(비트)	1분 동안 필요한 바이트 수 (MB)
44.1	16	10.5
44.1	8	5.25
22.05	16	5.25
22.05	8	2.6
11	8	1.3

(2) DPCM(Differential Pulse Coded Modulation) 방식

PCM의 용량 문제를 개선하기 위하여 전체 신호가 아닌 신호의 차이만을 저장하는 방식이다. 그러나 이 방식은 인접한 값과의 차이가 크면 오히려 비효율적이다.

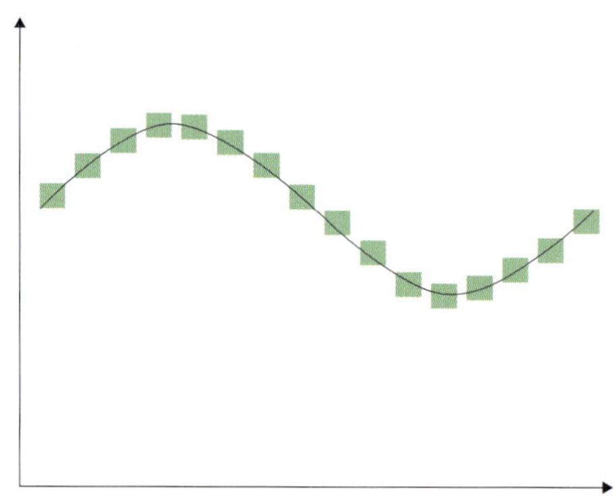

그림 9.7 DPCM 방식

(3) ADPCM(Adaptive Differential Pulse Coded Modulation) 방식

DPCM 방식에서 인접한 값과의 차이가 크면 진폭을 나누는 단계를 크게 하고, 차이가 작으면 진폭을 나누는 단계를 작게 하여 가변적으로 차이를 정밀하게 저장하는 방법이다.

ADPCM 방식을 이용하면 PCM 방식으로 기록한 것과 내용은 같으나 압축으로 데이터를 저장하기 때문에 최대 4:1까지도 압축된다. ADPCM은 국제 멀티미디어 협회에서 제안한 방식이다. 이론적으로는 표준화되어 있으나 여러 알고리즘이 실제로 사용되며 각 방식들 간에 상호 호환성이 없다.

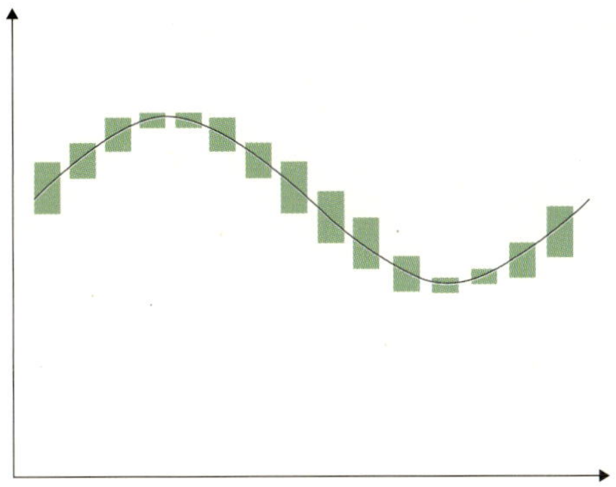

그림 9.8 ADPCM 방식

3. 디지털 사운드의 파일 형식

디지털 사운드는 용량이 매우 크므로 대부분 파일을 압축하는데, 사운드 데이터의 압축기술을 코덱이라 한다. 코덱에서 아날로그 사운드를 디지털 신호로 변환하면서 압축하는 과정을 인코딩이라 하고, 반대로 압축된 파일을 풀어 주는 과정을 디코딩이라 한다.

디지털 사운드 파일 포맷을 크게 3가지로 나눌 수 있다. 전혀 압축하지 않고 저장하는 방식(WAV, AIFF, Au 등), 압축을 하고 압축을 풀 때 사운드 데이터가 전혀 손실되지 않는 무손실 압축 방식(WMA, FLAC, TTA 등), 어느 정도의 정보 손실이 발생하는 손실 압축 방식(MP3, Lossy WMA, AAC 등)이 있다.

사운드를 압축하는 대표적인 코덱과 포맷은 다음과 같다.

1) WAV

마이크로소프트와 IBM이 개인용 컴퓨터의 사운드 표준으로 공동 개발한 포맷이다. 따라서 윈도우즈 기반 PC에서 주로 사용된다. 포맷은 머리 부분과 몸체 부분으로 구성된다. 머리 부분에는 압축 방식, 표본화율 등의 정보가 들어가고 몸체 부분에는 머리 부분에서 정의된 형식에 따라 사운드 데이터가 저장된다. 압축을 하지 않은 방식과 압축을 하는 방식 모두 지원한다. 일반적으로는 ADPCM 방식으로 저장되고 μ-Law 등의 압축 방식도 많다.

• μ-Law, A-Law 압축

음성 통신을 목적으로 한 압축으로 μ-Law 방식은 미국, 캐나다, 일본, 필리핀에서 사용하고, A-Law 방식은 유럽과 그 외 나라에서 사용한다. 사람이 대화할 때 큰 소리의 변화보다는 작은 소리의 변화를 잘 감지한다는 사실을 이용하여 작은 소리에 많은 양자화 비트를 할당하고, 큰 소리에 적은 양자화 비트를 할당하는 방식이다.

2) Real Audio(.ra, .rm)

실시간으로 음성을 보내기 위해 만든 압축 방식으로 RealNetwork사에서 개발하였으며 별도의 서버가 필요하다. 인터넷에서 스트리밍 기술로 소리를 실시간으로 전송받으며 재생할 수 있다. 네트워크의 속도 등에 따라 대역폭이 동적으로 변하고 그에 따라 음질도 동적으로 변화한다. 따라서 항상 최적의 음질을 유지하며 재생이 가능하다.

3) MP3

동영상 압축 표준인 MPEG(Moving Picture Experts Group)의 오디오 계층으로 인터넷을 통한 사운드 데이터의 전송을 가능하게 만든 파일 형식이다. MPEG1의 오디오 부분의 계층3을 MP3라는 이름으로 사용하였다. PCM 관련의 압축 방식과 다른 손실 압축을 사용한다. 가청 주파수 이외의 부분을 잘라 냄으로써 파일 용량을 줄이는 방법이다. 따라서 평균 10:1의 높은 압축률을 보여 주며 음질도 우수하다. 그러나 저작권에 대한 보호가 없는 것이 단점이다.

또한 MPEG2의 오디오 부분도 AAC(Advanced Audio Coding)라는 압축 방식으로 사용하고 있으며 높은 압축률과 우수한 음질을 제공하고 있다.

4) WMA

WMA(Windows Media Audio)는 마이크로소프트사가 개발한 스트리밍 오디오 파일 형식이다. 음악 데이터를 압축하였으며 윈도우 미디어 플레이어로 재생이 가능하다.

5) ASF(Advanced Streaming Format)

1996년 인텔이 개발한 멀티미디어 통합 파일 포맷으로 파일 안에는 오디오, 비디오, 이미지, URL, 실행 프로그램까지 포함 가능하다. 스트리밍 방식을 지원한다.

이 외에도 AAC(Advanced Audio Coding), AC-3(Audio Code 3), PAC(Perceptual Audio Coder), 애플의 Qdesign Music Format과 SND(Sound), 마이크로소프트의 MS Audio, AIFF(Audio Interchange File Format), 마이크로소프트에서 디지털 소리와 미디를 위해 개발한 RIFF(Resource Interchange File Format), 선 마이크로 시스템즈의 AU(Sun Audio), 미디 데이터를 저장하기 위해 개발한 MID, MDI, MFF(Musical Instrument Digital Interface), AMR, EVRC 등이 있다.

4. 입체음향

입체음향이란 사람을 중심으로 공간에서 소리를 들려주는 방법이다. 사방에서 소리가 들리도록 하여 사람은 공간감, 자연감, 입체감과 함께 마치 자연음이 들리는 듯한 느낌을 받는다. 사운드는 모노 사운드에서 시작하여 2D 스테레오, 3D 사운드로 발전하고 있다. 특히 3D 사운드는 영화나 게임 분야에 이용되고 있다. 대표적인 예로 돌비 서라운드 시스템이 있다. 이러한 입체음향을 만들기 위해 먼저 소리의 전달 경로를 알아보자.

1) 소리의 전달 경로

소리의 전달 경로는 사람의 귀 외부에서의 전달 경로와 귀 내부에서의 전달 경로로 나누어 생각할 수 있다. 외부에서의 전달 경로는 실내의 벽이나 천장 등에서 반사, 회절, 산란되는 등의 현상에 의한 공간 전달 시스템이고, 내부의 전달 경로는 인간의 귀와 머릿속에 있는 기관과 신경에서 반사, 회절, 공진되는 등의 현상에 의한 머리 전달 시스템이다.

그러므로 입체음향은 사람의 두 귀로 들어오는 두 신호의 차이에 의해 공간적으로 지각될 수 있다. 두 신호 차이는 두 귀의 각각에 도달하는 시간 차이에 의한 경우와 신호의 세기 차이에 의한 경우가 있다.

(1) 각 귀에 도달하는 소리 신호의 시간차(time difference)

음원에서 소리가 발생하면 사람은 가까운 방향에 있는 귀가 먼저 소리 신호를 인지함으로써 음원의 방향을 알 수 있다. 한쪽 귀가 먼저 소리를 인지한다는 것은 다른 쪽 귀에 들어오는 신호와의 시간 차이를 인지한다는 것이다. 이렇게 시간 차이를 인지함으로써 사람은 음원의 위치나 방향을 인지할 수 있다. 〈그림 9.9〉는 소리 신호의 시간차에 의해 음원의 방향을 인지하는 것을 보여 주는 개념이다.

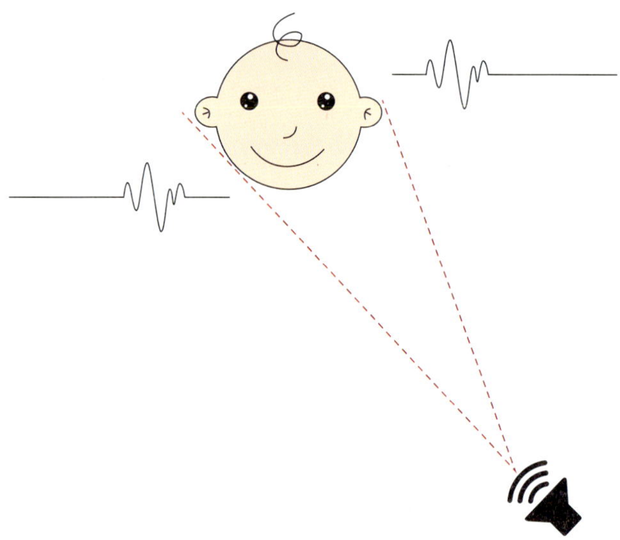

그림 9.9 소리 신호의 시간차에 의한 음원 방향의 인지

(2) 각 귀에 도달하는 소리 신호의 세기차(intensity difference)

사람은 소리 신호의 크기에 따라 음원의 위치와 거리를 인지할 수 있다. 가까운 곳에서 들리는 음의 크기가 더 크다. 〈그림 9.10〉은 소리 신호의 세기에 의해 음원의 위치와 거리를 인지하는 것을 보여 주는 개념이다.

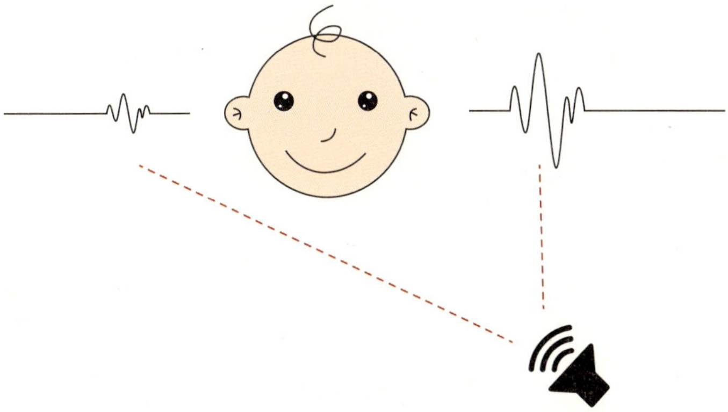

그림 9.10 소리 신호의 세기차에 의한 위치와 거리 인지

사람은 기본적으로 이러한 소리 신호의 시간차와 세기차에 의해 음원의 방향, 위치, 거리를 인지할 수 있으며, 이 외에도 시각적 영향, 듣는 사람의 행동, 소리의 종류, 소리 발생 장치 등에 따라서도 공간감은 달라진다.

2) 입체 음향 시스템

대표적인 입체 음향 시스템인 돌비 서라운드(Dolby Surround) 시스템은 미국의 돌비 연구소가 영화의 사운드 트랙을 제대로 실현하기 위해 개발한 기본적인 입체음 재생방식이다. 사람의 위치를 기준으로 스피커를 여러 개 배치하고 사방에서 소리가 들리게 하여 공간감과 입체감, 현장감을 느끼도록 하는 오디오 시스템이다.

서라운드는 3채널, 4.1 채널, 5.1채널, 6.1채널 등이 있다. 〈그림 9.11〉은 5.1채널 서라운드 시스템 구성이다. 사람을 중심으로 전면 좌, 우, 중앙에 3개의 스피커, 후면 좌, 우에 2개의 스피커, 그리고 저음을 강조하기 위한 우퍼(Woofer) 1개로 구성되어 있다. 5.1채널에서 최적의 사운드를 제공하기 위해서는 청취자를 중심으로 위치한 스피커들은 똑같은 크기여야 하며, 동일한 거리에 위치해야 한다. 물론 청취자는 음의 중심점에 있어야 입체감을 제대로 느낄 수 있다.

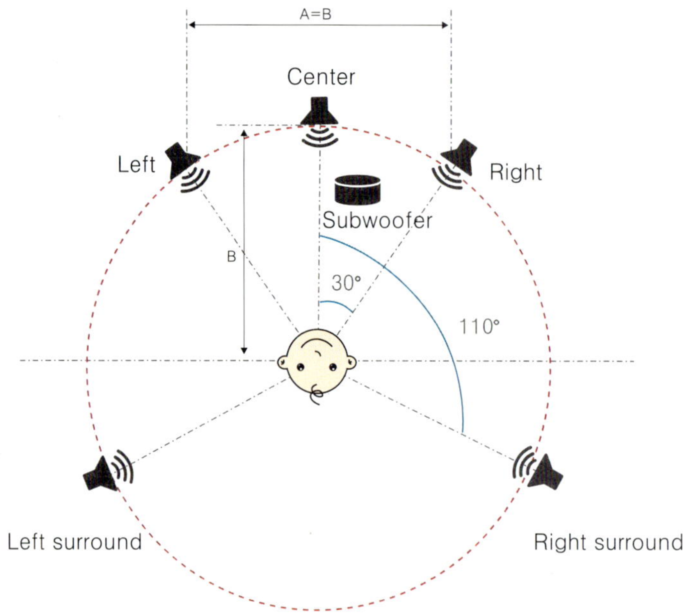

그림 9.11 서라운드 시스템(5.1채널)

5. 미디(MIDI)

1970년대 초에는 전자 신시사이저(synthesizer)로 만든 사운드를 흔히 접할 수 있었다. 처음 출시되었을 당시, 터무니없이 비쌌던 전자악기들은 시간이 지날수록 가격이 떨어지면서 점점 보편화되었다. 전자악기의 확산으로 드러난 한 가지 문제점은 여러 제조사가 서로 호환되지 않는 전자악기를 제작한다는 것이었다. 미국의 오디오 엔지니어인 데이브 스미스(Dave Smith)는 1981년 개최된 국제 오디오공학회에서 음악 장비를 위한 범용적인 통신표준이 필요하다는 것을 처음으로 제안하였고, 이러한 표준을 줄여서 미디(MIDI: Musical Instrument Digital Interface)라고 불렀다.

처음에는 음을 발생시키는 장치를 제어할 수 있도록 하는 인터페이스 표준인 시리얼 연결장치로 개발이 시작되었으나 점차 전자신호를 프로토콜로 전송하여 조합하는 장치로 발전하였다. 이전에는 전자악기 사이에 호환이 되지 않았으나 미디를 통하여 여러 전자악기들을 일관성 있게 제어할 수 있으며 동시에 여러 악기를 제어할 수 있다.

미디는 전자악기와 컴퓨터 간에 정보를 전송하기 위해 만든 통신 프로토콜(규약)이다. 즉, 음 자체에 대한 파형 정보를 가지고 있는 것이 아니라 음을 연주하는 방법(음의 높이, 음표의 길이, 음의 강약 등)과 연주 시기 등에 대한 정보를 가지고 있다. 또한 여러 악기에 대한 악기 소리를 저장하고 있어 악기 소리의 조합으로 음악을 생성할 수 있다. 파일 형태는 mid이며, 디지털 사운드 파일에 비해 크기가 작고 음질은 음원에 따라 많은 차이가 있다.

일반적인 미디 시스템의 구성은 〈그림 9.12〉와 같으며 소리 데이터의 흐름은 다음과 같다.

- 소리의 입력: 신시사이저에서 소리를 발생하면 미디 인터페이스 카드를 통하여 컴퓨터로 전송된다.
- 소리의 처리: 컴퓨터로 전송된 소리를 미디 프로그램(시퀀스)을 이용하여

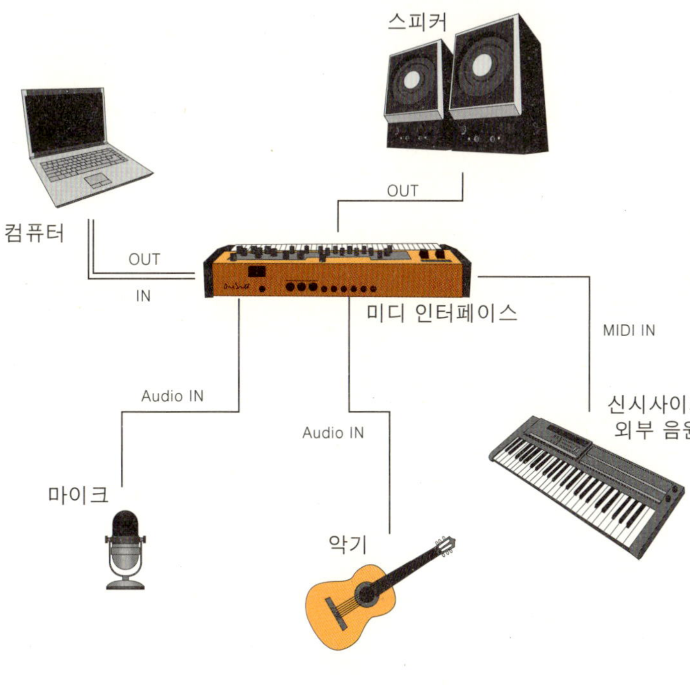

그림 9.12 미디 시스템의 구성

편집한다.

- 소리의 출력: 컴퓨터에서 미디 인터페이스 카드, 신시사이저, 앰프 등을 통해 스피커로 출력한다.

1) 신시사이저

실제음을 듣기 위해서는 음을 발생시켜 주는 장치인 신시사이저가 필요하다. 신시사이저는 건반 악기 모양의 전자악기로 전자발진기를 사용하여 온갖 음을 자유로이 합성할 수 있도록 고안한 장치다. 소리를 발생시키는 음원부와 음원부를 이용하여 연주하는 건반부로 구성되어 있다. 음원부에서는 다양한 형식의 전기신호가 합성하여 소리를 발생시킨다.

신시사이저를 이용하여 미디 자료를 생성하고 수정, 삭제하기 위해서는 시퀀서(Sequencer)라는 미디 프로그램이 필요하다. 최근에는 대부분 미디 기능까지 포함하고 있어 음악 이론을 알고 있다면 편리하게 작곡도 가능하다.

신시사이저에서 소리를 발생하는 방법에는 FM 방식, PCM 방식, AI 방식 등이 있다. 소리를 발생하는 각 방식을 살펴보자.

(1) FM 방식

사인파를 기본으로 하여 소리를 합성하는 방식으로, 기계적이고 신비로운 음색을 잘 표현한다. 야마하사의 사운드카드는 모노로 출력하는 경우 11종류의 악기 소리를 동시에 발생할 수 있으며, 스테레오로 출력하는 경우에는 20여 종류의 악기 소리를 동시에 생성할 수 있다.

(2) PCM 방식

가능한 한 압축 기술을 적용하지 않고 소리를 디지털로 직접 변환하여 사용하는 방식이다. 압축 기술의 적용이 적기 때문에 소리의 질은 좋고 원음의 재현율이 우수하나 저장할 때의 데이터 양이 많으며 소리의 변형이 자유롭지 않다. EMU에서는 32종류의 소리를 동시에 생성하도록 하였으며 스피커 2개를 이용하여 3D 입체음향효과도 지원한다.

(3) AI 방식

소리를 합성할 때는 FM 방식이나 PCM 방식뿐 아니라 표본화한 소리도 사용할 수 있다. AI 방식은 소리를 여러 번 표본화한 결과를 음원으로 사용하는데 PCM 방식을 향상시킨 것과 FM 방식의 합성으로 볼 수 있다. 일반적으로 신시사이저에서 사용되는 대표음을 녹음할 때는 저음 부분과 고음 부분에서 약간의 차이가 있다.

2) 미디 인터페이스

미디 인터페이스(MIDI Interface)는 컴퓨터와 악기, 신시사이저를 서로 연결하여 디지털 사운드를 만들고 합성할 수 있도록 해 주는 장치이며, 미디 인터페이스 카드가 실질적인 연결을 담당한다. 컴퓨터가 신호를 미디 인터페이스에 보내면 미디 인터페이스는 미디라는 규칙에 따라 정렬된 신호를 전자악기에 보내 소리를 내게 된다.

3) 샘플러

미리 기억된 자연음을 음원(샘플링 음원)으로 사용하는 모든 악기를 지칭하는 말이다. 신시사이저가 각 악기의 대표음을 저장하고 있다면, 샘플러는 각 악기의 모든 음을 가지고 있다. 그러므로 실제 소리를 녹음하여 악기로 변환하여 사용하거나 각종 효과음으로 활용할 수 있다. 샘플러에는 샘플링 음원 파일을 저장하는 하드 디스크와 편집을 위한 메모리가 필요하다. 주로 좀 더 정교한 음을 만들 때나 음원에 없는 새로운 음을 만들고자 할 때 사용한다.

4) 믹서와 드럼 모듈

믹서는 여러 개의 오디오 출력을 혼합하여 하나의 출력으로 만들어 주는 장치이다. 따라서 각 출력의 균형과 세기 등을 맞추어 주는 이퀄라이저를 통하여 음악의 균형을 맞춘다.

드럼 모듈은 드럼 소리만 저장한 장치로 일반 음원 모듈이나 신시사이저의 드럼 소리보다 훨씬 좋은 소리를 발생시킨다.

5) 미디 소프트웨어: 시퀀서

시퀀서는 미디 파일의 녹음, 편집, 재생을 담당하는 프로그램이다. 신시사이저의 주변기기로 일련의 동작을 연속적으로 제어하여 자동 연주하는 장치를 말한다. 현재는 MIDI에 의한 디지털 시퀀서가 보급되고 있고 전용기기부터 PC 소프트웨어나 워크스테이션 타입의 신시사이저에 내장되어 있는 것까지 여러 가지 타입이 있으며, 자동 반주 기능이 있는 것도 있다.

미디 메시지를 신시사이저에서 생성하는 것이 아니라 시퀀스 프로그램에서 악보를 만들어 생성할 수 있는 것이다. 대표적인 시퀀스 프로그램으로는 CakeWalk, Cubase 등이 있다.

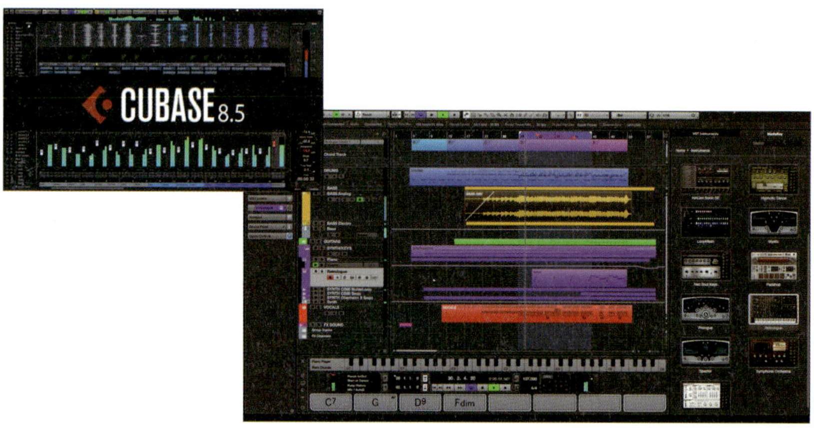

그림 9.13 Steinberg사의 Cubase 8.5

6. 사운드 편집 도구

지금까지 디지털 사운드와 음악에 관한 기본 지식을 살펴보았다. 이 절에서는 사운드와 음악을 제작하기 위한 실제적인 부분을 알아보기 위해 소프트웨어를 살펴보고자 한다.

디지털 사운드나 음악의 편집 소프트웨어는 모두 디지털 형태의 소리를 편집하는 도구이며, 소리를 캡처, 편집, 가공하는 등 각 소프트웨어의 기술적 원리나 기능은 대체로 유사하다. 다만 각 소프트웨어별로 사용 목적(음악, 효과, 단순 가공, 입체음향 등)이나 사용자의 특징(초보자, 교육용, 전문가, 음악가, 영화 제작자 등)에 따라 사용자 인터페이스가 다르기도 하고 부가기능이 있거나 확장성이 있다. 주로 사용되는 사운드 편집 도구로는 GoldWave, Audition, Sound Forge, Creative Wave Studio, Audioshop, MidisoftStudio 등이 있다.

1) GoldWave

대부분의 사운드 포맷을 지원하며, 다양한 툴바와 사운드 장치를 별도로 제어할 수 있는 장치 컨트롤러를 내장하고 있어 초보자들도 사용하기가 쉽다. 코덱이 설치된 상태에서 MP3 압축을 지원한다.

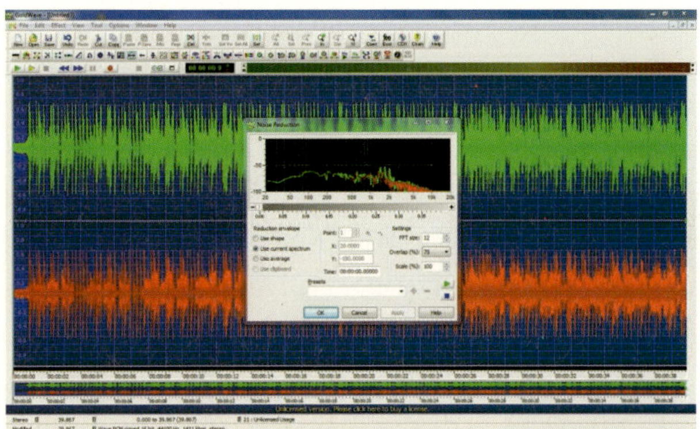

그림 9.14 GoldWave 6.09 화면

2) Audition

원래는 Cool Edit Pro라는 이름의 프로그램이었는데 어도비사에서 인수한 다음 어도비 오디션(Adobe Audition)으로 바뀌었다. 2013년 공개된 Adobe Audition 6(CC)는 64비트 응용프로그램으로 멀티 트랙을 지원하는 합성, 편집 환경이다. 처리 속도가 빠르며 소리 제거기, 미리보기 편집기, 피치 벤더 등 전문적인 디지털 오디오 편집 기능을 제공한다. MPEG필터를 설치하면 MPEG 오디오 부분도 지원 가능하고, SMPTE/MIDI를 지원하므로 소리를 비디오나 미디와 통합하거나 미디로 변환하기 쉽다. 현재 어도비 크리에이티브 클라우드에서 무료로 다운로드하여 사용할 수 있다.

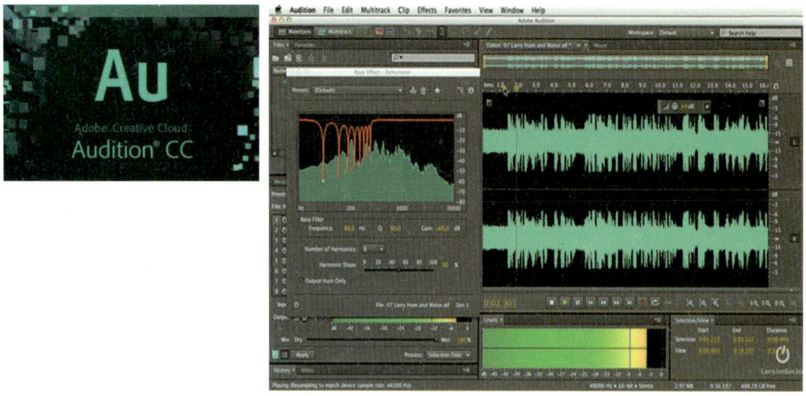

그림 9.15 Adobe Audition CC 화면

3) Sound Forge

다양한 비디오 포맷을 지원하며 동영상의 최소 시간 단위인 프레임 단위로 동영상을 보면서 소리 편집 작업을 수행할 수 있다. 또한 실시간으로 파일 편집이 가능하고 멀티 트랙도 지원한다.

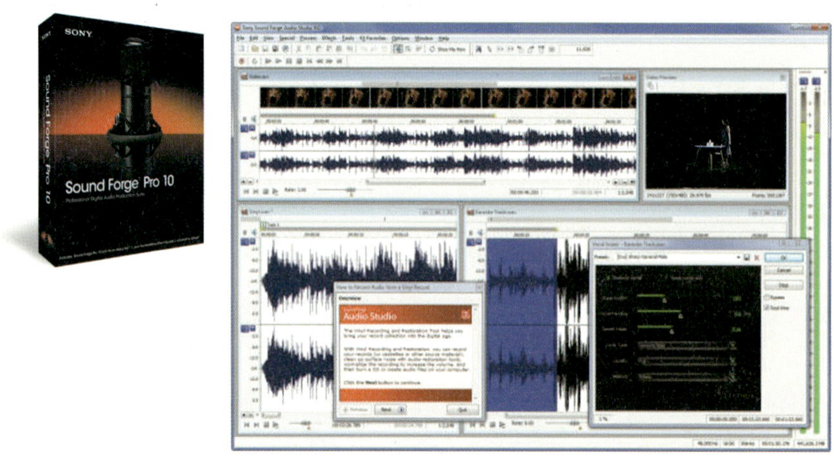

그림 9.16 Sound Forge Pro 10 화면

chapter 10

게임

컴퓨터와 멀티미디어 기술의 발달로 크게 성장한 분야가 게임산업이다. 게임 산업은 최근 성장세가 주춤하는 경향이 있지만 그동안 디지털 콘텐츠 산업의 핵심으로 성장해 왔다. 특히 PC 게임이나 온라인 게임은 학생, 일반인에 이르기까지 게임에 몰두하게 해 사회적인 영향을 미치기도 하였다.

게임의 사전적 정의를 살펴보면 즐거움을 위한 행위라고 되어 있다. 게임에서 가장 중요한 구성 요소는 행위자로서의 플레이어, 그리고 규칙이다. 규칙은 플레이어들의 행동을 제약하고, 플레이어들에게 어떤 행동을 해야 할지, 하지 말아야 할지에 대해 명확한 지침을 제공한다.

이 장에서는 게임의 사회성보다는 문화에 중점을 두고 기술한다. 게임은 긍정적인 부분과 부정적인 부분의 양면성을 지니지만 문화로서는 둘 다 중요한 위치에 있다. 게임에 대한 분류 기준도 다양하다. 디지털 게임은 크게 플랫폼의 종류와 플레이 방식에 따라 나눌 수 있다.

1. 게임의 분류

1) 플랫폼 유형별 분류

게임을 플랫폼 유형별로 구분해 보면 콘솔 게임, 아케이드 게임, PC 게임, 온라인 게임, 모바일 게임 등이 있는데, 컴퓨터 기술이 발달하는 속도와 방향에 크게 영향을 받으며 성장해 왔다.

(1) 콘솔 게임

콘솔 게임은 PC가 아닌 전용 게임기와 같은 별도의 기기에 TV나 모니터를 연결시켜 작동하는 게임이다. 게임 전용으로 최적화되어 있으므로 그래픽 화면의 품질이 우수하고 화려한 인터페이스를 제공한다. 최근 출시된 대표적 게임기기로는 닌텐도의 Wii, 소니의 PlayStation 3, 마이크로소프트의 Xbox가 있다.

(2) 아케이드 게임

아케이드 게임은 오락실, 게임 파크 등과 같은 특정 공간에서 모니터가 포함된 전용 게임장비로 즐기는 게임을 말한다. 하드웨어와 게임 소프트웨어가 일체화된 게임으로 블록 격파 게임, 〈스페이스 인베이더〉, 〈갤러그〉, 〈테트리스〉 등을 거쳐 일반화되었다.

(3) PC 게임

개인용 컴퓨터(PC)에서 CD 등의 저장 장치에 수록된 게임물을 작동하여 즐기는 게임이다. 대표적인 PC 게임으로 〈스타크래프트〉가 있다. 〈스타크래프트〉의 등장으로 여러 명이 하는 게임이 인기를 끌기 시작했고 PC방이 급속히 확산되었으며 프로게이머가 등장했다.

(4) 온라인 게임

온라인 게임은 네트워크상에서 다수의 사용자가 서버에 접속하여 즐기는 게임이다. 여러 사용자가 동시에 접속하여 진행하므로 MUD(Multi User Dungeon)라고 부르기도 한다. 온라인 게임 장르에는 롤 플레잉 게임(RPG: Role Playing Game) 게임이나 액션 게임, 다중접속 온라인 롤 플레잉 게임(MMORPG: Massively Multiplayer Online Role Playing Game), 1인칭 슈팅(FPS: First Person Shooting) 게임 등이 있다. 현재 게임을 적극적으로 즐기는 사람들 대부분이 가장 좋아하는 게임이다.

온라인 게임이 한창 유행일 때는 대규모 행사장에서 게임대회가 개최되었으며, 게임을 중계하는 케이블 전문 방송도 등장했다. 게임시장의 규모가 커지고 충분히 상업성을 갖게 되자 게임을 직업으로 삼는 프로게이머들이 등장하였고 기업들은 프로 게임단을 창단하기도 했다.

(5) 모바일 게임

모바일 게임의 등장은 온라인 게임이 모바일의 형태로 발전해 가고 있음을 의미한다. 이전에는 제한된 공간에 있는 컴퓨터에서 인터넷을 통해 게임을 즐겼지만 이제 스마트폰이나 전용 모바일 게임기를 통해 시간과 장소에 구애받지 않고 즐길 수 있게 된 것이다. 모바일 게임은 스마트폰, PDA 등의 모바일 기기에서 실행되는 게임으로 모바일 콘텐츠 시장의 활성화에 크게 기여했다. 기존의 온라인 게임도 스마트폰으로 할 수 있게끔 모바일화되면서 프로게이머들은 활동할 자리를 잃어 가고 있다.

모바일 게임의 활성화에 따라 최근에는 유무선 연동 게임의 수요가 증가하고 있으며 멀티 플랫폼을 지원하는 게임이 개발되고 있는 추세다. 3G나 Wifi를 통한 네트워크 서비스는 모바일 게임과 결합하여 소셜 네트워크 게임이라는 또 하나의 새로운 게임 장르를 만들어 냈다.

2) 플레이 방식에 따른 분류

플레이 방식에 따라 구분해 보면 슈팅 게임, 액션 게임, 시뮬레이션 게임, 롤플레잉 게임, 어드벤처 게임, 스포츠 게임, FPS 게임 등이 있다.

(1) 슈팅 게임

슈팅(Shooting) 게임은 초기 전자게임에 가장 많이 등장했던 게임 장르다. 플레이어가 순발력을 이용하여 직접 총기를 쏘거나, 탱크나 비행기 등을 조작하여 상대방을 공격하면서 진행해 나가는 게임이다. 이후 3D 기술이 도입되면서 1인칭 슈팅 게임, 3인칭 슈팅 게임 장르로 구분하기도 한다.

- 1인칭 슈팅 게임

1인칭 슈팅 게임(FPS)은 1인칭 시점, 즉 게임상의 캐릭터가 보는 시점으로 플레이하는 슈팅 게임 장르이다. 1인칭 슈팅 게임은 캐릭터의 시점과 카메라 시점이 일치하기 때문에, 플레이어가 조작하는 캐릭터의 모습이 화면에 보이지 않는다. 본격적인 1인칭 슈팅 게임의 시작으로 〈둠(Doom)〉(1994년)을 들 수 있으며, 〈퀘이크(Quake)〉, 〈언리얼(Unreal)〉, 〈서든 어택(Sudden Attack)〉 등이 있다.

• 3인칭 슈팅 게임

3인칭 슈팅(TPS: Third Person Shooting) 게임은 게임상의 캐릭터를 보는 시점, 즉 3인칭 관찰자 시점으로 플레이한다. 카메라의 시점을 캐릭터 등 뒤쪽에 두기 때문에 캐릭터의 모습이 계속해서 보인다는 특징이 있다.

3인칭 슈팅 게임은 1인칭 슈팅 게임보다 조작하는 캐릭터의 움직임이 잘 보인다. 따라서 적을 쏴서 맞추는 것에 충실한 1인칭 슈팅 게임보다 캐릭터를 조작하는 액션이 좀 더 강조되어 보인다. 대표적인 게임으로는 〈기어스 오브 워(Gears of war)〉(2006년) 시리즈가 있다.

(2) 액션 게임

액션(Action) 게임은 일정한 스토리 라인에 따라 실시간으로 캐릭터의 행동을 버튼 등으로 조작하는 게임이다. 화면 속의 캐릭터를 조종하여 장애물이나 적 등 문제가 되는 요소를 해결해 나가는 것을 위주로 한다. 오락실과 같은 오프라인 게임에서 인기를 끈 장르로 일부 게임들은 인간의 폭력적인 본성을 자극하기도 한다. 대표적인 액션 게임으로 닌텐도사의 〈슈퍼마리오 브라더스(Super Mario Bros)〉, 〈킹 오브 파이터〉, 〈버추얼 파이터〉, 〈철권〉 등이 있다. 특히 〈버추얼 캅〉이나 〈하우스 오브 데드〉, 〈솔저 오브 포춘〉 등과 같이 각종 무기로 무장하고 적과 싸우는 게임을 슈팅 액션 게임이라고도 한다.

(3) 시뮬레이션 게임

시뮬레이션 게임은 실제 세계에서 쉽게 할 수 없는 특정 상황을 가상적으로 흉내 내고 해당 상황을 극복해 나가는 게임으로, 게임 장르 중 가장 큰 부분을 차지한다. 게임의 교육성과 재미를 적절히 혼합하여 나이에 상관없이 많은 사람들이 즐기는 게임 장르다.

시뮬레이션의 종류를 살펴보면 플라이트 시뮬레이터 X와 같이 게이머가 직접 비행기를 조종하는 비행 시뮬레이션, 스타크래프트와 같이 유닛을 만들고 이것들을 이용해 전투하는 전략 시뮬레이션, 무력을 사용하지 않고 게이머가 자신의 회사, 도시, 놀이기구 등을 설계·운영하면서 경제적인 부를 쌓아 나가는 경영 전략 시뮬레이션, 〈프린세스 메이커〉와 같이 인물을 키워 가는 육성 시뮬레이션 등이 있다.

Maxis사의 〈심시티(SimCity)〉는 방대한 도시를 운영하는 게임으로, 다양한 도시로 구성된 실감 나는 규모의 지역을 관리하면서 도시를 가상으로 건설하는 게임이다. 심시티는 현실세계의 다양한 모습을 3차원의 그래픽으로 처리하여 독보적인 존재로 자리매김하였고 많은 시리즈를 내놓아 인기를 끌었다. 〈심시티〉는 엔딩이 없는 도시 건설 게임 시리즈로, 컴퓨터용과 비디오 게임 콘솔용이 있다.

(4) 롤 플레잉 게임

사용자의 캐릭터가 주어진 역할을 수행하면서 맡겨진 임무를 완수하는 게임으로 플레이어는 모험 속에서 각자의 역할을 선택하여 여러 가지를 경험하면서 성장 과정을 즐긴다.

롤 플레잉 게임의 기원은 〈던전스 앤 드래곤스(Dungeons and Dragons)〉라는 게임으로 볼 수 있다. 그 후 많은 롤 플레잉 게임이 등장하게 되었고, 인터넷의 발전과 함께 더 많은 게임의 변수를 경험하려는 게이머들의 욕구로 온라인 게임이 등장하게 된다. 〈리니지〉 등이 이에 속한다.

현재 국내에서 서비스되고 있는 온라인 롤 플레잉 게임으로는 넥슨에서 개발한 세계 최초의 다중접속 온라인 롤 플레잉 게임인 〈바람의 나라〉, 엔씨 소프트의 〈리니지〉 등이 있다. 다중접속 온라인 롤 플레잉 게임(MMORPG)은 RPG의 의미가 확장된 것이다. 인터넷상에서 수백에서 수천 명의 플레이어가 하나의 공간에 동시에 접속해서 게임을 즐기는 방식으로, 우리나라에서 처음 개발된 게임 형태다.

(5) 어드벤처 게임

어드벤처 게임은 게이머가 주인공 캐릭터가 되어 문제를 해결해 나가는 게임이다. 게이머가 직접 게임 환경의 중심이 되어 스스로 문제를 해결해 나가므로 몰입감이 큰 것이 특징이다.

어드벤처 게임과 롤 플레잉 게임의 차이점은 어드벤처 게임에서는 주인공인 게이머가 지극히 주관적인 캐릭터인 데 반해, RPG에서는 여러 인물 가운데 하나를 선택하거나 동시에 복수의 캐릭터를 움직이게 된다는 점이다. 어드벤처 게임에선 이미 만들어진 상황에 따라 사용자의 선택이 이루어지지만, RPG에서는 선택이 필요한 그 상황조차도 주인공이 만들어 가는 방식이다.

어드벤처 게임으로는 영국의 에이도스에서 제작한 〈툼 레이더〉와 소니 PS3 플랫폼의 인디 게임인 〈저니(Journey)〉 등이 있다. 특히 게임 〈저니〉는 '여행자'라는 제목의 뜻에 알맞게 폭력적인 요소는 거의 없고 망토를 휘날리며 순례자의 느낌으로 여행을 다니는 게임이다. 온라인 연결이 되면 국적도 알 수 없고 대화도 불가능한 신비의 상대와 서로 협력하며 여행을 하게 된다. 또한 이 게임은 아름다운 배경 그래픽으로 평론가들과 플레이어에게 예술 게임이라고 불리며 극찬을 받았다.

(6) 스포츠 게임

실생활에서 인기가 많은 스포츠 종목을 그대로 게임으로 즐길 수 있는 장르의 게임으로 축구, 야구, 농구, 하키, 골프 등 무수히 많은 종류가 있다. 최근 컴퓨터의 그래픽 처리 기술이 발전하면서 급속히 발전하고 있는 레이싱 게임도 스포츠 게임의 일종이다.

2. 게임 엔진

게임 엔진은 게임을 구동시키는 데 필요한 다양한 핵심 기능들을 담은 소프트웨어를 말한다. 일반적으로 게임의 개발은 게임 엔진에 각종 리소스를 붙여 가면서 완성해 나간다.

게임 엔진은 개발사에서 자체적으로 개발하는 경우도 있지만, 시장에 나와 있는 상용 엔진을 구매하는 경우도 많다. 상용 엔진을 구매해서 사용하는 경우, 개발 기간을 단축할 수 있고 해당 엔진이 보증하는 최소한의 시각적인 품질을 구현할 수 있다는 장점이 있다. 다만, 개발자가 직접 엔진을 만드는 것이 아니므로 엔진의

커스터마이징 등에 오히려 시간과 자본이 더 들어가는 경우가 발생할 수도 있다.

게임 엔진의 개념은 1996년 출시된 FPS 게임 〈퀘이크〉의 개발자 존 카멕이 소스 코드를 공개하면서 시작되었다. 퀘이크 엔진은 아무 대가 없이 대중에게 공개되었고, 이후 3D 게임이 보편화되면서 게임 엔진 매매라는 새로운 시장을 만들어 내는 기초가 되었다.

초기에는 게임을 만들 때마다 그에 맞는 게임 엔진을 만들었다. 그러나 게임의 퀄리티가 높아지면서 게임 엔진 개발에 들여야 하는 시간과 비용이 커지게 되었고, 이 상황에서 등장한 해결책이 게임개발사 간의 게임 엔진 매매였다. 게임 개발사는 적은 비용으로 높은 퀄리티의 게임을 만들어 낼 수 있고, 엔진개발사는 엔진을 판매함으로써 고액의 엔진 개발 비용을 충당할 수 있었다. 구매자와 판매자 모두가 이득을 보기 때문에 시장은 점점 커졌고, 나중에는 게임 엔진 판매를 주 수입원으로 삼는 개발사도 등장했다.

게임 엔진이 가지는 주요 기능으로는 개발자의 편의와 개발 속도 향상을 위한 스크립트 에디터(Script Editor), 맵 에디터(Map Editor), 3D 그래픽의 표현을 위한 렌더링 엔진(Rendering Engine), 3D 공간의 충돌 감지 및 현실적인 물리 효과(Physics Effect)를 내기 위한 물리 엔진(Physics Engine), 각종 개발 도구(Development Tool) 등이 있다.

대표적인 상용 게임 엔진으로는 언리얼 엔진(Unreal Engine), 크라이 엔진(Cry Engine), 유니티 3D 엔진(Unity 3D Engine), 하복 엔진(Havok Engine), 소스 엔진(Source Engine), 주피터 엔진 등이 있다. 이 중 가장 사용 빈도가 높은 언리얼, 크라이, 유니티 엔진과 같은 제품들은 모바일, PC, 콘솔 등 여러 플랫폼을 동시에 지원하며 한 번 코딩한 프로그램을 다른 플랫폼으로 비교적 쉽게 전환할 수 있기 때문에 크로스 플랫폼(cross platform) 게임 엔진이라고 부른다. 또한, 이들 엔진들은 최근 개인 사용자들을 위한 버전을 무료화하면서 개인 게임 개발자들의 호응을 얻고 있다.

실제로 게임 개발자들은 대체로 이러한 크로스 플랫폼 엔진을 바탕으로 개발을 진행하면서 하나의 게임을 단일한 플랫폼에서만 출시하지 않고 다양한 플랫폼에서 동시에 구동 가능하도록 만들고 있다.

1) 언리얼 엔진

언리얼 엔진은 에픽게임스에서 제공하는 게임 엔진이다. 1994년 에픽게임스의 첫 FPS 게임인 〈언리얼〉을 만들기 위해 제작되었다. 1세대 언리얼 엔진1부터 뛰어난 기술력을 인정받았고, 이후 지속적인 업데이트와 높은 안정성, 빠른 기술 지원 등으로 많은 게임 개발사가 이용하고 있다.

그림 10.1 언리얼 엔진[25]

초기에는 FPS 게임 개발을 위한 엔진이었지만 업데이트를 계속하면서 다양한 부가기능을 추가하여 현재는 MMORPG, 레이싱 등 다양한 장르의 게임 제작 및 콘솔, 모바일 플랫폼을 위한 게임 제작도 가능하다. 언리얼 엔진을 활용한 게임으로는 〈언리얼〉 시리즈, 〈기어스 오브 워〉 시리즈, 〈리니지2〉, 〈테라〉, 〈인피니티 블레이드〉, 〈서든 어택2〉 등이 있다.

2) 크라이 엔진

독일의 게임개발사 크라이텍에서 게임 〈파 크라이〉를 위해 개발한 게임 엔진이다. 크라이 엔진의 가장 큰 특징은 언리얼 엔진에 버금가는 고퀄리티 그래픽을 구사할 수 있다는 것이다. 특히 한 번에 표현할 수 있는 가시 거리가 넓고, 수면

---

25 출처: https://www.unrealengine.com

반사 효과, 지형 표현, 배경 처리 등에서 뛰어난 능력을 보여 준다.

크라이 엔진을 활용한 대표적인 게임은 〈파 크라이〉, 〈크라이시스 시리즈〉, 〈아이온〉, 〈이카루스〉, 〈아키에이지〉 등이 있다.

그림 10.2 크라이 엔진[26]

3) 유니티 3D 엔진

유니티 3D 엔진은 3D 게임을 비롯해 건축 시각화, 실시간 3D 애니메이션 같은 콘텐츠를 제작하기 위한 통합 제작 도구다. 천만 원 단위를 넘어가는 다른 게임 엔진에 비해 백만 원 단위로 가격이 매우 저렴하며, 직관적인 인터페이스로 초보자라도 쉽게 적응할 수 있다. 또한 윈도우, 맥, 리눅스 등의 PC 기반 플랫폼부터 플레이스테이션, Wii, Xbox 등의 콘솔 기반 플랫폼, iOS, 안드로이드와 같은 모바일 플랫폼까지 매우 다양한 플랫폼을 지원한다.

또한 유니티 3D 엔진은 에셋 스토어를 통해 개발자 간에 기술과 자료를 공유할 수 있도록 하고 있다. 에셋 스토어를 통해 소규모 개발사나 개인 개발자라도 캐릭터 모델, 소품, 자료, 질감, 풍경화 도구, 게임 제작 툴, 오디오 효과 등 게임 제작에 필요한 각종 자료를 유 · 무료로 구입 가능하다. 이와 같은 많은 장점들로

26 출처: https://www.cryengine.com

인해 전 세계 개발자의 이목을 끌고 있지만, 2D 게임 제작에 대한 지원이 부족한 것은 단점이다.

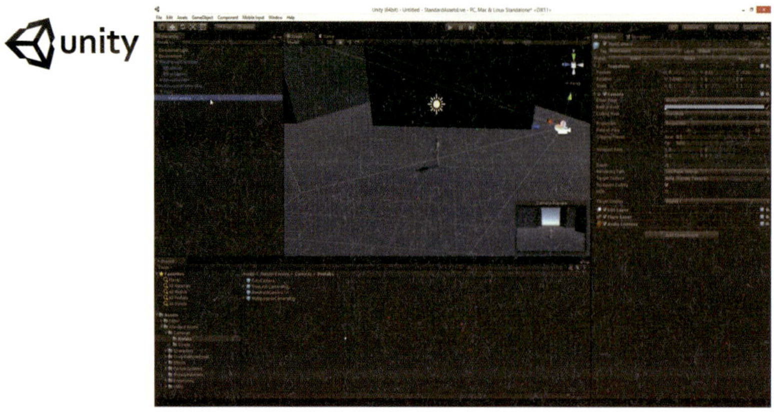

그림 10.3 유니티 3D 엔진[27]

4) 하복 엔진

하복 엔진은 아일랜드의 하복닷컴에서 제작된 물리 엔진이다. 원래의 명칭이 '하복 물리 엔진'으로 뛰어난 물리적 연산 기능을 제공하여 게임 내에 등장하는 각종 사물의 사실적인 움직임을 구현하는 데 특화되어 있다. 하복 엔진은 사실적인 움직임이 필요한 게임에는 거의 다 쓰이고 있다고 해도 과언이 아니다. 소스 엔진이나 주피터 엔진을 비롯한 게임 엔진들은 하복 엔진을 기본 탑재했을 정도로 많이 쓰이고 있는 엔진이다. 게임에 쓰일 목적으로 개발됐지만, 사실적인 묘사가 가능해 영화의 CG 제작에도 쓰인다. 영화 〈매트릭스〉, 〈찰리의 초콜릿 공장〉, 〈트로이〉 등이 하복 엔진을 활용해 CG를 제작하였다.

3. 게임의 응용

표준국어대사전에서는 게임을 규칙을 정해 놓고 승부를 겨루는 놀이라고 정

27 출처: https://unity3d.com

의하고 있으며, 위키피디아에서는 게임을 즐거움을 주는 구조화된 놀이라고 정의하고 있다. 최근의 게임은 단순한 놀이를 넘어 구조화된 예술로 인정받고 있으며 인간의 실생활과 떼려야 뗄 수 없는 밀접한 관계를 가진 미디어로 자리 잡아가고 있다.

스마트폰의 보급과 디지털 세대의 경제활동 참여가 확대되면서, 그들이 열광하는 게임의 본질에 의미를 두고 일상에 게임 디자인 요소들을 접목시켜 좀 더 재미있고 실생활에 근접할 수 있도록 활용하는 개념이 게임화다.

1) 게임화 개요

게임화는 '게임'에 '~化'를 붙인 말로, 이하에서는 우리말 '게임화'라는 용어를 사용하기로 한다. 게임화는 게임이 아닌 분야에 게임의 요소(게임적 사고와 기법)를 접목시켜 문제 해결, 지식 전달, 마케팅 등에 사용하는 것을 말한다. 게임화는 이미 많은 기업과 공공정책, 뉴스·미디어에서 교육, 보건·의료, 스포츠, 환경, 모의실험, 쇼핑 등 다양한 분야에 활용되고 있다.

게임화는 게임이 아니다. 이 개념은 〈앵그리버드〉나 〈스타크래프트〉 같은 컴퓨터 게임 그 자체를 뜻하는 것만이 아니며 게임 그 자체를 넘어서는 말이다. 게임화는 오래전부터 시도되어 왔지만 지금과 같은 개념의 게임화는 스마트폰의 도래 시점인 2008년경 디지털 마케팅 분야에서 처음으로 사용되었다.

2010년 초반 급부상한 게임화는 플레이어(소비자)의 동기유발과 몰입을 위해 게임 테크닉을 활용한다.

게임화의 대표적인 사례인 스마트폰과 소셜 네트워크 서비스(SNS)상의 게임화에 대해 알아보자. 페이스북, 트위터, 카카오톡(스토리), 밴드 등은 플레이어(SNS 사용자)들에게 기본적이지만 중독성 있고 몰입도 높은 게임 테크닉을 제공한다. 이들 SNS 속의 '라이크(like)', '친구(friend)', '팔로워(follower)', '리트윗(retweet)' 등의 숫자는 게임 프레임워크의 가장 중요한 요소인 포인트(point)다. 최근의 SNS는 '좋아요', '멋져요', '슬퍼요'와 같은 심리적 동기 부여 요소까지 적용하고 있다.

게임은 게임을 진행하면서 수행할 미션을 주고, 그 단계별로 보상과 처벌이 이루어지며, 이것이 적절한 난이도와 연계되었을 때 성취를 통한 즐거움을 제공한다. 게임의 구성 요소와 작동 원리를 게임 이외의 분야에 적용하는 게임화의 세 가지 구성요인은 다음과 같다.

(1) 재미

게임 디자이너가 정한 룰에 따라 플레이어는 자신의 목표를 갖고 보상을 향해 정해진 규칙에 따라 게임을 진행한다. 플레이어가 끝까지 적극적으로 게임을 하도록 하려면 볼거리와 흥미, 즐거움을 줄 수 있는 몰입 요소가 있어야 한다.

(2) 보상

보상(포인트) 기능은 게임화에서 참여율과 관심도를 높이기 위해 반드시 필요하다. 어떤 특정한 행동에 대하여 보상함으로써 플레이어의 만족감과 참여도가 높아지며, 계속해서 보상을 받으려는 동기를 만들어 줄 수 있다. 목표 성취도에 따라 플레이어들에게 배지나 레벨을 부여하고 플레이어는 이를 통해서 자신의 스코어를 확인하며 얼마만큼의 목표를 달성했는가를 알 수 있다.

(3) 경쟁

다른 플레이어와 관계 맺기는 게임을 지속하게 하는 연계성을 제공하며 동기감, 도전감, 공동체 형성을 가능하게 한다. 레벨 업이나 캐릭터 성장 등을 실시간으로 보여 주어 플레이어들 간의 경쟁을 유도할 수 있다. 또한 플레이어의 랭킹과 같은 경쟁의 결과를 실시간으로 보여 줌으로써 이용자들의 참여율을 높일 수도 있다.

2) 게임화 사례

(1) 폭스바겐의 신차 마케팅

독일 자동차업체인 폭스바겐은 신차 골프 블루모션의 효율적인 연비를 광고하기 위해 게임화를 적용한 마케팅을 진행했다. 게임은 폭스바겐의 골프 블루모션이 디젤 연료 탱크를 가득 채우고 고속도로를 달려, 언제 어디서 연료가 떨어지는지를 알아맞히는 내기에 사용자들을 참여시키는 방식이고, 정확하게 맞힌 사람에게 이 차를 경품으로 준다. 응모기회가 한 번뿐이었기 때문에 사용자들은 당첨 확률을 높이기 위해 이 차의 장점이나 블루모션의 기술을 자세히 공부하고, 공기 역학을 테스트해야 했다. 사용자들은 차가 주행하는 동안 캠페인 상황을 실시간으로 확인할 수 있었고, 자동차의 위치, 속도, 연료량 등이 캠페인 사이트와 소셜 미디어를 통해 전파되었다.

(2) 포스퀘어(Foursquare)의 위치 기반 소셜 네트워크 서비스

이 서비스는 사용자가 위치를 올릴 때마다 포인트를 주고 일정 포인트가 모이면 배지(badge) 인증으로 흥미를 유발하는 전략을 사용했다. 포스퀘어의 성공으로 여러 IT 기업에서 게임화에 관심을 갖게 되었고 다양한 분야에서 게임화의 움직임이 나타나기 시작했다.

(3) 웹 게임 〈폴드잇(Foldit)〉

미국 워싱턴대 연구진이 개발한 웹 게임 〈폴드잇〉은 단백질의 구조와 기능을 쉽게 찾아내기 위해 집단지성을 이용하자는 취지로 만들어진 3차원 퍼즐 게임이다. 단백질의 구조와 기능은 컴퓨터로 풀어낼 수 있지만, 계산해야 할 범위가 엄

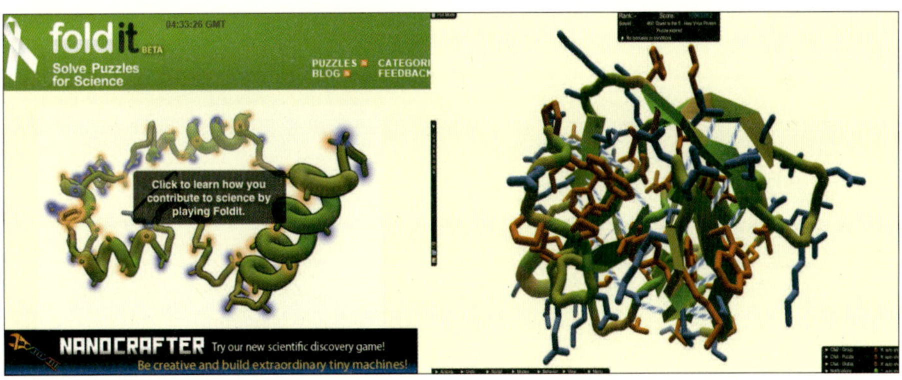

그림 10.4 〈폴드잇〉 게임[28]

28 출처: https://fold.it/

청나게 커 구조 규명에 매우 오랜 시간이 걸린다. 폴드잇을 개발한 연구진은 직관이 필요한 3차원 퍼즐에는 인간이 컴퓨터보다 훨씬 유능하다는 점을 이용해, 게임으로 아미노산 배열 순서를 파악하고자 한 것이다.

3차원 모형에서 아미노산 배열 순서를 찾아내는 과정은 퍼즐과 동일하다. 생물학 지식이 없어도 각각의 아미노산 분자들이 상호작용하는 규칙만 파악하면 블록 20개를 조합해 복잡한 모양을 만들어 내는 방식으로 단백질 구조를 분석할 수 있다. 실제로 2011년 9월에는 세포 내에서 에이즈 바이러스가 증식하는 데 필요한 단백질의 구조를 폴드잇을 통해 알아냈다. 10년간 수많은 과학자들이 분석하려 했지만 해결하지 못했던 문제를 전 세계의 게이머(gamer) 6만여 명이 10일 만에 해결한 것이다.

chapter 11

가상현실

가상현실(VR: Virtual Reality)은 컴퓨터로 만든 가상의 공간에서 일상에서 경험하기 어려운 환경이나 상황을 실제로 체험하는 것처럼 만들어 주는 인간과 컴퓨터 사이의 인터페이스를 말한다. 컴퓨터로 합성한 공간 속으로 들어가 다양한 체험을 할 수 있다.

1. 가상현실 개요

먼저 컴퓨터로 3차원의 가상 환경을 만들고, 사용자들은 다양한 입출력 장치를 통해 이를 이용하며 현실에서 상호작용하는 것처럼 느끼게 된다. 다른 말로 인공현실, 사이버 공간, 가상 세계, 가상 환경, 합성 환경, 인공 환경이라고 한다. 가상현실을 실현하려면 3차원 그래픽 기술과 사용자의 요구에 적절히 반응하는 상호작용 요소, 상황의 변화에 따라 영상을 생성하는 실시간 렌더링 기술 등이 필요하다.

가상현실의 역사와 발전 배경은 컴퓨터의 하드웨어 및 소프트웨어 기술의 발전과 매우 관련이 깊다. 최초의 가상현실 시스템은 1968년 유타대학의 이반 서덜랜드가 개발한 HMD(Head Mounted Display)라고 알려져 있다. '가상현실의 아버지'라 불리는 이반 서덜랜드는 「투구형 3차원 디스플레이(A Head-Mounted Three Dimensional Display)」라는 논문에서 HMD를 구상하는데, 이는 두 개의 작은 CRT(Cathode-Ray Tube)로 이용자의 두 눈을 둘러싸고 입체적인 영상을 제공하는 것이었다. 그 후 1970년대 후반 컴퓨터 기술을 이용한 군사 분야에 응용하기 시작했으며, 가상현실이란 용어는 1989년부터 널리 알려지기 시작했다.

가상현실은 다음의 세 가지 중요한 특징을 갖는다.

1) 존재감과 몰입감

효과적인 가상현실은 사용자에게 3차원 공간에 있는 것 같은 실재감과 컴퓨터 세계 속으로 빠져드는 몰입감을 제공해야 한다. 몰입을 위한 장치로는 HMD, 데이터 글로브(Data Glove), 3D 위치 추적기 등이 있다.

2) 상호작용

사용자가 가상현실에 몰입하기 위해서는 물리적인 하드웨어를 이용해 가상현실 속에 있는 대상들과 상호작용을 하고 적절한 피드백을 받을 수 있어야 한다. 기본적인 상호작용은 네 단계로 이루어진다.

- 항행: 사용자가 특정 행동을 취하지 않고 자유롭게 이동하는 것
- 선택: 어떤 의도를 가지고 특정 대상에 접근하는 것
- 조작: 선택한 대상의 속성을 변경하는 행동을 취하는 것(일반적으로 선택과 조작 작업은 동시에 일어남)
- 변경: 시스템 제어 시 특정 행동이 감지되는 경우 가상환경의 상태가 변화되는 것

일반적으로 인간과 디스플레이 장치는 그래픽을 이용하는 그래픽 사용자 인터페이스 방식으로 상호작용한다. 사용자의 음성이나 제스처 등을 이용한 다양한 상호작용 방식이 있다.

3) 자율성

가상환경 내의 물체나 생명체가 자율적인 행동을 해야 한다. 이는 실세계와 같이 외부의 자극이나 스스로의 욕구에 의해 자유롭게 움직일 수 있다는 것을 의미한다. 가상현실은 사용자와 상호작용이 가능하지만 가상공간에서 사용자의 경험을 창출한다는 점에서 자율성이 보장되며 이것이 일반적인 시뮬레이션과 구분되는 점이다.

2. 가상현실의 종류

가상현실의 종류는 몰입의 정도에 따라 몰입형 가상현실 시스템과 비몰입형 가상현실 시스템으로 나눌 수 있다.

1) 몰입형 가상현실 시스템

몰입형 가상현실 시스템은 가상현실을 구현하기 위한 가장 이상적인 형태다. 헬멧과 글로브를 착용하는 HMD 방식과 비디오 플레이에 의한 CAVE(Computer Assisted Virtual Environment) 방식이 있다. 다른 가상현실 기술에 비해 비용이 많이 들어 산업용이나 연구 실험용으로 주로 이용되고 있다.

(1) HMD 방식

컴퓨터로 만든 3차원 환경에 HMD, 데이터 글로브, 데이터 옷 등의 특수 장비를 착용하고 위치 및 방향 추적 장치를 통하여 사용자의 행동에 따라 가상공간의 환경을 경험하고 상호작용한다. 〈그림 11.1〉에서 보듯이 사용자는 장비를 착용하고 현실과 완전히 차단된 가상환경만을 볼 수 있다.

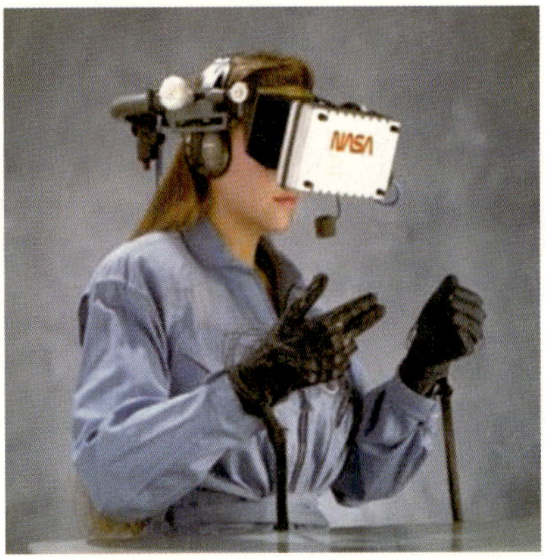

그림 11.1 HMD와 데이터 글로브를 착용한 모습[29]

---

29 출처: http://www.explainthatstuff.com/virtualreality.html

(2) CAVE 방식

최근에는 벽면과 천장까지 영상을 투사하는 프로젝션 룸을 설치하고 가상환경에 몰입하는 CAVE 시스템을 이용하여 가상현실을 구현하기도 한다. 고해상도 빔프로젝트를 이용하여 밀폐된 공간의 사면에 입체 영상을 투사한다. 주로 5명 이하 인원이 스테레오 안경을 쓰고 CAVE 안에서 움직이는데, 보이는 이미지의 왜곡이 없어 실감 나는 가상공간을 체험할 수 있는 장점이 있다. 의료 분야나 항공기 모의비행, 군사용으로 많이 사용된다.

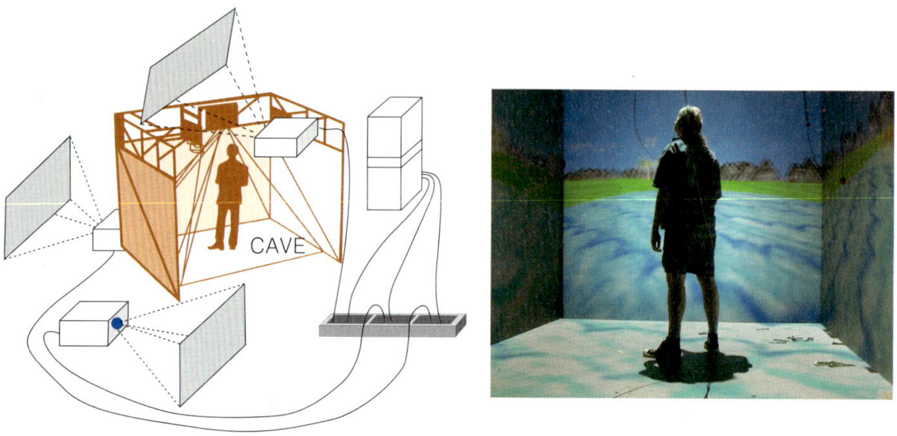

그림 11.2 CAVE 시스템[30]

2) 비몰입형 가상현실 시스템

비몰입형 가상현실 시스템은 컴퓨터 모니터 화면상의 가상현실과 상호작용하는 가장 초보적인 구현 방식이다.

(1) 탁상형 가상현실 시스템

일반 모니터 화면을 사용자가 직접 보면서 간단한 입체 안경, 조이스틱 등을 이용하여 가상현실을 체험한다고 해서 탁상형 가상현실 시스템이라고 한다. 기본적으로 3D 모델링 툴을 이용하고 키보드나 조이스틱 등으로 상호작용한다. 가

30 출처: https://en.wikipedia.org/wiki/Cave_automatic_virtual_environment

상현실에 대한 몰입감은 떨어지나, 안정적이고 비교적 적은 비용으로 입체 영상을 구현할 수 있어 일반인들도 접하기가 쉽다. 주로 게임, 쇼핑, 교육, 건축 등의 분야에 많이 사용된다.

(2) 웹 기반 가상현실

웹 기반 가상현실은 인터넷을 통하여 사용자의 모니터에 3차원 모델을 제공해 가상현실을 구현하므로 탁상용 가상현실과 매우 유사하다. 웹 기반 가상현실 시스템은 크게 두 가지로 나뉜다. 하나는 다수의 클라이언트 컴퓨터들을 네트워크로 상호 연결하고 다수의 참가자들이 서로 대화하며 접촉하는 웹 기반의 가상공간을 형성하는 것이다. 다른 하나는 현실의 박물관과 같은 실제 환경을 사용자들이 가상으로 체험할 수 있는 하나의 공간으로 제공하는 것이다. 웹 기반 가상현실의 국제 표준으로는 VRML/X3D, 퀵타임(QuickTime) VR 등이 있다.

(3) VRML/X3D

VRML/X3D는 인터넷을 기반으로 가상공간을 구현하고 3차원 물체를 모델링하기 위해 만들어진 국제 표준 프로그래밍 언어다. VRML/X3D로 구현된 3차원 모델과 가상공간은 별도의 비용 없이 웹에 게시 가능하며, 웹을 기반으로 하는 언어이기 때문에 3차원 물체를 보기 위해서는 전용 뷰어가 필요하다.

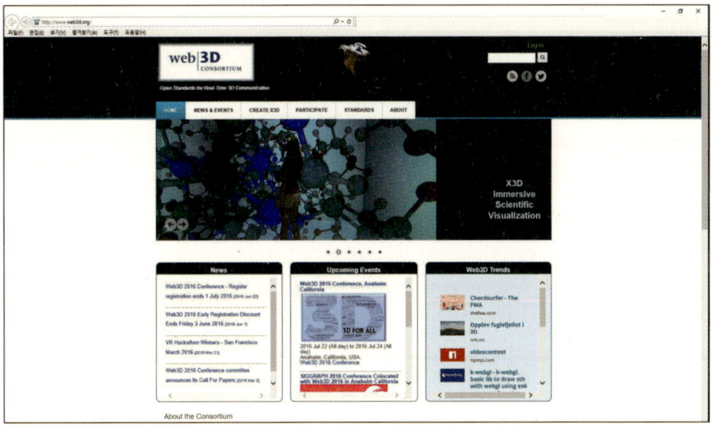

그림 11.3 Web3D의 홈페이지

Web3D의 웹사이트(http://www.web3d.org)에 접속하면 다양한 웹 기반 정보를 참조할 수 있다.

(4) 퀵타임 VR

퀵타임 VR은 1995년 미국의 애플사에서 만든 VR 툴로서 현재 사용되고 있는 실사(사진) 기반 VR 툴의 모태가 된다. 애플 내 휴먼 인터페이스 그룹이 개발한 일종의 360도 사진 형태의 VR 기술이다. 프로그래밍 언어가 아닌 실제 사진을 360도로 찍고 이를 연속적인 이미지로 이어 붙여 가상공간을 구현한다. 사용자는 마우스로 사진을 움직이며 입체적인 공간을 감상할 수 있다.

우수한 압축 기술을 기반으로 초기 개발 단계에서 동일 파일 사이즈 대비 최고의 퀄리티를 가지고 있다. 현재 미국에서 가장 많은 사용자를 확보한 프로그램이다. 파일 제작 환경은 매킨토시에서만 가능하며, 압축 방식에 따라 다양한 용량과 품질로 제작할 수 있다.

3. 가상현실 활용

가상현실은 인간의 오감을 기초로 구현되는 가상의 세계이므로 현실세계의 모든 분야에 활용할 수 있다. 사이버 공간구축, 건축/설계, 게임, 교육 및 엔터테인먼트 분야 등에 활발하게 이용되며, 교육, 고급 프로그래밍, 원격조작, 원격위성 표면탐사, 탐사자료 분석, 과학적 시각화 등에도 응용된다.

1) 사이버 공간 구축

대다수의 웹 사이트들은 2차원으로 이루어져 있으나 사용자들의 현실감을 증가시키기 위하여 3차원 가상공간에 웹 사이트를 구축하는 사례가 최근 증가하고 있다. 박물관, 대학교, 사이버 쇼핑 등의 사이트들은 현실 공간을 기반으로 3차원의 가상공간을 구축하고 다양한 시설물과 물건 등을 배치하여, 사용자들이 실제로 해당 장소를 방문하지 않고도 가상공간의 내부를 자유로이 돌아다니며 체험할 수 있다. 대표적인 가상공간으로 구글 아트 프로젝트를 들 수 있다. 뉴욕의 메트로폴리탄 뮤지엄, 상트 페테부르크의 에르미타주 미술관 등 세계 유명 미술관의 내부를 스트리트 뷰와 같은 방식으로 이동하고 시선을 360도 회전하면서 볼 수 있게 한 서비스다. 작품이나 미술관으로 검색하면 구글 아트 프로젝트에서 제공하는 많은 미술관의 가상투어를 이용할 수 있다.

2) 건축/설계

건축/설계 분야에 가상현실 기술을 활용하면 2차원의 설계도면에서 탈피하여 건축물이 실제 완성되었을 때의 모습을 미리 확인할 수 있다. 설계자의 입장에서는 설계 시 발생할 수 있는 오류와 설계에 대한 소비자의 반응을 예측할 수 있어 추후 변경을 최소화할 수 있다. 또한 소비자 입장에서는 건축물의 완공 시 발생할 수 있는 문제점을 예견하고 자신의 취향을 미리 설계에 반영함으로써 만족도를 높일 수 있다.

최근 세계 각국은 건축과 설계 분야의 3차원 모델링의 중요성을 인지하고 그에 대한 표준안을 마련하여 이를 건축에 적용할 것을 의무화하고 있다. 표준안에 따르면 기존의 2차원 설계 건축 방식을 3차원으로 의무화하고 모든 건축물이 3차원 모델링 형태로 소비자에게 제공되어야 한다. 따라서 소비자들은 가상 모델하우스 등을 통하여 본인의 취향대로 인테리어를 미리 시뮬레이션할 수 있다.

3) 교육, 엔터테인먼트

시뮬레이션을 이용한 교육과 훈련은 가상현실이 등장한 배경으로 그 효과가 매우 크다고 할 수 있다. 모의 비행훈련 시스템이나 실내 운전연습과 같은 교육시스템을 이용하면 기기의 조작이나 다양한 환경 변화에 대한 대비 훈련이 가능하다.

그림 11.4 마이크로소프트 플라이트 시뮬레이터

4) 게임

3차원 가상 게임은 가상현실 기술의 활용이 가장 높은 분야다. 축구 등의 스포츠 게임이나 전투 게임을 3차원으로 제작하면 게이머는 직접 축구 선수가 되거나 전투에 참가하는 것과 같은 현실감을 느낄 수 있다. 더 높은 몰입감과 실재감을 느끼려면 HMD와 같은 보조 하드웨어 장치가 필요하지만 소프트웨어로 구현된 3차원 게임만으로 충분히 만족할 만한 구현이 이루어지고 있다.

소셜 네트워크 게임이란 소셜 네트워크 서비스를 기반으로 인적 네트워크 형성을 목적으로 즐기는 게임을 이르는 말이다. 대표적인 소셜 네트워크 게임으로 〈세컨드 라이프〉가 있다.

〈세컨드 라이프〉는 린든 랩이 개발한 인터넷 기반의 가상세계로 2003년에 시작되었다. 국내에는 2007년에 서비스되었으나 2009년에 중단되었다. 온라인 3D 가상세계에서 또 다른 자아를 만들어 현실세계와 유사한 방식으로 삶을 살아가는 게임이다. 이 가상세계에는 땅, 건물과 같은 부동산을 비롯해 회사, 대학, 심지어 대사관까지 있다. 한마디로 제2의 인생을 살 수 있도록 현실세계와 또 다른 이상적인 삶의 공간을 가상으로 만든 것이다. 세컨드 라이프에서 3D물체를 제작할 수 있는 툴이 갖추어져 있어서 주민은 건물이나 의상 등을 제작할 수 있고, 제작된 물건을 판매할 수도 있다. 이러한 가상세계의 삶이 현실에서 부족한 점을 보상하는 측면도 있으나 화폐 교환과 부의 축적 등 또 다른 사회적인 문제를 발생시킬 여지도 충분히 있다.

4. 가상현실 시스템의 구현

가상현실 시스템을 구현하기 위해서는 인간의 오감을 기반으로 한 다양한 입출력 하드웨어 장치와 하드웨어를 제어하고 실행하기 위한 소프트웨어가 필요하다.

1) 하드웨어

가상현실 시스템의 하드웨어는 크게 입력장치, 그래픽 렌더링 시스템, 출력장치로 나뉜다.

입력장치는 사용자의 위치와 방향, 움직임 등의 정보를 획득하고, 렌더링 시스템은 획득한 사용자 정보를 데이터베이스에 반영하여 실시간으로 변화된 3D 영상과 음향을 만들어 낸다. 출력장치는 렌더링 시스템이 만들어 낸 3차원 영상, 음향 등의 정보를 사용자에게 출력한다. 〈그림 11.5〉는 가상현실 시스템의 구성을 보여 준다.

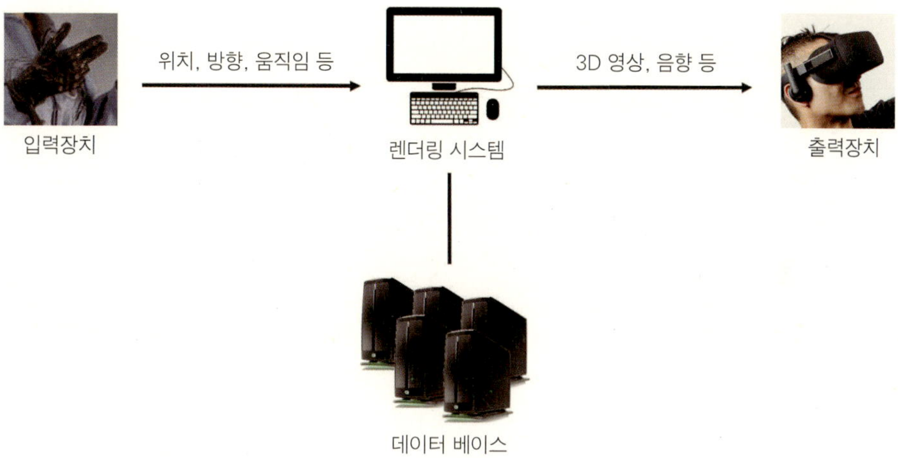

그림 11.5 가상현실 시스템의 구성

(1) 입력장치

3차원 공간 내에 있는 사용자의 위치와 방향, 움직임 정보를 가상현실 시스템에 전달하기 위해서는 다양한 장비가 사용된다.

데이터 글로브는 일반적인 장갑 형태의 옷감에 센서를 집어넣어 사용자의 손가락 움직임에 따라 데이터를 컴퓨터에 입력시키는 장치다. 사용자의 움직임을 감지하기 위해서는 초음파, 적외선, GPS 수신장치, 자기장 센서 등이 사용된다.

최근에는 적외선을 이용한 모션캡쳐 제품들이 많이 상용화되고 있다. 적외선을 이용한 장치의 장점은 사용자의 움직임이 자유롭다는 것이다. 사용자가 적외선을 반사하는 장치를 몸에 부착하고, 적외선 카메라나 센서로 반사된 적외선 양을 감지하는 방법이다. 과거에는 소수의 센서만을 이용하였으나 최근의 시스템 성능 향상에 따라 다량의 센서로 얼굴 근육의 움직임까지 잡아내는 수준까지 이르렀다. 개인이 사용가능한 적외선을 이용한 3D 카메라 장치로는 마이크로소프트의 키넥트(Kinnect)를 들 수 있다. 닌텐도의 Wii는 진동과 회전을 감지하는 자이로(Gyro) 센서를 이용하여 움직임을 추적한다. 자이로 센서는 자이로스코프의 원리를 응용한 방위 측정 장치로 진동과 기울기 등을 감지한다.

이 외에도 3D 마우스나 3D 볼(Ball), 사이버스틱(Cyberstick) 등이 있다.

(2) 그래픽 렌더링 시스템

렌더링 시스템은 입력 정보와 데이터베이스 그리고 컴퓨터 프로그램을 이용하여 실시간으로 가상환경을 만들어 낸다. 사용자가 가상현실에 몰입하기 위해서는 현실세계와 같은 자연스럽고 연속적인 화면 전환이 필요하다. 이를 위해 렌더링 시스템은 가상세계의 사용자의 움직임에 따라 연속적인 화면을 계속 만들어 내야 한다. 사용자의 자연스러운 움직임을 표현하기 위해서는 초당 25~30장의 화면이 필요하다. 이런 작업은 많은 연산이 필요하므로 일반적인 프로세서로 작업하는 것은 상당한 부담이 된다. 따라서 그래픽 렌더링은 전용 그래픽 처리장치를 이용하는 것이 좋다.

최근에는 CPU와 GPU의 성능 향상으로 PC에서도 충분히 구현 가능하다. PC용 가상현실 시스템을 구성하기 위해서는 VRML/3D나 3D 그래픽스 라이브러리(OpenGL, Direct3D 등)를 지원하는 그래픽 장치가 필요하다.

대표적인 GPU로는 엔비디아(NVIDIA)사의 지포스(GeForce), AMD사의 라데온(Radeon) 등이 있으며 최근에는 인텔과 AMD에서 CPU 내에 GPU를 넣어 외부 그래픽 카드가 없어도 그래픽 작업을 할 수 있는 제품도 출시하고 있다.

(3) 출력장치

인간의 오감 중 시각을 통해 얻을 수 있는 정보는 약 70%라고 한다. 가장 대표적인 시각장치인 모니터의 경우 인간의 시각을 기준으로 56도 정도밖에 보여 주지 못하며, 우리는 모니터를 비몰입형 가상현실 출력장치로 이용한다.

인간의 시각을 극복한 몰입형 장치로 HMD를 들 수 있다. HMD에는 공간 추적 센서가 부착되어 있어 사용자의 주시방향과 회전을 감지할 수 있다. 또한 헬멧 모양의 HMD는 영상을 입체적으로 보기 위해 두 눈 앞에 고해상도의 작은 모니터를 포함하고 있다. 컴퓨터가 영상정보를 전송하면 HMD는 이를 입력 데이터로 받아 영상을 디스플레이하게 된다. 영상이 사용자의 바로 눈앞에서 디스플레이되므로 인간의 시야와 비슷한 느낌은 받지만 장시간 착용 시 어지러움(Motion Sickness)을 유발할 수 있다. 또한 착용감이 떨어지는 게 단점이다. 하지만 2차원과 3차원 화면 간의 전환이 용이하고 센서 범위 내에 있는 여러 사람이 동시에 사용 가능하다.

최근 출시된 대표적인 HMD로 오큘러스 리프트(Occulus Rift)와 HTC 바이브(Vive), 삼성의 기어 VR 등이 있다. 세 가지 제품 모두 OLED를 사용하고 있다. 가상현실에서 가장 중요한 현실감을 구현하기 위해서 화면 지연이 없고 높은 해상도를 구현할 수 있는 OLED를 채택한 것이다. LCD를 사용한 초창기의 HMD는 디스플레이의 상대적으로 느린 반응 속도와 낮은 해상도 등으로 어지러움을 느끼는 경우가 많았지만 OLED를 사용한 최신 HMD 기기들은 이러한 단점이 상당히 개선돼 화질 저하와 어지러움 증세가 대폭 줄었다는 평가를 받고 있다.

2) 소프트웨어

가상현실을 제작하기 위해서는 3D 물체를 생성하고 편집하는 3D 모델링 소프트웨어와 가상현실 시스템의 입출력 장치를 통해 다양한 데이터를 통합하고 제어하는 VR 응용 소프트웨어가 필요하다.

(1) 3D 모델링 소프트웨어

가상세계를 구성하는 3차원 물체를 생성하고 편집할 수 있는 소프트웨어로 3D 물체 모델링과 텍스처 매핑, 특수 효과, 애니메이션, 렌더링 등의 과정을 포함한다. 3D 제작을 위한 소프트웨어로는 3ds Max, Maya, Z-Brush 등이 있으며, 영화, 광고, 애니메이션 제작 등에도 사용된다.

3D 그래픽 소프트웨어는 3D 물체를 렌더링하는 것이 목적이므로 3D 물체를

웹 브라우저로 보기 위해서는 웹 기반 프로그램으로 변경하는 절차가 필요하다. 이러한 문제점을 해결하기 위해 등장한 소프트웨어가 웹 기반 소프트웨어다. 웹 기반 소프트웨어로 구현된 3D는 별도의 변환과정 없이 3D 전용 뷰어만 있으면 웹에서 직접 3D 물체를 볼 수 있다. 웹 기반 소프트웨어는 앞에서 소개한 VRML/X3D가 있다. X3D는 VRML의 차세대 버전으로 개방된 언어를 사용하므로 누구나 개발할 수 있다. VRML/X3D로 구현된 3D 물체를 보기 위해서는 VRML/X3D

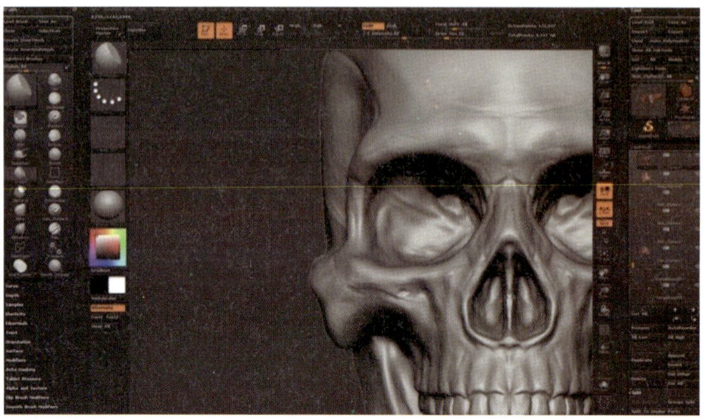

그림 11.6 Z-Brush를 이용한 3D 모델링

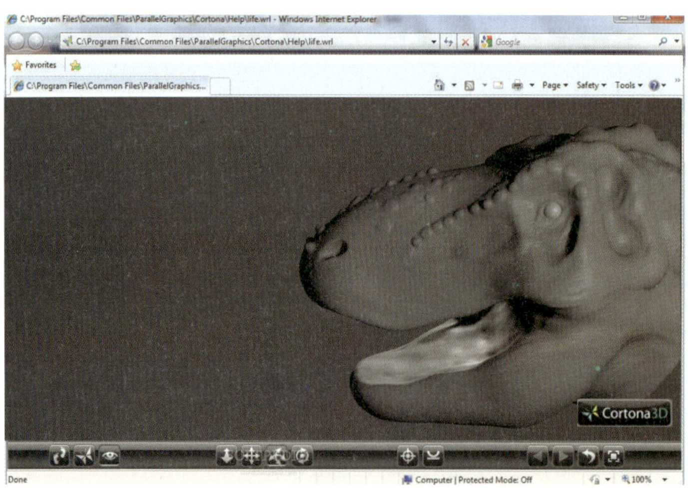

그림 11.7 Cortona 3D Viewer

전용 뷰어가 필요하다. VRML/X3D 전용 뷰어는 VRML/X3D 형식의 파일을 3D 화면으로 렌더링하기 위해 독립된 브라우저 형태로 제공되지 않고 플러그인 형태로 제공된다. 대표적인 전용 뷰어로는 Cosmo Player, Cortona, Community Place 등이 있다.

(2) VR 응용 소프트웨어

가상현실 시스템에서 사용자와 입출력 정보를 처리하고 3D 물체의 배치, 관리, 애니메이션 등의 기능을 지원하며 모든 구성요소들을 통합하고 관리하는 소프트웨어다. 3D 가상현실 개발을 위한 소프트웨어로 SGI IRIS Performer, Cosmo Worlds, AC3D, C-Realm Builder 등이 있고 최근에는 유니티와 같은 게임 엔진을 이용하여 가상현실을 제작하기도 한다.

5. 증강현실

1) 증강현실 시스템

증강현실(Augmented Reality, AR) 시스템은 실제 환경에 3차원 가상 환경을 결합하여 실제세계에 존재하는 것처럼 보이도록 하는 가상현실 기술이다. 즉, 현실세계의 정보를 카메라 등을 통하여 입력하고 컴퓨터가 만들어 낸 가상 물체와 혼합하여 하나의 영상으로 보여 주는 복합형 가상현실 시스템(Hybrid VR System)이다. 인간의 감각과 인식을 확장한다는 측면에서 확장현실이라 부르기도 한다.

가상현실은 단순히 현실세계를 흉내 낸 가상의 환경만을 대상으로 하였으나, 증강현실은 가상현실에 실제세계를 접목한 형태로 사용자는 더욱 현실감을 느낄 수 있다. 증강현실 기술에서 가장 중요한 기술적 논제 가운데 하나는 어떻게 넓은 작업 범위를 지원하느냐다. 현실세계는 가상세계에 비해 매우 거대하다. 가상현실 환경에서 우리는 멀리 돌아다니며 조작할 필요가 없다. 하지만 현실세계의 환경에서는 매우 넓은 영역을 돌아다녀야 한다. 과거에는 사용자가 카메라와 컴퓨터를 들고 다니며 사물을 인식시켜야 했으므로 증강현실을 체험하는 것이 어려웠으나 최근 스마트폰의 등장으로 일반인들도 쉽게 증강현실을 체험할 수

그림 11.8 스마트폰을 이용한 증강현실

있게 되었다.

예를 들면, 〈그림 11.8〉과 같이 사용자가 스마트폰에 장착된 카메라로 주변에 있는 건물을 비추면 이에 대한 정보가 서버로 전송된다. 서버에서는 그 건물에 대한 추가 정보를 사용자의 스마트폰에 재전송하여 사용자가 볼 수 있도록 하는 것이다.

2) 증강현실의 종류

현실세계에 증강된 정보를 부가적으로 보여 주기 위해서는 데이터베이스에 필요한 정보를 사전에 등록해 놓아야 한다. 데이터베이스에 등록될 증강정보는 단순한 텍스트일 수도 있고, 이미지나 3D 객체일 수도 있다. 경우에 따라서는 촉각 또는 후각 정보일 수도 있다.

증강현실의 성능은 현실세계를 얼마나 증강시키느냐에 달려 있다. 이는 증강현실 시스템에서 현실세계의 위치를 정확히 측정하는 작업이 매우 중요함을 의미한다. 다양한 장비로부터 현실세계의 좌표와 이미지 등의 정보를 획득하는 과정을 이미지 등록(image registration)이라 한다. 이미지 등록은 두 개의 과정으로 이루어진다. 첫 번째는 현실세계의 정확한 좌표를 얻는 과정이며, 두 번째는 획득한 정보를 현실세계의 좌표와 함께 저장하는 과정이다. 사용자가 저장된 좌표에 있는 현실세계 이미지를 요구하면 증강현실 시스템이 데이터베이스에 저장된 부가정보를 사용자에게 전송함으로써 사용자는 현실을 증강하게 된다.

(1) 위치기반 증강현실

위치기반 증강현실 기술은 스마트폰의 보급으로 가장 일반적으로 사용되고 있는 증강현실 기술이다. 스마트폰에 내재된 GPS 등을 통해 수집된 위치 정보를 바탕으로 증강정보를 제공하는 형태다. 주로 주변 정보를 제공하거나 길 찾기, 모바일 광고 등에 활용되고 있다.

위치기반 증강현실 시스템은 위치 정보에 따른 기존 데이터베이스를 지속적으로 업데이트하는 것이 매우 중요하다. 업데이트가 늦어질 경우 과거의 증강정보가 제공되어 정보의 신뢰성이 떨어진다.

(2) 마커 인식 증강현실

마커(Marker) 인식을 이용한 증강현실은 가장 오래된 증강현실 기술이다. 카메라를 통해 특정 마커의 위치를 인식하고 증강정보를 제공한다. 물론 해당 마커를 인식할 수 있는 프로그램이 구축되어 있어야 한다.

마커의 형태는 컴퓨터 비전 인식이 쉬운 단순한 형태가 일반적이며 최근에는 QR 코드가 많이 이용되고 있다. 마커의 인식에 따라 증강정보가 제공되므로 정확한 정보 전달이 요구되는 서비스에 사용된다. 예를 들어 쇼핑 카탈로그, 잡지 등에 마커를 삽입하고 사용자가 카메라로 인식시키면 부가정보가 제공되는 형태다.

상업성이 큰 마커 인식 증강현실은 마커의 정확한 인식이 중요하므로 마커의 관리가 매우 중요하며 마커의 훼손 시에는 새로 제작해야 한다.

따라서 최근에는 마커 없이 증강정보를 제공하는 형태가 등장했다. 즉 실재 물체나 이미지를 마커처럼 사용하는 것이다. 마커 없는 증강현실 기술은 카메라의 정밀한 사물 인식 기술이 필요하다. 〈그림 11.9〉는 한국의 제니텀 소니에서 개발한 무마커식 증강현실 기술이다. 예를 들어 소녀시대 사진에 증강현실 콘텐츠를 입혀 놓고, 증강현실 앱으로 소녀시대 사진을 비추면 소녀시대의 뮤직비디

그림 11.9 마커 없는 증강현실 기술[31]

오 콘텐츠가 열리는 식이다.

3) 증강현실 기기

2015년 판매가 중단된 구글 글래스는 대표적인 AR 기기였다. 증강현실의 대명사로 불리던 구글 글래스는 현재 판매가 중단되었지만 다시 한번 재기를 노리고 있다.

최근 공개된 증강현실 기기로 마이크로소프트사의 '홀로렌즈(Hololens)'가 있다. 홀로렌즈 AR 헤드셋을 머리에 쓰면 고글이 달린 안경 모양의 반투명 디스플레이에서 컴퓨터 그래픽을 만들어 낸다. 이때 렌즈에 맺힌 영상이 실제 사물 위에 중첩되어 우리는 현실과 가상을 동시에 보게 되는 것이다.

또 하나의 증강현실 기기 사례는 '매직 리프(Magic Leap)'가 있는데, 매직 리프에 탑재된 투명 렌즈에 빛을 투사해 망막에 반사하게 만드는 초소형 프로젝터를 이용한다.

---

31 출처: https://www.youtube.com/watch?v=ZwA41ZRsK1M

그림 11.10 마이크로소프트의 '홀로렌즈'[32]

그림 11.11 증강현실 기기 '매직 리프'의 데모 영상[33]

---

32 출처: https://www.microsoft.com/microsoft-hololens
33 출처: https://www.youtube.com/watch?v=kw0-JRa9n94

4) 증강현실의 활용

증강현실은 비행기 조종석이나 자동차 운전석의 헤드 업 디스플레이(HUD: Head Up Display), 게임, 지도 검색, 대중교통 환승 정보 등 다방면에 활용되고 있다.

그림 11.12 헤드 업 디스플레이

chapter 12

홀로그램

입체영상의 원리는 인간의 양안시차를 이용하여 2차원의 이미지를 인간의 뇌가 마치 3차원인 것처럼 인식하여 입체감을 느끼게끔 하는 것이다. 인간의 두 눈은 서로 다른 위치에서 사물을 바라보기 때문에 두 눈 사이의 거리만큼 시차가 발생하는 것이다.

최근 인간이 원하는 완전한 3차원 입체상을 실현하기 위해 시청 위치의 제약이 없고 자연스런 화상표현이 가능한 홀로그램이 주목받고 있다. 홀로그램을 제작하기 위한 모든 기술적 과정과 원리를 홀로그래피라 한다. 홀로그램 기술은 공간에 존재하는 완전한 입체물을 만들어 냄으로써 3차원 입체 영상의 중요한 표현 요소의 사용 영역을 확대해 나가고 있다. 홀로그램 영상 표현의 표준은 아직 정립되지 않은 상태이며 부피를 최소화하고 경제성을 갖춘 실시간 서비스 제공 홀로그램 기반 시스템 개발이 다양하게 추진되고 있다.

1. 홀로그램 개요

홀로그램 기술은 안경 없이 입체 영상을 구현해 낼 수 있는 최고의 기술로 평가받고 있지만, 여러 가지 기술적 문제 때문에 현재 상용화되지는 못하고 있다. 따라서 최근 공연이나 전시에서는 진정한 의미에서의 홀로그램이 아닌 유사 홀로그램 기술을 사용하고 있다.

유사 홀로그램 기술은 실제 레이저 장비를 이용하는 것이 아니라 고해상도 프로젝터로 영상을 쏘아 2차원의 투명 스크린에 투사하는 홀로그래픽 프로젝션 방식이다. 최초의 유사 홀로그램 기술 활용 사례는 1862년 영국의 발명가 헨리 더

그림 12.1 최초의 홀로그램 〈페퍼의 유령〉

크(Henry Dirk)가 고안한 〈페퍼의 유령(Pepper's Ghost)〉이다.

2. 홀로그래픽 프로젝션

이 절에서는 유사 홀로그램 방식으로 현재 상용화되어 있는 3차원 홀로그래픽 프로젝션의 두 가지 투사 방식(반사형, 투과형)의 원리와 활용 영상, 그리고 해당 영상에서 사용한 상호작용 기법에 대해 살펴본다.[34]

최근에는 투명막 소재와 조명 기술, 각종 영상 하드웨어의 발달로 제작된 홀로그래픽 프로젝션 영상이 실사와 구분하기 힘들 정도의 선명도와 입체성을 지니고 있다. 그러나 두 방식 모두 유사 홀로그램 원리를 활용한 것이지 360도로 볼 수 있는 리얼 홀로그램 기술은 아니다.

1) 반사형 홀로그래픽 프로젝션

반사형 홀로그래픽 프로젝션은 3차원 입체 영상을 고해상도 프로젝터로 재

34 임수연, 김상욱, 「관객접근에 의해 행동하는 3D 홀로그래픽 콘텐츠 저작 및 프로젝션」, 『한국콘텐츠학회논문지』 제12권 12호, 2012.

생하여 천장이나 바닥에 설치된 반사경에 투사한다. 반사된 영상은 45도 각도로 설치된 대형 투명막에 투영되고 공기에 반사시켜 영상이 공중에 떠 있는 것처럼 보이게 하는데 이를 플로팅(Floating) 방식이라고도 한다.

2011년 가수 머라이어 캐리가 같은 날, 같은 시각, 유럽 5개국에 크리스마스 메시지를 전하기 위해 무대 위에 나타난 공연은 플로팅 홀로그래픽 프로젝션을 이용한 것이다. 이 공연은 재생된 가상 물체와 실제 물체를 함께 보여 줌으로써 현실과 가상이 거의 구별할 수 없을 정도로 혼합된 형태를 보여 주는 데 중점을 두고 있다. 따라서 상호작용보다는 미리 작성된 시나리오에 따라 홀로그래픽 프로젝션 이미지와 공연자 간의 시공간을 공유하는 것을 강조한다.

2009년 싱가포르, 런던, 두바이 3개국에서 열린 삼성 제트폰 발표 시연회에서도 사회자와 상호작용하는 홀로그래픽 프로젝션 영상을 볼 수 있다. 무대에 적외선 센서와 3D 카메라를 이용한 모션인식 기술과 리어 프로젝터를 이용한 플로팅 홀로그래픽 프로젝션 영상을 사용하여 손으로 물체를 건드리는 듯한 영상효과를 연출하고 실제 모델과 콘텐츠가 실시간 상호작용하는 퍼포먼스를 보여 주었다.

2) 투과형 홀로그래픽 프로젝션

투과형 홀로그래픽 프로젝션은 3차원 입체 동영상을 특수한 호일이나 스크린에 직접 투사하는 방식이다. 일반 스크린과 달리 특수기술로 가공처리하여 만든 투명한 홀로 스크린은 영상을 앞뒤 모두에서 투사 가능하다. 스크린 자체가 투명하므로 투사된 영상이 현실과 함께 표현되는 것이 장점이나, 완전한 입체가 아니므로 측면에서 영상을 관찰할 수 없고 해상도는 높으나 빛에 약하다는 단점이 있다.

〈그림 12.2〉는 투과형 홀로그래픽 프로젝션 영상을 이용한 2009년 BMW 런칭 광고다. 스크린 뒤에서 투사하는 리어방식으로 프로젝터를 설치했다. 기존의 쇼룸을 그대로 활용하기 위하여 쇼윈도에 특수 필름을 부착하여 스크린으로 활용하고 새로운 사용자체험(UX) 제공으로 홍보효과를 극대화한 예다.

홀로그램의 다양한 분야 적용이나 관객과 홀로그램 영상과의 직접 상호작용

그림 12.2 투과형 홀로그래픽 프로젝션의 예

에 관한 연구는 아직 초기 단계라 할 수 있다.

앞에서 소개한 두 가지 홀로그래픽 프로젝션 중 반사형은 높은 비용과 장소의 제약으로 인해 주로 대형공연이나 전시에 쓰이고 있으며 상호작용은 관객이 아닌 공연자와 이루어지고 있다. 관객의 입장에서 보면 공연자의 몸짓을 인식하여 영상이 반응하고 상호작용하는 것처럼 보이지만, 실제로는 공연자의 앞쪽에 위치한 투명막에 영상이 맺히는 착시효과일 뿐이다. 따라서 반사형 홀로그래픽 프로젝션 공연을 위한 무대는 관객보다 위에 있어야 효과적이다.

투과형 홀로그래픽 프로젝션은 반사형 홀로그래픽 프로젝션보다 입체감은 덜하지만 관객의 접근을 감지하는 보다 직접적인 상호작용기법을 주로 이용하여 관객의 시선을 유도하고 콘텐츠가 이에 반응하는 방식을 취하며 주로 야간 광고에 이용되고 있다. 따라서 홀로그래픽 프로젝션을 대형공연이나 쇼윈도 광고에 국한하지 않고 활용 분야를 확대할 필요성이 점차 커지고 있으며 다양한 도구를 이용하여 관객과 직접 상호교류하는 기법에 관한 연구도 수반되어야 한다.

3. 다양한 홀로그래픽 기술

1) 홀호(Holho)

앞에서 소개한 반사형(플로팅) 홀로그래픽 프로젝션 기술을 이용하여 미국의 이미지네이션팜(Imagenation Farm)이 3D 홀로그램 생성기, 홀호를 개발했다. 홀호는 피라미드 형태의 디스플레이 4개로 만들어진 장치에 스마트폰이나 태블릿 PC를 올려놓으면 홀호 앱의 이미지를 안으로 투과시켜 3D 입체영상을 만들어 낸다. 스마트폰에 홀호 앱을 다운로드한 후, 이 피라미드 거울을 붙여 작동시키면 된다. 원리는 앱에 의해 각 유리 방향에서 4개의 이미지를 생성하는 것이다. 기존의 반사형 홀로그래픽 기술이 한쪽 면만 영상을 볼 수 있었던 것과 달리 홀호는 4면의 유리 어느 방면에서 봐도 3D 이미지를 감상할 수 있다.

2) 헬리오디스플레이(Heliodisplay)

2001년 미국 IO2 Technology사가 개발한 헬리오디스플레이는 공기 중에 초음파 가습기와 비슷한 방식으로 제트 수증기를 쏘고 그 위에 프로젝터로 영상을 쏘는 방식이다. 기존의 이미지들을 실제 보이는 스크린이 아닌 수증기를 기반으로 보여 준다. 컴퓨터 이미지를 박스 형태의 하드웨어에 전송하면 공기를 일시적으로 수증기로 변화시키고 여기에 영상이 투사되는 원리다.

3D 콘텐츠를 띄우면 입체적으로 보이며 영상도 상당히 실제적이다. 정면으로 봐야만 제대로 영상을 감상할 수 있고 수증기를 발생시키는 장치가 있어야 하므로 늘 물이 필요하며 정해진 공간에서만 볼 수 있다는 단점이 있지만, 유리막이나 투명 필름처럼 공간을 막을 필요가 없기 때문에 패션쇼나 뮤지컬 공연 등에서 최근 사용이 증가하고 있다.

4. 리얼 홀로그램

2006년 일본의 게이오 대학(Keio university)에서 리얼 홀로그램 기술을 발표했다. 리얼 홀로그램은 반사체 없이 공기 중에서 영상을 볼 수 있다. 플라즈마를 생산하는 레이저를 이용하여 공기 중에 발화점을 생성하고, 수백 마이크로초의 펄스빛을 발사하는 적외선 레이저에서 나오는 빛을 3D 스캐너로 받아 이미지를 구현하는 시스템이다. 기존 홀로그램 기술이 특정 조건에서만 영상을 볼 수 있는 한계를 넘어섰다는 점에서 높이 평가받는 기술이다.

당시 시연했던 리얼 홀로그램은 단색의 영상을 허공에 띄워 1초에 10~15프레임 정도의 영상을 띄울 수 있는 방식이었는데 현재는 사실적 표현에 가까운 초당 24~30프레임 정도를 보여 줄 수 있는 수준에 도달했다. 하지만 자연스러운 색감과 질감을 표현하기에는 아직 갈 길이 멀다.

애플은 최근 홀로그램 관련 특허를 꾸준히 출원하고 있다. 2014년에는 마이크로 LED 디스플레이업체인 럭스뷰 테크놀로지를 인수하여 안경 없이 볼 수 있는 홀로그램을 구현하기 위한 초소형 LED 개발 연구를 진행 중이다. 마이크로 LED는 크기가 5~10마이크로미터(㎛)에 불과한 초소형 LED를 말한다. 마이크로 LED를 활용하면 안경 없이도 3차원(3D) 홀로그램 영상을 볼 수 있는 모바일용 초소형 프로젝터 개발이 가능하다. 2018년부터 본격적인 마이크로 LED 양산에 돌입하면 향후 2~3년 내에는 스마트폰에서 완벽한 홀로그램 동영상을 볼 수 있을 것이라 예상되고 있다.

5. 홀로그램 활용

홀로그램은 예술 공연뿐만 아니라 여러 분야에 유용하게 사용될 수 있다. 의료 분야에서의 원격 진료 및 수술, 학교에서의 시청각 교육, 그 밖에 군사 분야에서도 다양한 용도로 활용이 가능하다.

INTRODUCTION TO CULTURAL TECHNOLOGY

제3부

콘텐츠 저작 언어 프로세싱

chapter 13 프로세싱 시작하기

디지털 아트 작품은 컴퓨터를 기반으로 하는 경우가 대부분이다. 따라서 이를 실제로 구현하려면 구상한 아이디어가 컴퓨터에서 실행 가능하여야 한다. 그러기 위해서는 컴퓨터 언어를 알아야 하는데, 컴퓨터 전문가들을 위한 언어인 C나 JAVA는 처음 배울 때 상당한 노력이 필요하다. 따라서 여기에서는 다양한 컴퓨터 언어 중에서 컴퓨터 전문가가 아닌 일반인들이 게임이나 동영상 등에 관련된 프로그램을 쉽게 배울 수 있도록 고안된 프로세싱이라는 언어를 활용하기로 한다. 이 장에서는 우선 사용자가 프로세싱 언어를 사용하기 위해서는 어떤 준비과정이 필요한지 알아보자.

1. 프로세싱 언어

컴퓨터는 말을 알아듣고, 말을 통해서 사람에게서 지시를 받는다는 점에서 우리가 사용해 왔던 다른 도구들과는 아주 다르다. 우리는 다른 사람과도 말로 소통하므로 말로 어떤 작업을 설명하는 데 익숙해 있고, 따라서 이런 컴퓨터의 특징이 우리가 어떤 일을 하는 것을 아주 쉽게 만들어 주리라고 생각하게 되지만, 실제로 작업을 해 보면 내가 원하는 것이 무엇인지를 말로 설명하는 것이 의외로 어렵다는 것을 느끼게 된다. 더구나 컴퓨터는 우리가 사용하는 자연어를 제대로 이해하지 못하므로 컴퓨터와 소통하려면 컴퓨터가 이해할 수 있는 언어를 배워야 한다.

현재 가장 널리 사용되는 컴퓨터 언어로는 C, C++, JAVA 등이 있고, 이 밖에도 이와 비슷한 수십 가지 이상의 언어가 컴퓨터와의 소통을 위해서 사용된다. 프로세싱이라는 언어는 2001년 MIT 미디어랩에서 개발되었는데, 앞서 언급한 언어들의 장점은 다 가지고 있으면서도 배우기는 쉬운 언어다. 또 복잡한 개념들을 이해하지 못한 상태에서도 실용적인 수준의 프로그램이 가능하다는 장점이 있다. 어려운 개념들은 프로그램을 만들어 나가다가 필요할 때에 가서 배우도록 고안되어 있으므로 초보자나 아티스트들도 비교적 쉽게 접근할 수 있다. 이 프로그램은 특히 영상작품, 그중에서도 움직이는 3차원 영상작품을 만들 때 아주 편리해 많은 디지털 아트 작품과 게임에 활용되고 있다.

더구나 프로세싱은 무료이며 오픈소스 소프트웨어이므로 각자의 컴퓨터에 설치해 놓으면 디지털 아트 프로그램 이외의 여러 일반적인 프로그램에도 응용할 수 있다. 홈페이지(http://www.processing.org/)에서 프로세싱 개발 환경을 다운로드할 수 있는 것은 물론이고, 프로세싱 프로그램을 사용하는 여러 작품들도 볼 수 있으니, 세세한 부분은 프로세싱 홈페이지에서 찾아보면 도움이 된다.

프로세싱 홈페이지에 접속하면 〈그림 13.1〉과 같은 화면이 나타난다.

그림 13.1 프로세싱 언어 홈페이지

프로세싱 언어 개발 환경은 화면 중앙에 있는 Download Processing에서, 프로세싱 언어 사용법은 Browse Tutorial에서 다운로드할 수 있다. 또 프로세싱 언어에 사용된 명령어의 종류와 기능은 Visit the Reference에서 확인할 수 있다. 프로세싱으로 만든 작품들이 궁금하다면 화면 우측 상단의 Exhibition을 클릭하면 된다.

일단 화면 중앙 상단에 있는 동영상을 클릭해서 프로세싱 언어에 대한 전체적인 설명을 듣고, Exhibition에서 작품 몇 개를 감상한 다음에 각자의 컴퓨터에 프로세싱 개발 환경을 설치하도록 하자. 프로세싱 설치를 위한 첫 단계는 Download Processing을 클릭하는 것이다.

2. 프로세싱 개발 환경

프로세싱 다운로드 첫 화면은 〈그림 13.2〉와 같다.

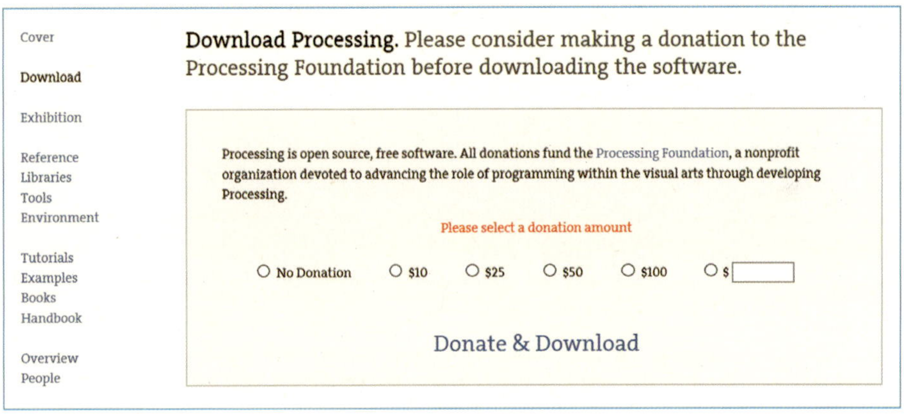

그림 13.2 프로세싱 다운로드 첫 화면

프로세싱을 개발한 팀에 고마운 마음을 전하고 싶다면 적당한 금액을 〈프로세싱재단〉에 기부하면 되지만, 아직 어떤 언어인지도 모르는 상태이니 일단 No Donation에 마크를 하고 화면 중앙 하단의 Donate&Download를 클릭하도록 하자.

그러면 〈그림 13.3〉과 같은 화면이 나타난다. 여기서 현재 사용하고 있는 운영체계에 맞는 프로세싱을 다운로드하면 된다. 운영체제가 맥오에스면 Mac OS X를, 리눅스면 Linux를 클릭하면 되는데, 이 책의 독자 대부분은 윈도우를 사용할 테니 사용하고 있는 운영체제가 64비트인지 32비트인지만 결정하면 된다. 둘 중에 어느 쪽인지 모르겠다면 32비트를 선택하면 된다. 이렇게 하면 프로세싱을 수행하는 데 아무 문제가 없다.

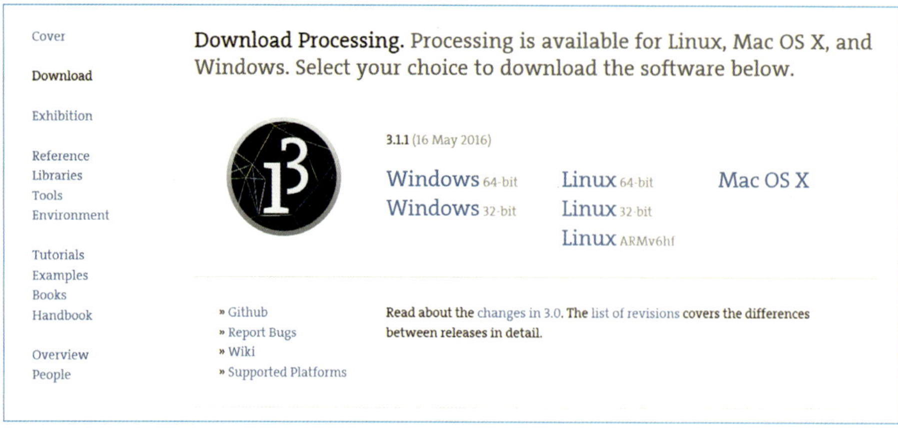

그림 13.3 운영체계에 따른 프로세싱 소프트웨어 선택

다운로드받은 파일의 압축을 풀면 프로세싱 폴더가 생성된다. 현재 시점이라면 Processing-3.1.1이 생성되지만 여기에 있는 숫자는 계속 변화하므로 그 숫자가 달라졌다고 염려할 것은 없다. 이 폴더를 열어 보면 〈그림 13.4〉와 같은 것들이 들어 있다.

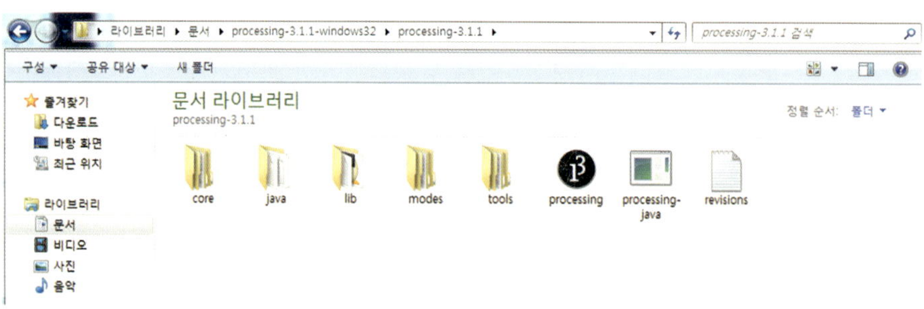

그림 13.4 폴더 내용

여기에서 'processing'을 더블 클릭하면 〈그림 13.5〉의 편집기 화면이 나타난다.

이제 〈그림 13.5〉의 프로세싱 환경 설치가 완료되었고, 프로그램을 시작할 수 있게 된 것이다. 이 창에서 프로세싱 명령을 편집할 수 있으므로, 앞으로는 이 창을 '편집기'라고 부르도록 하겠다.

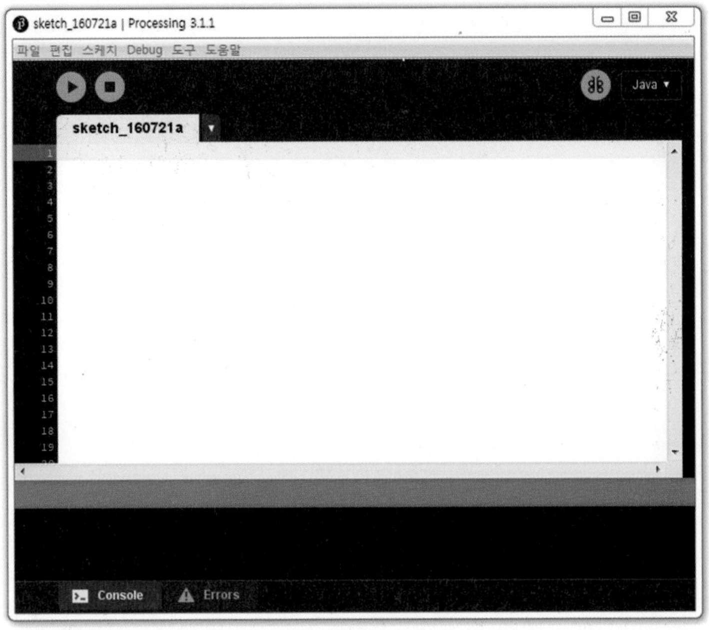

그림 13.5 편집기 화면

3. 프로세싱 실행하기

이제 프로세싱으로 그림을 그리기 위한 준비가 모두 끝났다. 프로세싱 개발 화면도 띄웠으니 프로세싱이 잘 설치되었는지를 확인할 겸 그림 하나를 그려 보도록 하자. 프로세싱에서는 프로그램을 통상 '스케치'라고 부른다. 공식적인 이름은 아니지만 프로세싱이 기본적으로 그림을 그리기 위한 것인 만큼, 적합한 이름이라고 생각된다. 이 책에서도 앞으로는 '프로그램'이라는 말 대신에 '스케치'라는 용어를 사용하기로 한다.

우선 첫 그림으로 간단한 동그라미를 하나 그려 보도록 하자. 그러기 위해서는 화면 편집기의 흰 바탕 안에 다음과 같은 코드를 입력해야 한다

```
ellipse(50,50,80,80);
```

단어에서 짐작할 수 있듯이 위의 명령은 화면에 타원을 그리라는 명령으로,

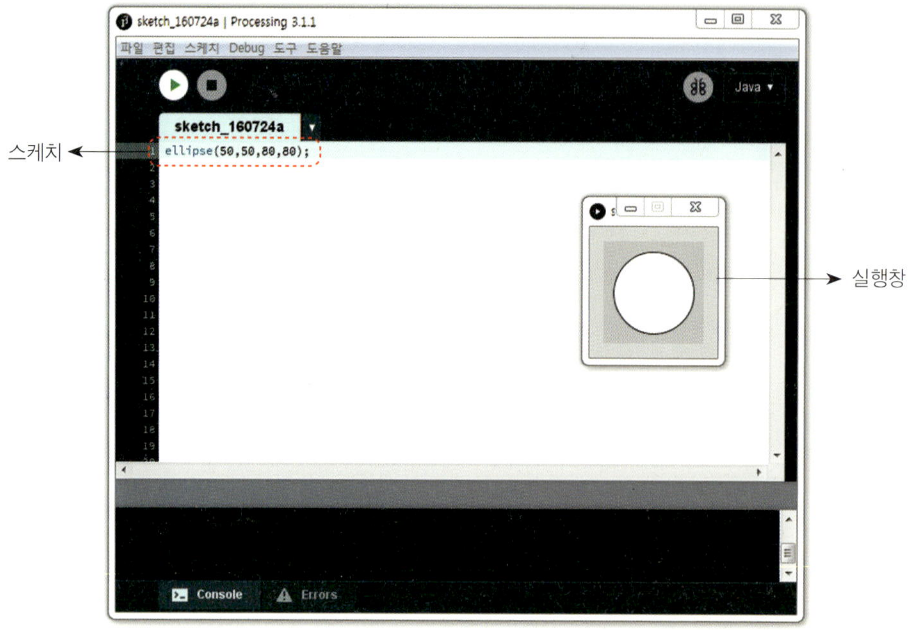

그림 13.6 원이 그려진 실행창

50,50은 타원의 중심의 위치, 80,80은 각각 좌우와 상하의 폭을 지정한 것이다. 위의 명령을 편집기 안에 입력한 후, 편집기 위쪽 툴바의 버튼을 클릭하면 프로그램이 실행되면서, 원이 그려진 실행창이 화면에 나타난다. 편집기와 실행창의 모습은 〈그림 13.6〉과 같다.

따로 지정하지 않으면 실행창의 크기는 100,100이 된다. 실행창의 크기를 다르게 지정하려면 size( ) 명령을 사용하면 된다. 프로그램의 실행은 메뉴의 스케치 안에 있는 실행하기 버튼을 클릭하면 되지만, Ctrl+R을 눌러도 가능하다.

화면의 실행창을 닫으려면 편집기 툴바의 두 번째 버튼 을 클릭하면 되고, 편집기를 닫으려면 마우스로 편집기 창의 오른쪽 위에 있는 버튼을 클릭하면 되는데, 이때 방금 만든 스케치의 저장 여부를 묻는 창이 나타난다. 여기서 '예(Y)'를 클릭하면 방금 만든 스케치를 컴퓨터에 저장할 수 있다.

이번에는 조금 복잡한 스케치를 만들어 보자. 우선 아래의 코드를 편집기에 입력한다.

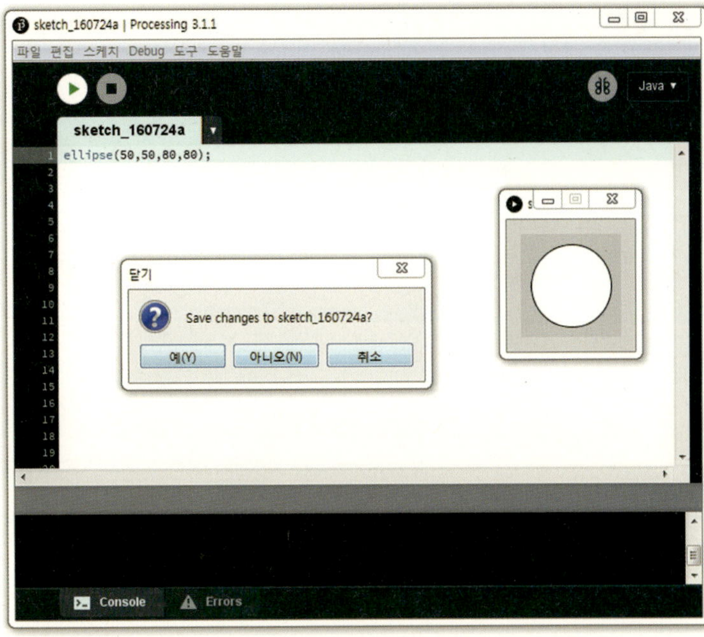

그림 13.7 원이 그려진 실행 결과 스케치를 저장하는 화면

```
void setup() {
  size(400,400);
}

void draw() {
  ellipse(mouseX, mouseY,50,50);
}
```

실행버튼을 클릭하면 〈그림 13.8〉과 같은 실행창이 나타나는데, 실행창 위에서 마우스를 움직여 보면 원이 마우스를 따라서 움직이는 것을 볼 수 있다.

〈그림 13.9〉는 그 결과를 보여 주는 화면이다. 프로세싱 언어를 사용하면 마우스를 움직여 그림을 변화시키는 것이 얼마나 쉬운지 알 수 있다. 위의 프로그램에서 size(400,400) 명령은 실행창의 크기를 정해 주는 명령이다. ellipse 안에

그림 13.8 마우스 이동 화면

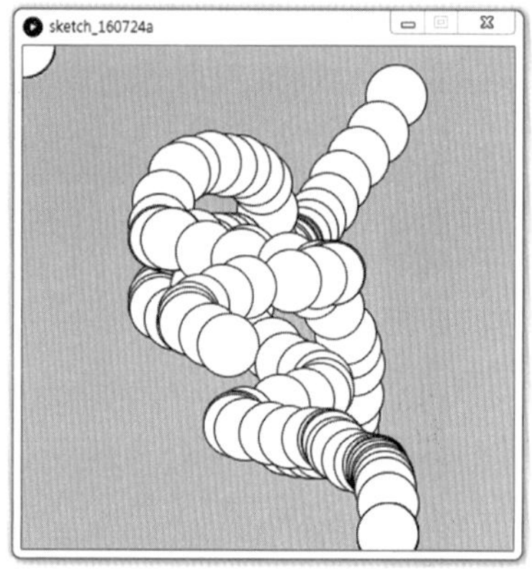

그림 13.9 마우스 이동 결과 화면

서 타원의 위치를 지정해 주는 자리에는 마우스의 현재 위치를 나타내는 변수인 mouseX와 mouseY가 들어가 있는데, 이는 마우스의 움직임에 따라 타원의 위치가 바뀌도록 해 준다.

마지막으로 다음과 같은 스케치를 수행해 보도록 하자.

```
int x = 0;

void setup() {
  size(400,400);
}

void draw() {
  background(200);
  ellipse(x++, 200, 50, 50);
  ellipse(200, x++, 50, 50);
  if ( x > 400 ) x = 0;
}
```

이 스케치를 수행하면 두 개의 원이 하나는 화면 위에서 아래로, 다른 하나는 화면 왼쪽에서 오른쪽으로 움직이다가, 원이 실행창 밖으로 사라지면 다시 새로운 원이 나타나는 그림, 즉 자기 혼자서 움직이는 그림이 구현된다.

이것은 원의 위치를 처리하는 자리에 x라는 변수를 두고 그 값을 바꿔 줌으로써 원이 움직이도록 한 것이다. 자동으로 움직이는 그림이나 사용자의 마우스 사용에 따라 움직이는 그림을 간단한 명령만으로 쉽게 그릴 수 있는 프로세싱 언어의 특징을 잘 보여 주는 예라 하겠다. 위의 프로그램에서 background( ) 명령은 원이 움직이기 전에 먼저 있던 흔적을 지워 화면을 깨끗하게 하는 역할을 하고, if 명령은 원이 화면 밖으로 사라질 때마다 새 원을 만드는 역할을 한다.

이렇게 만든 스케치는 나중을 위해서 컴퓨터에 저장해 놓을 수 있다. 편집기의 오른쪽 위를 클릭해서 편집기를 닫으려고 하면 〈그림 13.10〉처럼 파일을 저장할 것인지 묻는 창이 나온다.

이때 '예(Y)'를 클릭하면 스케치를 저장할 폴더와 파일 이름이 나온다. 여기에

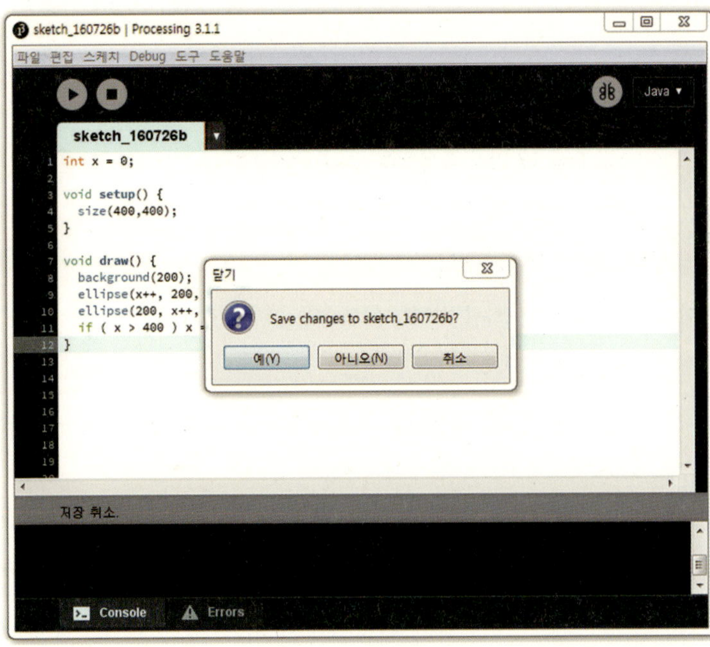

그림 13.10 저장 화면

서 저장을 클릭하든지, 아니면 파일 이름을 바꾼 후에 '저장'을 클릭하면 내가 만든 스케치가 이 폴더에 저장되므로 나중에 다시 불러 실행하거나 편집할 수 있다.(〈그림 13.11〉 참조)

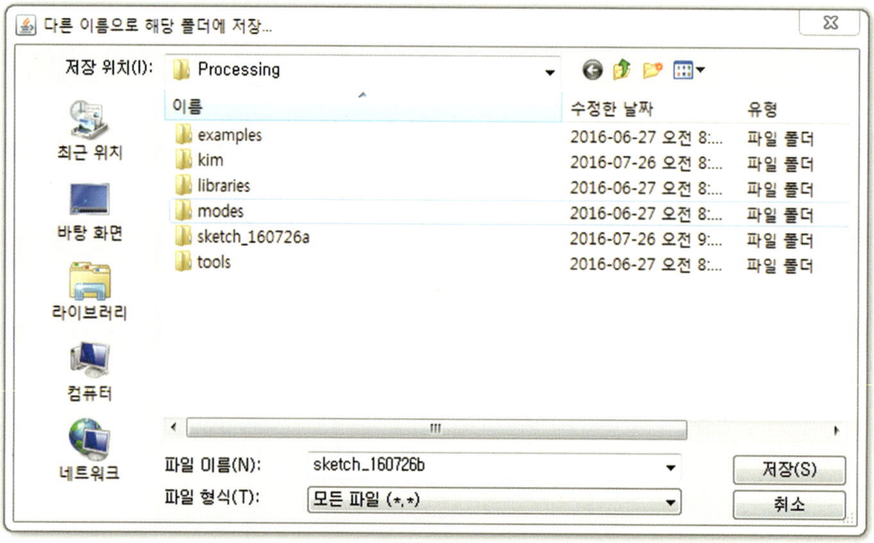

그림 13.11 저장 폴더

4. 실행 프로그램 만들기

스케치를 저장해 두면 나중에 언제라도 이를 실행시킬 수 있지만, 그러기 위해서는 편집기가 필요하다. 편집기 없이 컴퓨터에서 바로 스케치를 실행시키고 싶다면 스케치를 .exe 확장자를 가진 실행 파일 형태로 바꾸어 놓아야 한다. 실행 파일은 편집기에서 간단히 만들 수 있다. 우선 편집기에 스케치를 입력한 후 파일 메뉴 안의 '어플리케이션으로 내보내기' 메뉴를 클릭하면 〈그림 13.12〉와 같은 화면이 나온다.

여기에서 내보내기를 클릭하면 실행 파일이 생성되어 폴더에 저장된다. 〈그림 13.13〉의 sketch_160726b가 이 과정을 통해 만들어진 실행 파일이다. 이 파일을 더블클릭하면 내가 만들었던 스케치가 실행되는 것을 볼 수 있다.

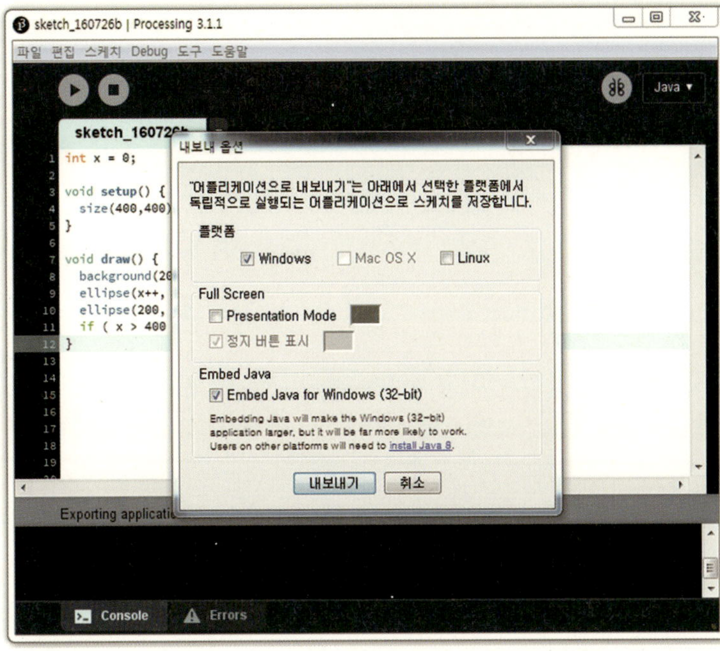

그림 13.12 어플리케이션으로 내보내기 화면

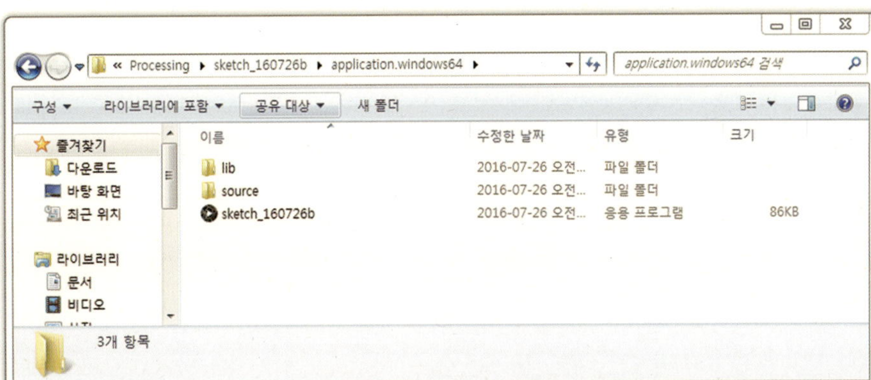

그림 13.13 파일 저장 화면

chapter 14 그림 그리기

이번 장에서는 프로세싱 언어를 사용해서 실제로 컴퓨터에 그림을 그려 보도록 하자.

1. 간단한 도형 그리기

컴퓨터 화면에 보이는 영상은 모두 작은 사각형들이 모눈종이처럼 모여 이루어진 것이다. 이 모눈종이의 한 칸을 이루는 작은 사각형을 픽셀이라고 부르는데, 어떤 그림이 가로 100픽셀, 세로 100픽셀이라면 그 그림은 모두 10,000개의 픽셀로 만들어진 것이다. 이 모눈종이의 칸마다 특정한 값을 지정해 주면 각각의 픽셀은 자기가 가진 값에 해당하는 색을 띠게 되고, 화면 전체는 어떤 특정 영상을 나타내게 된다. 따라서 컴퓨터에 그림을 그린다는 것은 각 픽셀에 적당한 값을 지정해 주는 과정이라고 할 수 있다.

각각의 픽셀은 위치에 따라 좌표가 지정된다. 좌표는 두 개의 숫자로, 각각 픽셀의 가로축에서의 위치와 세로축에서의 위치를 나타낸다. 화면의 크기가 가로 100픽셀, 세로 100 픽셀이라면 좌표는 (0,0)에서 (99,99)까지가 된다. 프로세싱에서는 가로를 x축, 세로를 y축으로 사용하고 화면의 제일 왼쪽 위에 있는 픽셀의 좌표가 (0,0)이 된다. 〈그림 14.1〉을 보면 프로세싱 화면이 어떻게 픽셀로 구성되어 있는지를 볼 수 있다.

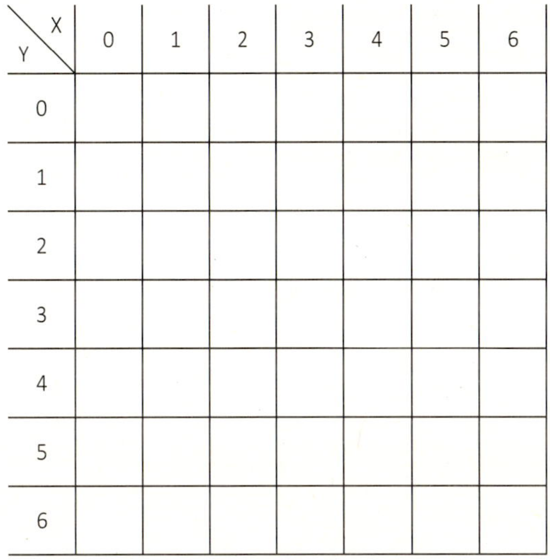

그림 14.1 화면 픽셀 구성

〈그림 14.1〉의 화면에 직선을 하나 그려 보도록 하자. 원래의 화면은 흰색으로 되어 있으니 이 화면에 (1,0)위치의 점에서 (4,5)위치의 점까지 직선을 그리려면 (1,0) 픽셀과 (4,5)픽셀, 그리고 그 두 픽셀을 연결하는 픽셀들의 값을 푸른색으로 바꿔 주어야 한다. 그 결과는 〈그림 14.2〉와 같다.

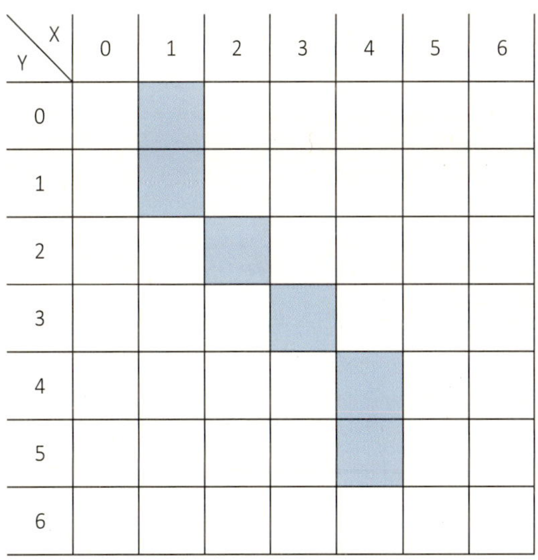

그림 14.2 직선 그리기

여기서 화면의 한 픽셀을 검게 칠하라는 명령은 아래와 같다.

```
point(x,y);
```

그러므로 이 명령을 사용하여 화면에 직선을 그리는 스케치는 아래와 같다.

```
point(1,0);
point(1,1);
point(2,2);
point(3,3);
point(4,4);
point(4,5);
```

조금 귀찮기는 하지만, 실제로 위의 프로그램을 컴퓨터에 입력해서 수행해 보도록 하자.

위 방식대로 직선을 그릴 수는 있지만, 이런 식으로 화면에 조금 긴 직선을 그리려면 시간이 너무 오래 걸릴 것 같다. 더 간단한 방법은 없을까? 아래의 명령을 수행해 보자.

```
line(1,0,4,5);
```

바로 전의 프로그램과 같은 결과가 나오는 것을 확인해 볼 수 있다. 이 명령은 (1,0)과 (4,5)를 잇는 직선을 그리라는 명령으로, 이 명령을 사용하면 훨씬 더 쉽게 직선을 그릴 수 있다.

자세히 살펴보면 위에 나온 명령들은 모두 같은 형식을 하고 있음을 알 수 있다. 앞에 line이나 point 같은 영어 단어로 된 이름이 있고, 그 뒤에 소괄호, 제일 뒤에 ';'이 있는 형식이다. 이런 형식을 띠고 있는 것을 함수라고 한다. 여기서 맨 앞의 이름은 어떤 일을 할지—여기서는 어떤 도형을 그릴지—를 지정하고, 소괄호 안의 숫자들은 그 도형의 위치나 크기 등을 결정한다. 이 소괄호 안에 들어가는 숫자들을 매개변수라고 한다. 그리고 제일 마지막의 ';' 기호는 명령이 모두 끝났음을 나타내는 것으로, 우리말의 마침표와 같은 역할을 하는 것이다.

프로세싱 언어에는 방금 봤던 직선 외에도 삼각형, 사각형, 원, 타원, 곡선 등을 그릴 수 있는 명령들이 있다. 이 중에서 일단 〈그림 14.3〉의 네 가지 기본도형을 그려 보도록 하자.

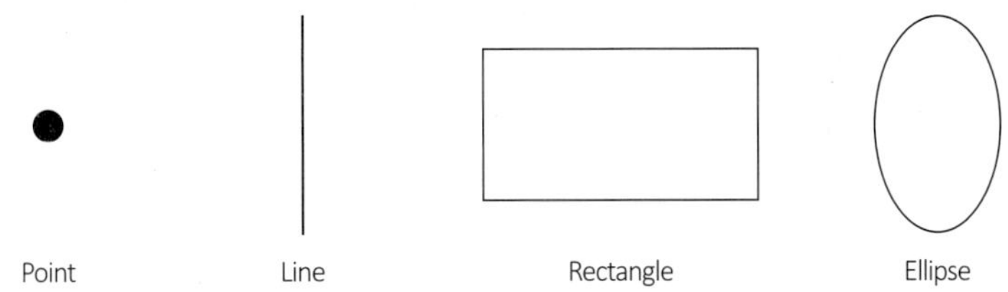

그림 14.3 기본 도형

1) 점 그리기

점을 그리기 위한 함수는 point( )이다. point( ) 함수는 매개변수가 2개인데, 각각 점을 찍을 위치의 x좌표와 y좌표를 나타낸다. 화면의 중앙인 (50, 50) 위치에 점을 찍으라는 명령과 그 결과는 〈그림 14.4〉와 같다.

```
point(50,50);
```

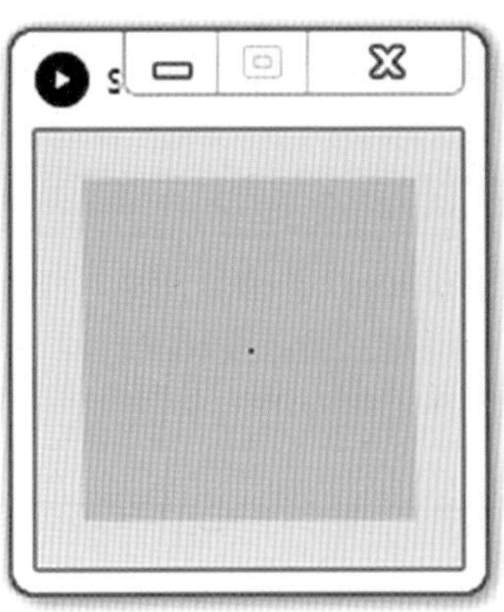

그림 14.4 점 그리기 결과

2) 직선 그리기

직선은 line( ) 함수를 사용하여 그린다. line( ) 함수에는 4개의 매개변수가 있는데, 이는 선 양쪽 끝의 좌표를 나타낸다. 〈그림 14.5〉는 화면의 한가운데에 수직선과 수평선을 그리는 프로그램과 그 결과다. 첫 번째 line( ) 명령이 수직선을 그리고, 다음의 line( ) 명령이 수평선을 그린다.

```
line(50,10,50,90);
line(10,50,90,50);
```

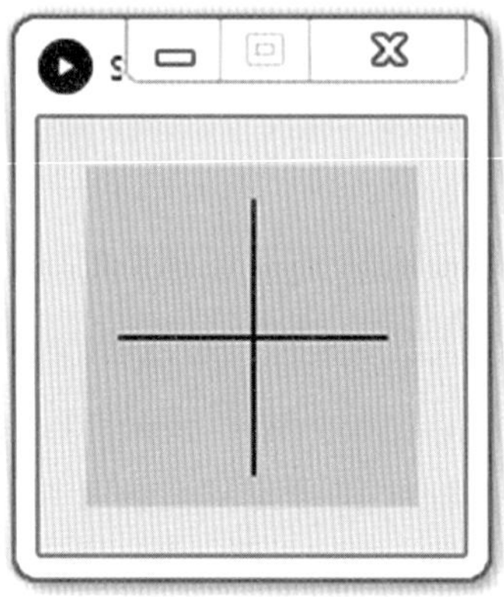

그림 14.5 선 그리기

3) 사각형 그리기

사각형을 그리는 데는 rect( ) 함수를 사용한다. 매개변수는 4개로 앞의 두 개는 사각형의 위치를, 뒤의 두 개는 사각형의 너비와 높이를 나타낸다. 여기에서 사각형의 위치란 사각형의 왼쪽 위 꼭짓점의 위치를 말한다. 즉 〈그림 14.6〉의 사각형은 위치가 (2,1)이고 크기가 (5,4)가 된다.

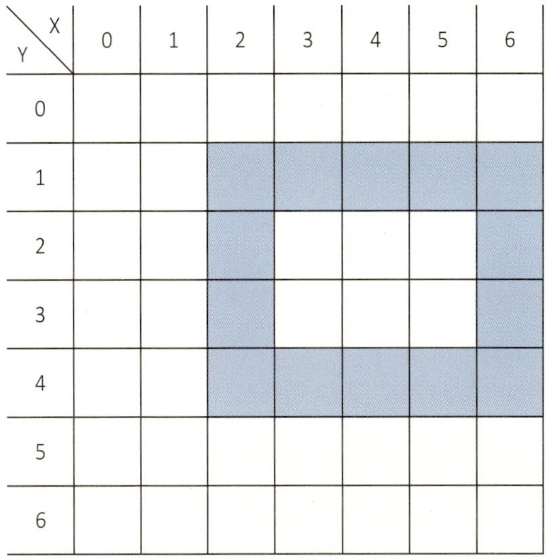

그림 14.6 사각형 그리기

화면 중앙에 크기가 가로 50, 세로 50인 사각형을 그리는 프로그램은 〈그림 14.7〉과 같다.

```
rect(25,25,50,50);
```

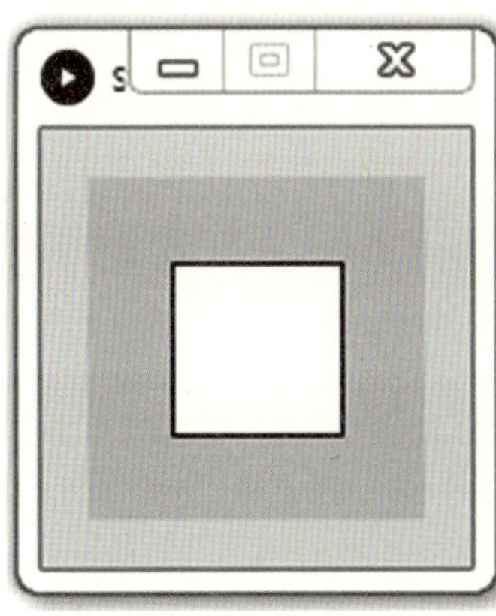

그림 14.7 중앙에 사각형 그리기

사각형의 위치를 지정할 때 왼쪽 위 모서리의 위치가 아닌 사각형의 중심을 기준으로 할 수도 있다. 그렇게 하면 〈그림 14.6〉에서 (2,1)이었던 사각형의 위치는 (4,2)가 된다. 프로그램 내에서 사각형의 위치를 이렇게 지정하고 싶으면 사각형을 그리기 전에 아래의 명령을 수행하면 된다.

```
rectMode(CENTER);
```

이 모드를 사용하여 이전과 같이 화면 중앙에 있는 크기 (50,50)의 사각형을 그리는 프로그램은 아래와 같다.

```
rectMode(CENTER);
rect(50,50,50,50);
```

4) 원 그리기

원이나 타원은 ellipse( ) 함수를 사용하여 그린다. ellipse함수 역시 매개변수가 4개다. 앞의 두 개는 원의 중심위치를, 뒤의 두 개는 원의 너비와 높이를 지정한다. 너비와 높이가 달라지면 타원을 그리게 된다. 화면의 중앙에 지름 50인 원을 그리는 프로그램과 그 결과는 〈그림 14.8〉과 같다.

```
ellipse(50,50,50,50);
```

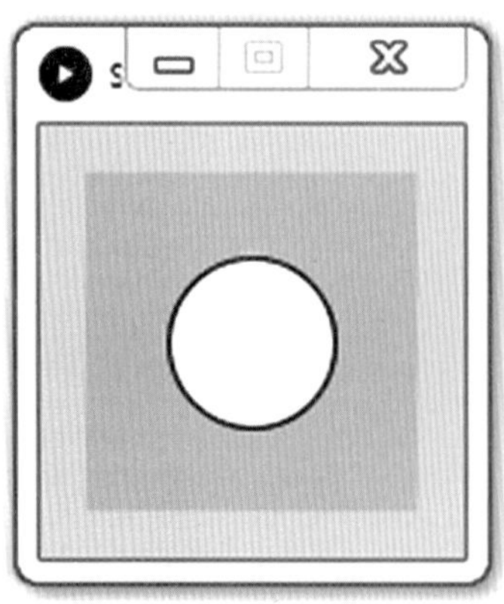

그림 14.8 원 그리기

5) 기타 여러 가지 도형 그리기

점, 직선, 사각형, 원의 기본적인 도형 4가지 외에 프로세싱에서 제공하는 도형 몇 가지를 더 살펴보도록 하자.

삼각형은 triangle( ) 함수를 사용해서 그린다. 매개변수는 6개로, 2개씩 짝을 지어서 삼각형 각 꼭짓점의 위치를 지정해준다. 〈그림 14.9〉는 삼각형 그리기 명령과, 그 프로그램의 수행이다.

```
triangle(10,10,70,20,40,80);
```

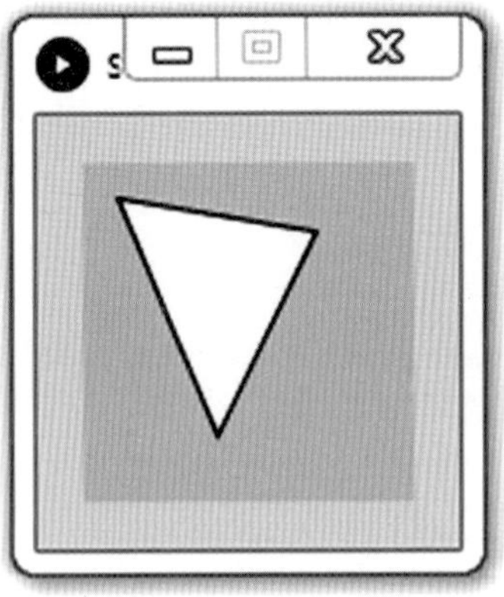

그림 14.9 삼각형 그리기

곡선은 여러 가지 방법으로 그릴 수 있지만, 이 중 가장 간단한 호는 arc( ) 함수를 사용하여 그릴 수 있다. arc( ) 함수는 타원의 일부를 잘라 곡선으로 사용하는데, 이를 위해서는 원을 그릴 때 필요한 네 개의 매개변수에 호가 시작되는 각도와 끝나는 각도를 지시하는 변수가 추가되어야 한다.

```
arc(50,50,50,50,0,PI);
```

위의 명령에 의해 그려진 호는 〈그림 14.10〉과 같다.

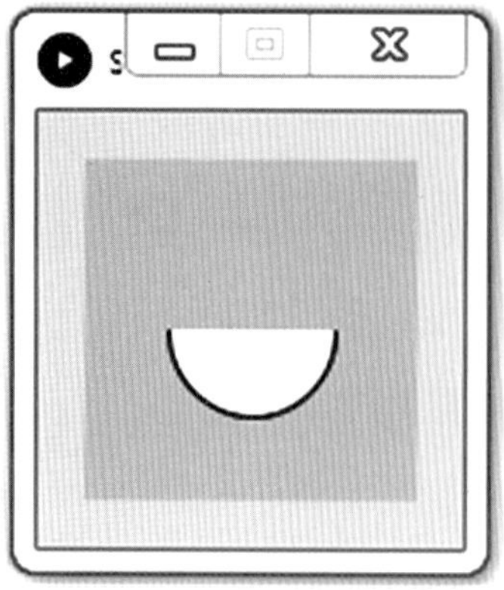

그림 14.10 호 그리기

그런데 곡선이 그려지기는 했지만 화면의 색이 조금 이상해 보인다. 이는 바탕 화면의 기본 색깔은 회색인데 원 내부의 기본 색깔은 백색이라서 그것이 그림에 나타나기 때문이다. 원의 기본색을 없애고 곡선을 약간 휘도록 프로그램을 아래처럼 고친 후에 실행하면 〈그림 14.11〉과 같이 조금 더 예쁜 곡선을 볼 수 있다.

```
noFill( );
arc(50,50,60,40,PI/4, PI+PI/4);
```

그림 14.11 호의 수정

6) 화면에 글자 쓰기

화면에 글자를 쓰려면 text( ) 함수를 사용하면 된다. “hello world”라는 단어를 화면 한가운데에 출력하고 싶으면 아래의 스케치를 수행하면 된다.

```
text("hello world", 10, 50);
```

위 스케치의 실행 결과는 〈그림 14.12〉와 같다.

그림 14.12 글자 쓰기

글자가 하얀색이라서 잘 보이지 않으면 text( ) 앞에 fill(0);을 넣어서 검은색 글자로 만들 수 있다. 또 text( ) 앞에 fill(255,0,0);을 넣으면 빨간색 글자를 쓸 수 있다.

7) 기타 기능들

프로세싱에서 그림이 나타나는 화면의 크기는 기본값이 가로, 세로 모두 100 픽셀이다. 이를 다른 값으로 바꾸고 싶으면 size( ) 함수를 사용한다. 예를 들어 화면의 크기를 가로 세로 모두 400 픽셀로 하고 싶다면 아래와 같이 하면 된다.

```
size(400,400);
```

프로세싱의 그림은 기본적으로 모눈종이위에 그려지므로, 수평선이나 수직선을 그릴 때는 아무 문제가 없지만 원이나 사선을 그릴 때는 선이 매끄럽지 않고 우둘투둘해질 수가 있다. 이럴 때 선을 좀 더 매끈하게 해서 전체적으로 그림을 보기 좋게 하는 명령이 smooth( )이다.

2. 그림에 색칠하기

도형의 색상 지정은 fill( ) 함수를 사용한다. 검은색은 fill(0), 흰색은 fill(255)이고 그 사이의 색은 회색으로, 숫자가 클수록 밝은 색으로 표현된다. 아래의 스케치를 보면 매개변수값에 따라서 원의 색깔이 어떻게 변화하는지 볼 수 있다.

```
size(400,200);
fill(255);
ellipse(80,100,100,100);
fill(128);
ellipse(200,100,100,100);
fill(0);
ellipse(320,100,100,100);
```

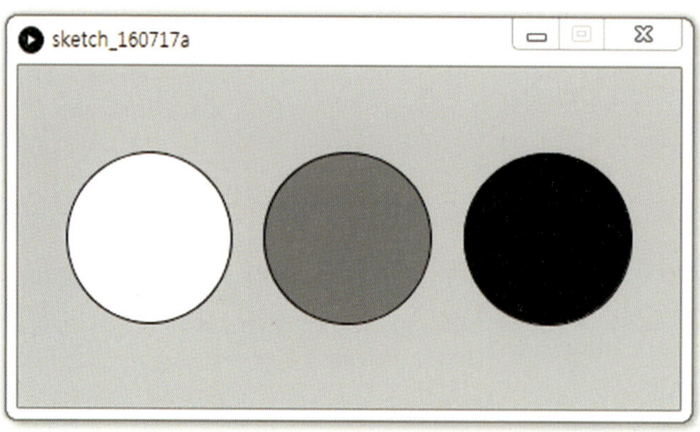

그림 14.13 회색 수준의 색칠하기

프로세싱은 컬러 색상도 표현할 수 있다. 이를 위해서는 매개변수 3개가 필요한데, 이 세 개의 변수는 순서대로 색상의 R(빨강), G(초록), B(파랑) 성분의 크기를 나타낸다. 각각의 값은 0에서 255까지 사용할 수 있다. 빨강, 초록, 파랑의 원을 그리는 스케치와 그 실행 결과는 아래와 같다.

```
size(400,200);
fill(255,0,0);
ellipse(80,100,100,100);
fill(0,255,0);
ellipse(200,100,100,100);
fill(0,0,255);
ellipse(320,100,100,100);
```

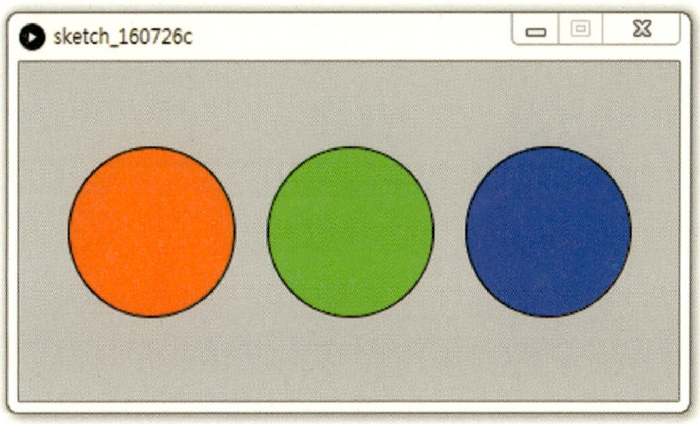

그림 14.14 색칠하기

프로세싱에서는 색상을 투명하게 표시할 수도 있다. 이 경우 매개변수는 하나 늘어서 4개가 되는데, 이 마지막 변수가 색상의 투명도를 나타낸다. 매개변수의 숫자가 1개나 3개일 때는 불투명한 색이 된다. 〈그림 14.15〉의 스케치에서 반투명한 빨간 원을 통해 뒤에 있는 사각형의 파란색이 비쳐 보이는 것을 확인할 수 있다.

```
size(400,200);
clear();
fill(0,0, 255);
rect(100,75,200,50);
fill(255,0,0,128);
ellipse(200,100,100,100);
```

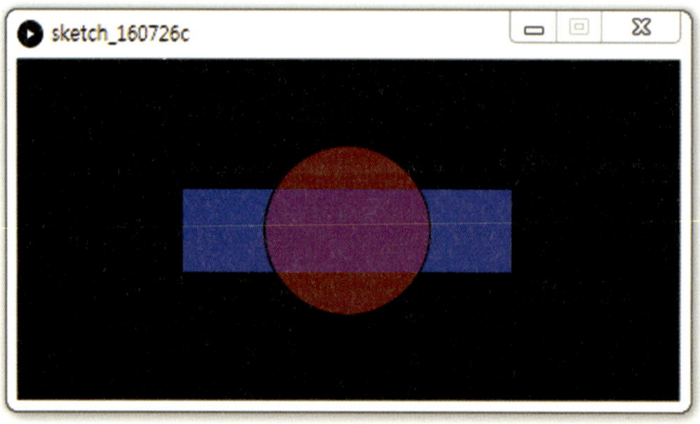

그림 14.15 반투명 색칠하기

프로세싱으로 그린 그림에는 도형의 테두리가 선으로 표현되어 있는 것을 볼 수 있다. 그리고 이 선을 부드럽게 보이게 하려면 smooth( ) 함수를 사용한다는 것도 앞에서 보았다. 그러면 선의 두께와 색상은 어떻게 지정하는지 살펴보자.

우선 선의 두께는 strokeWeight( ) 함수를 사용하여 지정한다. 〈그림 14.16〉의 경우 제일 왼쪽의 사각형은 선의 두께를 지정해 주지 않았으므로 두께가 1이 되고, 두 번째 사각형은 strokeWeight( ) 함수의 매개변수값이 10이므로 두께가 10인 사각형이 된다. 그 다음 사각형은 모서리가 깎여 있는데, 이는 사각형을 그릴 때 사용한 strokeJoin(BEVEL) 명령 때문이다. 네 번째 사각형은 strokeJoin(ROUND) 명령을 사용하여 모서리를 둥글게 깎은 모양으로 만든 것이다. 맨 마지막 사각형은 테두리가 없는데, 이것은 그 사각형을 그릴 때 사용한 noStroke( ) 함수 때문이다. 이 함수를 사용하면 테두리가 없는 도형을 그릴 수 있다.

```
size(600,200);

rect(50,50,80,80);

strokeWeight(10);
rect(150,50,80,80);

strokeJoin(BEVEL);
rect(250,50,80,80);

strokeJoin(ROUND);
rect(350,50,80,80);

noStroke();
rect(450,50,80,80);
```

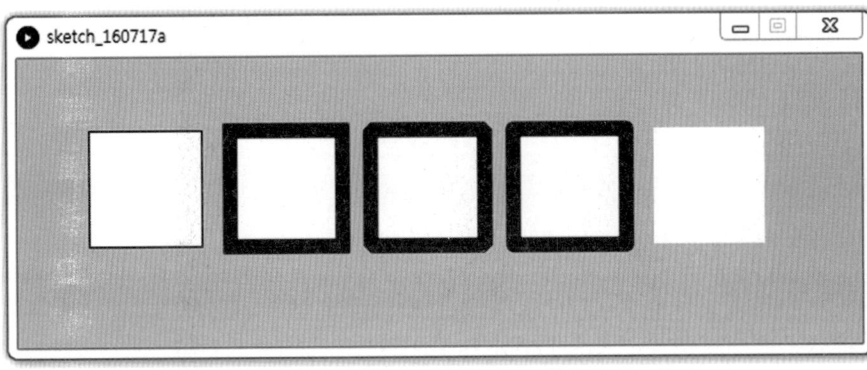

그림 14.16 사각형 테두리 그리기

선의 색상은 stroke( ) 함수를 사용해서 지정한다. 색상을 표현하는 방식은 면의 색상을 지정할 때와 같다. 빨강, 초록, 파랑 테두리를 가진 원을 그리는 스케치와 그 실행 결과는 〈그림 14.17〉과 같다.

```
size(400,200);

stroke(255,0,0);
ellipse(80,100,100,100);

stroke(0,255,0);
ellipse(200,100,100,100);

stroke(0,0,255);
ellipse(320,100,100,100);
```

그림 14.17 색이 있는 원 테두리 그리기

배경의 색깔도 지정할 수 있는데, 이때는 background( ) 함수를 사용한다. 사용방법은 fill( ) 함수의 경우와 같다.

3. 개구리 그리기

지금까지 배운 것들을 이용해서 〈그림 14.18〉의 개구리를 그려 보도록 하자.

그림 14.18 개구리 견본 그림

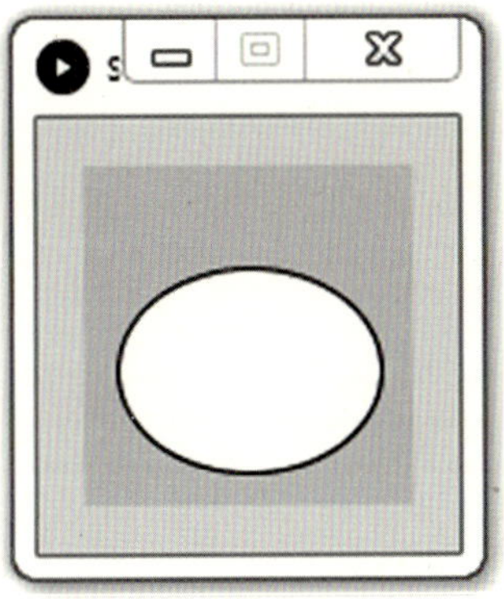

1. 얼굴을 그린다.

```
ellipse(50,60,80,60);
```

2. 눈을 그린다.

```
ellipse(50,60,80,60);
ellipse(30,30,32,32);
ellipse(70,30,32,32);
```

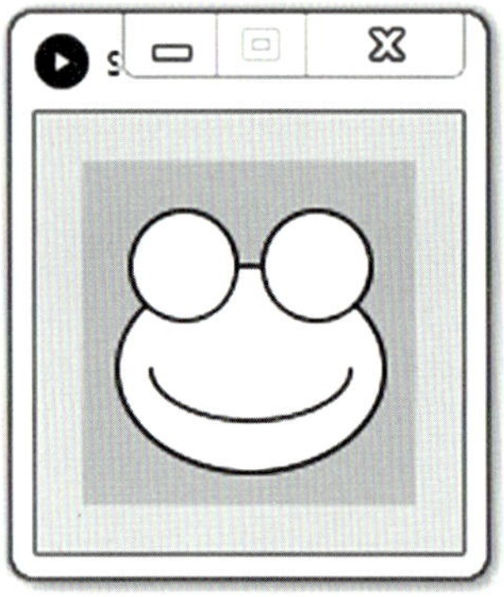

3. 입을 그린다.

```
ellipse(50,60,80,60);
ellipse(30,30,32,32);
ellipse(70,30,32,32);
arc(50,60,60,30,0,PI);
```

4. 눈동자를 그린다.

```
ellipse(50,60,80,60);
ellipse(30,30,32,32);
ellipse(70,30,32,32);
arc(50,60,60,30,0,PI);
ellipse(30,30,5,5);
ellipse(70,30,5,5);
```

5. 눈동자를 빨갛게 칠한다.

```
ellipse(50,60,80,60);
ellipse(30,30,32,32);
ellipse(70,30,32,32);
arc(50,60,60,30,0,PI);
fill(255,0,0);
ellipse(30,30,5,5);
ellipse(70,30,5,5);
```

6. 개구리를 초록색으로 칠한다.

```
fill(0,255,0);
ellipse(50,60,80,60);
ellipse(30,30,32,32);
ellipse(70,30,32,32);
arc(50,60,60,30,0,PI);
fill(255,0,0);
ellipse(30,30,5,5);
ellipse(70,30,5,5);
```

7. 배경을 파랗게 칠한다.

```
background(127,127, 255);
fill(0,255,0);
ellipse(50,60,80,60);
ellipse(30,30,32,32);
ellipse(70,30,32,32);
arc(50,60,60,30,0,PI);
fill(255,0,0);
ellipse(30,30,5,5);
ellipse(70,30,5,5);
```

4. 3차원 그림 그리기

공이나 육면체 같은 3차원 도형 역시 원이나 사각형 같은 2차원 도형처럼 함수를 사용해서 그리면 된다. 공을 나타내는 함수는 sphere( )이므로 실행창에 공을 그리고 싶다면 아래와 같은 명령을 입력하면 된다.

```
sphere(100);
```

그러나 그전에 3차원 기능을 사용하겠다는 것을 미리 알려줘야 하므로 실제 입력할 코드와 실행 결과는 〈그림 14.19〉와 같다.

```
void setup( ) {
  size(400,400,P3D);
}

void draw( ) {
  noFill( );
  sphere(100);
}
```

그림 14.19 3차원 그림 그리기 시작

size( ) 함수 안에 P3D라는 매개변수가 하나 더 들어갔는데, 이것은 우리가 프로세싱의 내장 3차원 기능을 사용하겠다는 것을 의미한다. 이렇게 환경을 지정하면 원래의 x축과 y축 외에 화면에 직각인(즉 화면에 수직인) z축이 새로 생긴다.

입력코드 중 noFill( ) 함수는 공에 색을 칠하지 않고 외곽선만 나타내겠다는 의미이고, sphere( ) 함수가 공을 그리라는 명령이다. ellipse( ) 함수 등 2차원 도형을 나타내는 함수들은 매개변수를 통해 자신의 위치와 크기를 지정하게 되어 있는 반면, sphere( ) 함수는 자신의 크기만을 매개변수로 지정하도록 되어 있다는 점이 다르다. 이것은 다른 3차원 도형을 나타내는 함수들도 마찬가지다. 이런 함수들은 크기만을 매개변수로 지정할 수 있을 뿐, 위치는 항상 원점으로 고정되도록 되어 있다. 앞의 그림에서 공이 실행창의 왼쪽 위 구석에 나타나는 것도 그 때문이다.

3차원 도형의 위치를 지정하기 위해서는 translate( )라는 함수를 사용한다. translate( ) 함수는 도형들의 위치를 원하는 만큼 변경시켜 준다. 공을 화면 중앙에 위치시키려면 공의 위치를 원점에서부터 오른쪽으로 실행창 폭의 반만큼, 아래쪽으로 실행창 높이의 반만큼 옮기면 된다. 명령은 아래와 같고, 새로 그린 공의 스케치는 〈그림 14.20〉과 같다.

```
translate(width/2, height/2, 0);
```

translate( ) 함수의 마지막 매개변수는 z축 방향의 이동을 의미한다. z축은 화면에서 수직방향이고 사용자와 가까워지는 쪽이 + 방향이다. z축 이동의 값을 100으로 해서 다시 스케치를 실행해 보면 〈그림 14.21〉과 같은 결과가 나온다.

〈그림 14.20〉과 〈그림 14.21〉 모두 반지름이 100인 공인데, 나중 그림의 크기가 많이 커져 보임을 알 수 있다. 이는 나중 그림의 공이 먼저 그림의 공보다 사용자에게 훨씬 가까워져 있어서 시각적으로 크게 보이기 때문이다.

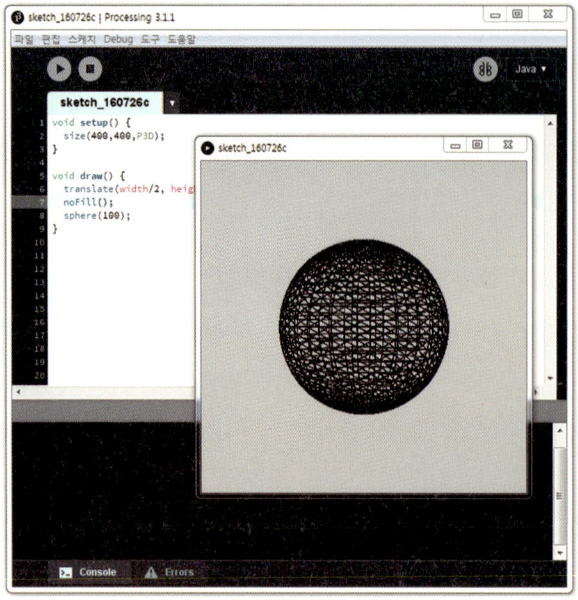

그림 14.20 3차원 그림을 중앙으로 이동한 결과

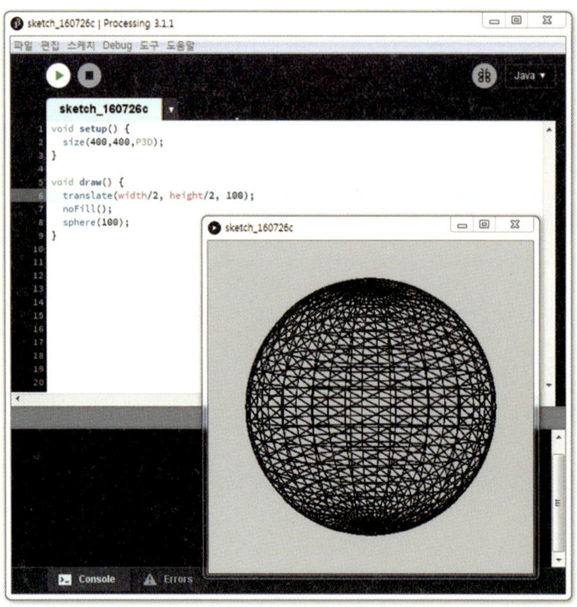

그림 14.21 중앙으로 옮긴 3차원 그림을 Z축 방향으로 이동한 결과

공의 외곽선을 지우고 공의 면을 볼 수 있도록 새로 스케치를 해보면 〈그림 14.22〉와 같다.

```
void setup() {
 size(400,400,p3D);
}

void draw() {
  translate(width/2, height/2, 100);
  nostroke( );
  sphere(100);
}
```

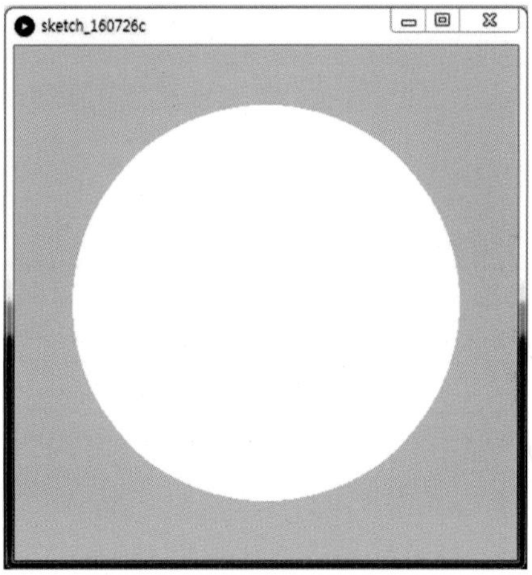

그림 14.22 원의 면 보기 결과

그런데 이렇게 할 경우 입체감이 나타나지 않아서 공인지, 2차원 물체인 원인지 구별하기 어려워 보인다. 입체감을 살리기 위해서 조명을 비추면 〈그림 14.23〉과 같이 입체감 있는 그림을 얻을 수 있다.

```
void setup() {
```

```
 size(400,400,P3D);
}

void draw() {
 translate(width/2, height/2, 100);
 lights( );
 noStroke( );
 sphere(100);
}
```

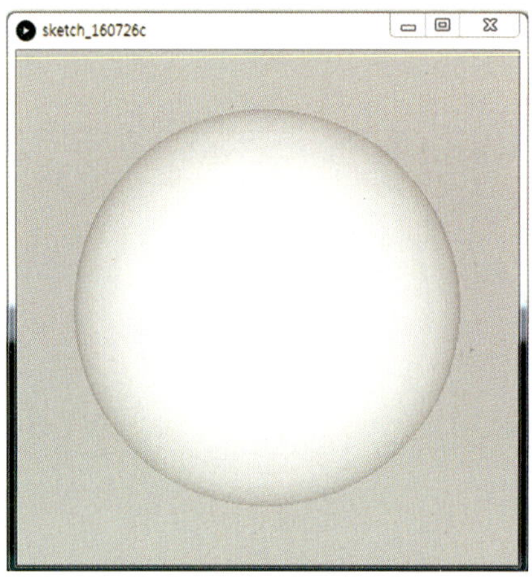

그림 14.23 조명에 의한 입체감

이제 실행창 가운데에 정육면체를 그려 보자. 스케치는 〈그림 14.24〉와 같다.

```
void setup() {
 size(400,400,P3D);
}
```

```
void draw() {
 translate(width/2, height/2, 100);
 lights( );
 noStroke( );
 box(100);
}
```

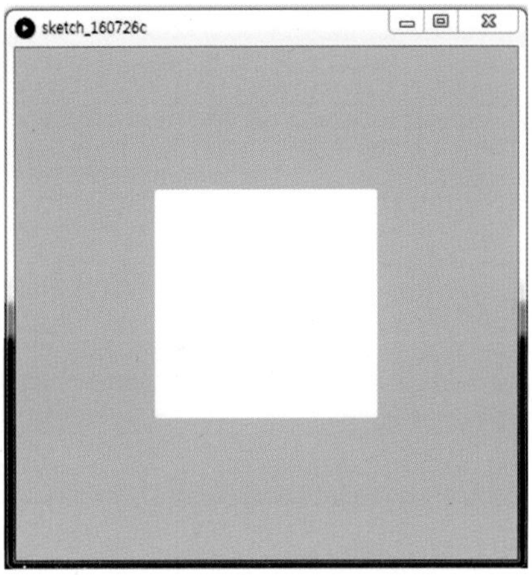

그림 14.24 정육면체의 면 보기 결과

이 정육면체를 x방향과 y방향으로 45도씩 돌려 보자. 스케치와 그 결과는 다음과 같다.

```
void setup() {
 size(400,400,P3D);
}

void draw() {
 translate(width/2, height/2, 100);
```

```
  lights( );
  noStroke( );
  rotateX(PI/4);
  rotateY(PI/4);
  box(100);
}
```

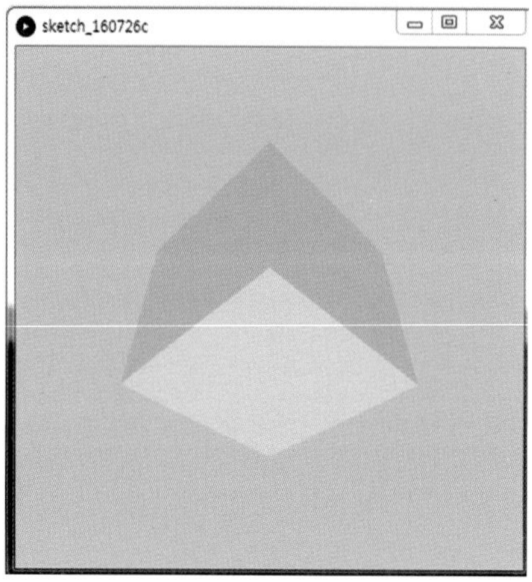

그림 14.25 정육면체의 45° 회전

chapter 15

그림을 움직이게 하기

앞 장에서 프로세싱을 이용해 간단한 그림을 그리는 법을 배웠으니, 이번 장에서는 그림을 움직이는 방법에 대해 살펴보기로 하자. 종이에 그린 그림을 움직이게 하는 것은 해리포터가 아니면 힘든 일이지만, 컴퓨터에서는 게임이나 동영상 또는 화면 보호기 등을 통해서 움직이는 그림을 쉽게 볼 수 있다. 우리도 프로세싱을 사용해 스스로 움직이거나, 아니면 마우스의 움직임을 따라서 변화하는 그림을 그려 보도록 하자.

화면에 나타난 그림이 움직이는 것처럼 보이려면, 컴퓨터가 일정한 시간 간격을 두고 원래 그림을 지우고 새로운 그림을 그리도록 만들어야 한다. 이런 상태를 동적 프로그래밍이라고 하는데, 프로세싱에서는 setup( )과 draw( )라는 두 개의 함수가 이런 역할을 한다. 이 두 함수를 사용하면 누구나 쉽게 움직이는 그림을 그릴 수 있다.

1. setup( )과 draw( ) 함수

프로세싱 언어는 함수를 기본으로 한다. 앞 장에서 살펴보았던 rect( )나 line( ) 등이 프로세싱에서 제공되는 기본함수들이다. 프로세싱 언어에서는 이 외에도 3차원 영상을 그리거나 자연현상을 흉내 내는 등의 특정 작업에 편리하게 사용할 수 있는 함수들이 별도의 library 형태로 제공되고 있다. 또 사용자가 함수를 직접 만들어 쓸 수도 있게 되어 있다. 기본도형을 그릴 때에는 함수 개념을 잘 몰라도 그냥 명령이라고 생각하고 쓰면 되지만, 함수를 직접 만들어 쓰려면 함수에 대한 보다 정확한 인식이 필요하다. 이 장에서는 우선 setup( )과 draw( ) 함수의 사용법에 집중하도록 하고, 자세한 함수의 사용법은 다음 장에서 다루기로 하자.

프로세싱으로 움직이는 그림을 그리려면, 즉 동적 프로그래밍을 하려면 우선 setup( ) 함수와 draw( ) 함수를 사용하여 다음 형태로 스케치를 만들어야 한다.

```
void setup( ) {
//스케치가 실행될 때 한 번만 수행할 명령들이 여기에 놓인다.
}

void draw( ) {
//스케치가 수행되는 동안 계속해서 일정한 간격으로 실행될 명령들이 여기
에 놓인다.
}
```

위 스케치에는 void라는 처음 보는 단어, 중괄호 { }와 소괄호 ( ) 등이 나와서 상당히 복잡해 보인다. 하지만 동적 프로그램은 무조건 이런 형태라고 이해하면 된다. 즉 동적 프로그램은 setup( ) 안에 들어가는 부분(한 번만 수행되는 부분)과 draw( ) 안에 들어가는 부분 (계속 반복 수행되는 부분)의 두 블록으로 나누어져 있다고 생각하면 된다.

우선 이해를 돕기 위해서 앞 장에서 그렸던 개구리를 동적 프로그램 형태로 다시 그려 보도록 하자.

```
void setup( ) {
size(100,100);
}

void draw( ) {
background(127,127, 255);
fill(0,255,0);
```

```
ellipse(50,60,80,60);
ellipse(30,30,32,32);
ellipse(70,30,32,32);
arc(50,60,60,30,0,PI);

fill(255,0,0);
ellipse(30,30,5,5);
ellipse(70,30,5,5);
}
```

위의 프로그램을 프로세싱에 입력한 후 실행시켜 보면, 앞 장에서 돌려 봤던 프로그램과 똑같은 결과가 나오는 것을 볼 수 있다. 그렇지만 앞 장의 프로그램과는 분명히 다르다. 앞 장의 스케치는 개구리를 한 번 그렸고, 그것이 화면에 계속 보이는 것이다. 반면 방금 만든 동적 프로그램에서는 개구리가 초당 60번씩 반복해서 계속 그려지고 있다. 다만 똑같은 그림이기 때문에 우리 눈에는 움직이지 않는 것처럼 보일 뿐이다. 따라서 동적 프로그램에서는 스케치의 내용 속에 매번 다른 것을 집어넣어야 한다. 변화하는 것이 있어야 그림이 움직이는 것처럼 보일 것이기 때문이다.

그림이 계속 새로 그려지고 있다는 것을 확인하기 위해 위의 스케치에 frameCount를 출력하는 문장을 추가해서 실행시켜 보자.

```
void setup( ) {
size(100,100);
}

void draw( ) {
background(127,127, 255);
fill(0,255,0);
```

```
ellipse(50,60,80,60);
ellipse(30,30,32,32);
ellipse(70,30,32,32);
arc(50,60,60,30,0,PI);

fill(255,0,0);
ellipse(30,30,5,5);
ellipse(70,30,5,5);

text(frameCount, 10,90);
}
```

그림 15.1 연속적인 그림 그리기 결과 화면

이렇게 하면 〈그림 15.1〉에서와 같이 화면 왼쪽 아래에 빨간 숫자가 계속 커지는 것을 볼 수 있다. 이것은 프로세싱에서 제공해 주는 변수로, 화면을 몇 번째 새로 그리고 있는 중인지를 보여 주는 것이다. 위의 화면에 보이는 개구리는 1898번째 새로 그려진 것이다.

위의 개구리 그림은 좀 복잡하므로 단순하게 화면에 원을 그리는 스케치를 만들어 보자.

```
void setup( ) {
```

```
size(400,400);
}

void draw( ) {
background(128);
fill(0);
text(mouseX, 10,10);
text(mouseY, 10,30);
ellipse(mouseX, mouseY,10,10);
}
```

위의 스케치에는 매개변수 자리에 숫자(상수)가 아닌 mouseX와 mouseY라는 영어 단어가 들어가 있는데, 이런 것들을 변수라고 한다. 변수는 숫자를 넣어 놓는 상자 비슷한 것으로, 실제 계산할 때는 그 상자 안에 들어 있는 숫자값이 계산에 쓰이게 된다. 특히 mouseX와 mouseY는 현재 마우스의 x 위치와 y 위치를 나타내는 변수로서, 프로세싱이 기본으로 제공하는 것이다. 위의 스케치를 실행해 보면 화면 안에서 원이 마우스를 따라 움직이는 것을 볼 수 있는데, 이때 화면 왼쪽 위를 보면 마우스의 움직임에 따라 마우스의 x, y 위치도 변화하는 것을 확인할 수 있다.

프로세싱은 mouseX와 mouseY 이외에 pmouseX와 pmouseY라는 변수도 제공하고 있는데, 이 두 변수는 각각 마우스의 이전 x위치와 y위치를 나타낸다. 이 네 개의 변수를 사용하면 마우스의 움직임에 따라서 화면에 선을 긋는 스케치를 만들 수 있다.

```
void setup( ) {
size(400,400);

}
```

```
void draw( ) {
line(pmouseX, pmouseY, mouseX, mouseY);
}
```

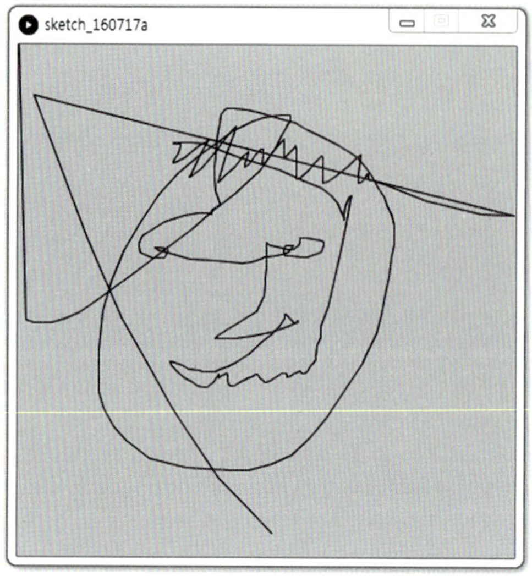

그림 15.2 마우스 이동에 따른 x, y 변화

2. 변수

앞서 간략하게 언급한 것처럼 컴퓨터 프로그램에서 사용하는 임의의 값들을 기억장치에 일시 저장하기 위해 사용되는 변수는 숫자를 넣어 두는 일종의 상자 같은 것이라고 할 수 있다. 각각의 변수는 고유한 이름과 기억 값을 가지는데, 이름은 변하지 않지만 기억하고 있는 값은 임의로 바꿀 수 있다. 따라서 이를 활용하면 비슷한 일을 여러 번 반복 수행하는 프로그램을 작성할 때 아주 편리하다.

변수를 사용하기 위해서는 우선 변수를 정의해야 한다. 프로세싱 언어에는 정수, 소수, 문자 등 여러 형식의 변수를 사용할 수 있다. 정수형 변수는 1, 2, 3, -1, -2와 같이 소수점이 없는 숫자를 저장하는 변수이며, int형식으로 정의한다. 반면 실수형 변수는 3.14, 1.2, -9.8과 같이 소수점이 있는 숫자들을 저장하는 데 사용되며, 형식은 float이다. 마지막으로 문자형 변수는 ‘a’, ‘b’, ‘c’와 같이 문자를 저장하는 데 사용되며, 형식은 char이다. 변수를 정의할 때 초기값도 함께 지정해 줄 수 있는데, 정수형 변수 x를 정의하고 초기값을 0으로 하려면 다음과 같이 하면 된다.

```
int x = 0;
```

문장 마지막에 ; 기호를 넣는 것을 잊지 말자.
아래는 변수를 사용하지 않고 3개의 사각형을 그리는 스케치이다.

```
size(600, 200);
rect(100, 50, 100, 100);
rect(250, 50, 100, 100);
rect(400, 50, 100, 100);
```

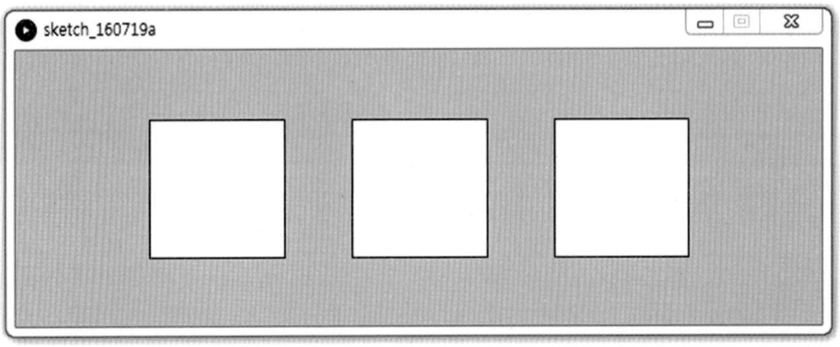

그림 15.3 사각형 그리는 스케치

변수를 사용하여 위와 똑같은 그림을 그리는 스케치를 만들면 아래처럼 된다.

```
size(600, 200);
int x = 100;
rect(x, 50, 100, 100);
x = x +150;
```

```
rect(x, 50, 100, 100);
x=x + 150;
rect(x, 50, 100, 100);
```

위의 스케치에는 rect(x, 50,100, 100);이라는 똑같은 문장이 세 번이나 나오지만, 사실 이 문장들은 각각 다른 사각형을 그리라는 명령이다. 사각형의 위치를 지정하기 위해 사용되고 있는 변수 x의 값이 x=x+150;이라는 명령에 의해 rect( ) 함수를 실행할 때마다 달라지기 때문이다.

움직이는 그림을 그리려면 draw( ) 함수 안에서 실행되는 명령들의 매개변수가 시간의 흐름에 따라 바뀌어야 함을 우리는 이미 배웠다. 그렇다면 draw( ) 함수 안에서 도형을 그리라는 명령에 우리가 정의한 변수를 사용하고, 또 그 변수의 값이 계속 바뀌어야 자동으로 움직이는 그림을 그릴 수 있다. 사각형이 왼쪽에서 오른쪽으로 움직이도록 하기 위해 만든 아래의 스케치를 보면 그 원리를 쉽게 이해할 수 있을 것이다.

```
int x = 0;

void setup( ) {
  size(600,200);
}

void draw( ) {
  background(127);
  rect(x,100,100,100);
  x++;
}
```

변수의 값을 바꾸기 위해서는 변수 = 새 값; 형태의 문장을 사용한다. 즉 변수

x에 10을 넣으려면 아래와 같이 하면 된다.

```
x = 10;
```

또 변수의 값을 하나 증가시키려면 아래 문장을 사용한다.

```
x = x + 1;
```

이렇게 하면 x 변수에 원래 x변수의 값에 1을 더한 값이 들어가게 된다. 다만 프로세싱에서는 이 문장 대신에 아래와 같은 문장을 사용해도 같은 결과를 얻을 수 있다.

```
x++;
```

변수의 값을 사용자가 원하는 만큼 증가시키고 싶다면 += 기호를 사용해도 된다. 즉 문장 x += 10;은 x = x + 10; 문장과 같은 역할을 한다.

이와는 반대로 변수의 값을 감소시키고 싶을 때는 + 대신 -를 사용하면 된다. 즉 아래 명령을 사용하면 x의 값을 하나 감소시킬 수 있다.

```
x--;
```

변수를 사용하면 사각형의 위치뿐 아니라 크기도 바꿀 수 있다. 다음과 같이 스케치하면 사각형을 점점 커지게 만들 수 있다.

```
int x = 0;

void setup( ) {
  size(600,600);
```

```
}

void draw( ) {
  background(127);
  rectMode(CENTER);
  rect(300,300,x,x);
  x++;
}
```

변수 중에는 사용자의 편의를 위해서 프로세싱에서 미리 만들어 놓은 변수들도 있다. 앞에서 설명한 mouseX나 mouseY가 바로 그런 것들이다. 외우기 귀찮은 점은 있지만 매우 편리하게 사용할 수 있으므로 자주 사용하는 시스템 변수의 이름은 외워 놓는 것이 좋다. 자주 사용되는 시스템 변수로는 다음과 같은 것들이 있다.

- width: 화면의 너비
- height: 화면의 높이
- frameCount: 프레임 처리 횟수
- frameRate: 초당 프레임 처리 속도
- key: 가장 최근에 눌렀던 키보드의 키
- keyCode: 키보드를 눌렀을 때 키의 코드
- keyPressed: 키를 눌렀는지의 여부
- mousePressed: 마우스를 눌렀는지의 여부
- mouseButton: 어느 마우스 버튼을 눌렀는지의 여부

위의 시스템 변수들 중 FrameRate를 사용하여 화면에서 움직이는 도형들의 속도를 조절해 보자. 우선 사용자가 따로 지정하지 않을 경우에 실행창의 화면이 바뀌는 속도를 알아 보도록 하자.

아래의 코드를 편집창에 입력해 실행시키면 〈그림 15.4〉와 같은 결과가 나온다.

```
void draw( ) {
  println(frameRate);
}
```

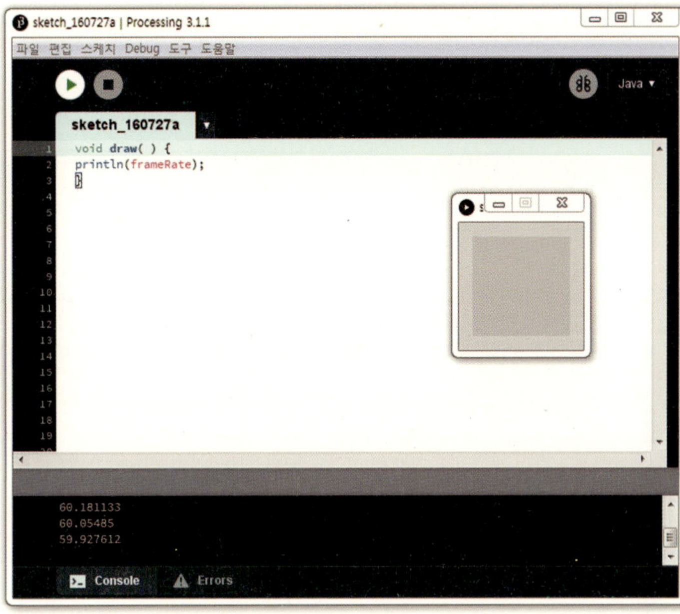

그림 15.4 이동하는 사각형의 속도 표시하기

실행창에는 아무것도 없는 빈 화면이 나오고, 편집기 하단의 숫자만 계속 바뀐다. 이는 frameRate의 값을 편집기 하단에 표시하라는 println(frameRate) 명령이 실행된 결과다. 이를 보면 frameRate는 대략 60 전후이므로, 실행창의 화면이 1초에 60번 정도 바뀐다는 것을 알 수 있다.

화면이 바뀌는 속도를 다르게 하고 싶으면 아래처럼 코드를 만들면 된다.

```
void setup( ) {
  frameRate(10);
```

```
}

void draw( ) {
  println(frameRate);
}
```

〈그림 15.5〉는 위의 코드를 실행한 결과인데, frameRate가 10 정도로 줄어든 것과, 숫자가 바뀌는 속도가 앞의 스케치보다 눈에 띄게 느려지는 것을 확인할 수 있다.

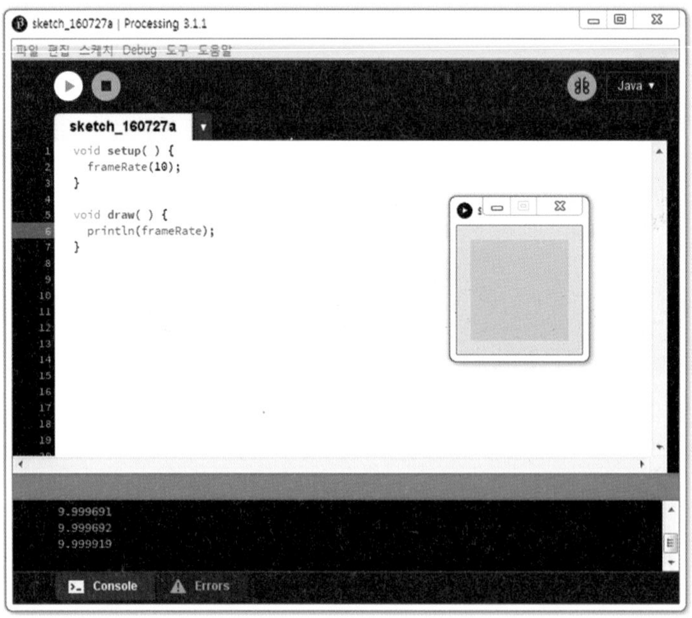

그림 15.5 느리게 이동하는 사각형

3. 조건문

변수를 사용하여 움직이는 그림을 쉽게 그릴 수 있음을 우리는 이미 배웠다. 변수를 사용하면 사각형을 왼쪽에서 오른쪽으로 움직일 수도 있고, 사각형을 점점 크게 또는 점점 작게 만들 수도 있는 것이다. 그런데 사각형을 왼쪽에서 오른쪽으로 움직이게 하여 사각형이 화면의 오른쪽 끝을 지나게 되면, 화면에는 결국 아무것도 남지 않게 된다. 사각형이 화면 오른쪽 끝까지 갔을 경우 다시 뒤로 돌아오게 하든지, 아니면 화면 왼쪽에서 새로운 사각형이 나와 오른쪽으로 계속 움직이게 하려면 어떻게 해야 할까?

이처럼 어떤 경우가 발생했을 경우, 어떤 동작을 하라는 명령이 바로 조건문이다. 우선 화면을 반으로 나눈 다음 마우스가 가리키고 있는 곳은 하얗게, 다른 곳은 까맣게 되도록 하는 스케치를 만들어 보자.

```
void draw( ) {
 background(0);
 fill(255);
 if(mouseX 〈 width/2) {
  rect(0,0,width/2, height);
 } else {
  rect(width/2,0,width,height);
 }
}
```

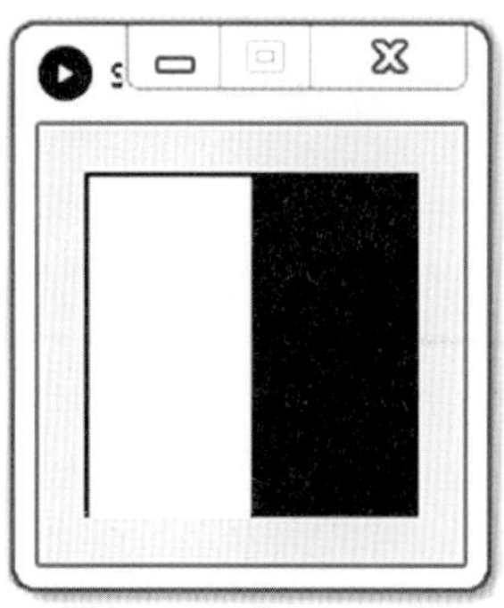

그림 15.6 마우스 변화에 따른 사각형의 색 변환

위의 스케치에서 조건문은 바로 다음과 같은 부분이다.

```
if (mouseX < width/2) {
   rect(0,0,width/2, height);
}
```

이 조건문은 if, 소괄호 속에 있는 실행조건, 중괄호 속에 있는 '참'일 경우의 실행코드로 이루어져 있다.

위 문장에서

```
mouseX < width/2
```

는 실행조건으로, 마우스가 화면의 왼쪽 반에 있으면 '참'일 경우의 실행코드를 실행하라는 뜻이다. 조건이 '참'이 되면 아래의 명령이 실행되어 화면 왼쪽을 하얗게 칠하게 된다.

```
rect(0,0,width/2, height);
```

if 문장 뒤에 else 문장을 추가해서, 조건이 맞지 않을 경우에 할 일을 지정할 수도 있다. 위의 코드에서는 if 문장의 조건이 맞지 않으면 다음과 같은 명령이 실행되어 화면의 오른쪽이 하얗게 칠해지게 된다.

```
rect(width/2,0,width,height);
```

else 명령이 없을 경우에는 조건이 맞지 않으면 아무 일도 하지 않게 된다.

if문을 이용해서 사각형이 움직이는 스케치를 약간 수정해 보자.

```
int x = 0;
void setup( ) {
  size(600,200);
```

```
}

void draw( ) {
  background(127);
  rect(x,50,100,100);
  x++;
  if(x > width) {
    x = 0;
  }
}
```

이렇게 하면 사각형이 화면 오른쪽 끝에서 사라지는 이전의 스케치와는 달리 화면 좌측에서 새로운 사각형이 나타나 계속 오른쪽으로 움직이게 된다. 물론 사각형이 사라지지 않고 화면 좌우로 움직이도록 만들 수도 있다. 그런 효과를 구현하기 위한 스케치는 다음과 같다.

```
int x = 0, direction = 1;

void setup( ) {
  size(600,200);
}

void draw( ) {
  background(127);
  rect(x,50,100,100);
  x = x + direction;
  if(x > width) {
    direction = -1;
```

```
  }
  if(x < -100) {
    direction = 1;
  }
}
```

이 스케치에서는 x 값이 커져 사각형이 화면 오른쪽 밖으로 나가거나, x값이 작아져 사각형이 화면 왼쪽으로 나가게 되면 direction의 부호가 바뀌면 사각형이 움직이는 방향도 바뀌게 된다.

4. 반복문

스케치를 할 때 비슷한 일을 여러 번 반복해야 할 경우가 많다. 예를 들어 보자. 화면에 사각형 세 개를 그리려면 다음과 같이 스케치하면 된다.

```
size(600, 200);
rect(100, 50, 100, 100);
rect(250, 50, 100, 100);
rect(400, 50, 100, 100);
```

위 스케치에는 아무런 문제가 없지만, 만약 화면에 사각형 50개를 이런 식으로 그려야 한다면 상당히 귀찮은 일이 아닐 수가 없다. 이럴 때 반복문을 사용하면 매우 편리하다. 반복문을 사용한 스케치를 보자.

```
size(600,100);
for( int i = 0; i < 50; i++) {
  rect(i*10 + 50, 45, 7,7);
}
```

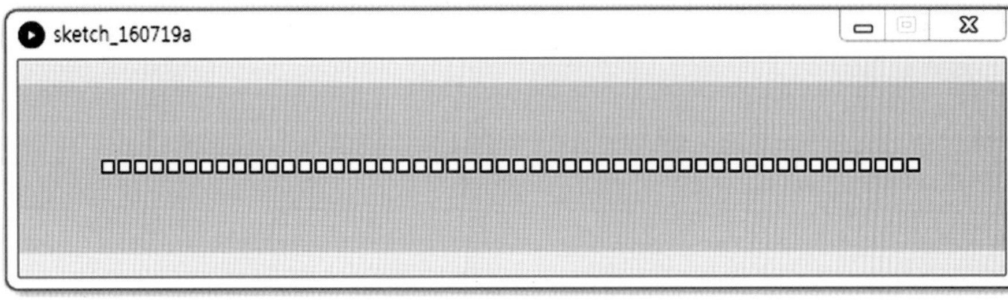

그림 15.7 반복문을 사용하여 50개의 사각형 그리기

불과 4줄의 스케치로 50개의 사각형이 화면에 그려졌다. 여기에 사용된 명령이 바로 for 반복문으로, 비슷한 일을 여러 번 반복하려고 할 때 매우 유용하다. for 반복문은 소괄호 속에 있는 반복 규칙과 중괄호 속에 있는 반복해서 할 일의 두 부분으로 구성되어 있는데, 반복규칙은 다시 세 부분으로 나누어진다. 이 세 부분 중에서 제일 앞에 있는 부분은 초기화 부분으로 반복 수행을 마치는 기준으로 사용할 변수를 정의하고, 초기값을 지정해 준다. 위의 스케치에서는 그 용도로 정수형 변수 i를 정의하고, 그 초기값을 0으로 했다. 두 번째 부분은 반복을 계속할 조건을 지정하는 부분이다. 위의 스케치에서는 i < 50; 문장이 그 역할을 수행하고 있는데, i 변수의 값이 50보다 작으면 반복을 계속하라는 의미다. 마지막 부분은 반복식으로서, 반복할 때마다 어떤 작업을 수행하도록 하는 것이다. 위의 스케치에서는 i++; 문장이 그 역할을 해서 매번 반복할 때마다 i값이 하나씩 커지게 만든다. 결국 이 for 문장은 사각형이 50개가 될 때까지 하나씩 그리라는 명령인 셈이다. 사각형의 위치는 i*10 명령에 따라 매번 변하게 되므로 결국 50개의 사각형을 나란히 화면에 그리는 스케치가 되는 것이다.

for 반복문 외에 while 반복문도 사용할 수 있는데, 더 자세한 것은 프로세싱 홈페이지(processing. org)에서 확인하도록 하자.

chapter 16

함수

우리는 앞 장에서 여러 가지 도형을 그리고, 움직이게 하는 스케치들을 만들어 보았다. 그런데 우리가 그리려고 하는 그림이 점점 복잡해지면 setup( )과 draw( ) 안에서 도형을 정의하는 방식만으로는 스케치의 양이 너무 많아지게 된다. 이럴 때 스케치의 일부분을 따로 정의해서 사용할 수 있게 해 주는 함수를 사용하면 훨씬 적은 노력으로도 읽기 쉬운 스케치를 작성할 수 있다.

앞서 그려 봤던 개구리 스케치를 다시 검토해 보도록 하자.

```
void setup( ) {
size(100,100);
}

void draw( ) {
background(127,127, 255);
fill(0,255,0);
ellipse(50,60,80,60);
ellipse(30,30,32,32);
ellipse(70,30,32,32);
arc(50,60,60,30,0,PI);

fill(255,0,0);
ellipse(30,30,5,5);
```

```
ellipse(70,30,5,5);
}
```

이 개구리 스케치를 조금 바꾸어서 움직이는 개구리를 그리려면 도형을 그리는 명령 안에 있는 위치값을 바꾸어 줘야 한다. 개구리가 마우스를 따라서 움직이도록 바꾼 스케치는 아래와 같다.

```
int x, y;

void setup( ) {
size(400,400);
}

void draw( ) {
x= mouseX;
y=mouseY;

background(127,127, 255);
fill(0,255,0);
ellipse(x,y,80,60);
ellipse(x-20,y-30,32,32);
ellipse(x+20,y-30,32,32);
arc(x,y,60,30,0,PI);

fill(255,0,0);
ellipse(x-20,y-30,5,5);
ellipse(x+20,y-30,5,5);
}
```

이 스케치를 실행해 보면 마우스를 따라 개구리가 움직이는 것을 볼 수 있다. 그런데 움직이는 개구리를 10마리 정도 그리려면 어떻게 해야 할까?

1. 사용자 정의함수

움직이는 원을 그리는 것은 아주 간단하다. 하지만 움직이는 개구리를 그리는 것은 그렇지가 않다. 원을 그리는 명령은 프로세싱 언어에 내장되어 있는 반면, 개구리를 그리는 명령은 프로세싱 언어에 내장되어 있지 않기 때문이다. 이런 경우 어떻게 하면 일을 좀 더 쉽게 처리할 수 있을까?

실제 원을 그리는 명령인 ellipse(x,y,80,60); 명령도 하나의 함수이다. 이렇게 프로세싱 언어가 기본적으로 제공해 주는 함수(내장함수)는 이것들을 그냥 부르기만 하면 사용할 수 있다. 그런데 내장함수가 없는 어떤 도형을 그려야 할 때는 필요한 명령을 직접 만들어야 한다. 이를 사용자 정의함수라고 한다. 개구리를 그리는 함수 frog( )가 이미 존재한다고 하면, 마우스를 조작하는 대로 따라 움직이는 개구리 스케치는 다음과 같이 만들 수 있다.

```
int x, y;

void setup( ) {
size(400,400);
}

void draw( ) {
    background(127,127, 255);
    frog(mouseX,mouseY);
}
```

그런데 frog( ) 함수는 프로세싱에서 제공해 주지 않으므로 위의 스케치는 수행이 되지 않는다. frog( ) 함수를 스케치에 사용하려면 직접 만드는 수밖에 없다.

함수를 새로 만드는 것을 함수정의라고 하는데, 이때 함수의 반환값, 함수 이름, 매개변수 등을 지정해 주어야 한다. 함수정의는 다음과 같은 형태가 된다.

```
반환값 함수 이름(매개변수) {
    함수 코드 본체
}
```

반환값은 함수가 실행된 후에 함수를 부른 프로그램에 되돌려주는 값인데, 반환값이 정수일 때는 int로, 실수일 때는 float로, 없을 때는 void로 표시한다. 함수 이름은 사용자가 임의로 정하면 된다. 매개변수는 함수를 부를 때 전달해 주는 값인데, frog( ) 함수의 경우 개구리가 실행창 어디에 있어야 할지를 전달해 주는 정도면 되겠다. 물론 개구리의 크기나 색깔, 표정 같은 것도 매개변수를 통해 지정할 수 있다. 일단 위치만 지정할 수 있도록 만든 frog( ) 함수는 아래와 같다.

```
void frog(int x, int y) {
 fill(0,255,0);
 ellipse(x,y,80,60);
 ellipse(x-20,y-30,32,32);
 ellipse(x+20,y-30,32,32);
 arc(x,y,60,30,0,PI);

 fill(255,0,0);
 ellipse(x-20,y-30,5,5);
 ellipse(x+20,y-30,5,5);
 }
```

위의 함수를 입력한 후에 위의 개구리 스케치를 수행해 보면 움직이는 개구리 그림을 볼 수 있다. 개구리를 한 쌍으로 만들고 싶으면 draw( ) 함수를 조금 바꾸면 된다. 새로 고친 스케치는 다음과 같다.

```
void setup( ) {
size(400,400);
}

void draw( ) {
  background(127,127 , 255);
  frog(mouseX-50, mouseY);
  frog(mouseX-50, mouseY);
}

void frog(int x, int y) {
fill(0, 255,0);
ellipse(x,y,80,60);
ellipse(x-20,y-30,32,32);
ellipse(x-20,y-30,32,32);
arc(x,y,60,30,0,PI);

fill(255,0,0);]
ellipse(x-20,y-30,5,5);
ellipse(x-20,y-30,5,5);
}
```

2. 사용자 함수 정의하기

함수를 정의하기 위해서는 반환값, 함수 이름, 매개변수, 함수 본체 코드 등을 지정해 줘야 한다. 여기서는 일단 반환값과 매개변수가 없는 간단한 함수를 정의하는 것부터 시작해 보도록 하자.

```
void frogFace( ) {
  fill(0,255,0);
  ellipse(width/2, height/2,80,60);
}
```

위의 예는 실행창 한가운데에 초록색 타원을 그리는 함수다. 아무런 매개변수도 없으므로 실행할 때마다 늘 똑같은 일—실행창 화면 한가운데에 초록색 타원을 그리는 일—만을 반복한다.

우리가 만들고 싶은 함수가 매개변수가 필요 없는 경우라면 위의 frogFace( )와 똑같은 모양으로 함수를 정의해 주면 된다. 물론 함수의 이름은 frogFace가 아니라 우리가 원하는 이름으로 하고, 함수의 코드 본체도 frog( ) 함수의 두 줄짜리 코드 대신에 우리가 하고 싶은 일로 바꾸어 주어야 하지만, 이외에 다른 고려는 필요하지 않다.

이렇게 매개변수가 없는 함수를 사용해서도 여러 가지 일을 할 수는 있다. 예를 들어 이 함수를 사용해 두 개의 타원을 그리는 스케치는 다음과 같다.

```
size(400,400);
fill(0,255,0);
ellipse(width/2, height/2,80,60);
translate(100,0);
ellipse(width/2, height/2,80,60);
```

그러나 좀 더 다양한 일을 하려면 매개변수가 있는 함수를 만들어야 한다. 예를 들어 초록색 타원의 위치를 지정할 수 있도록 앞의 frog( ) 함수를 고치려면, 타원의 위치를 함수에 전달할 방법이 있어야 한다. x, y 위치를 지정하기 위해서는 매개변수 두 개가 필요하므로 이 매개변수 이름을 x_pos와 y_pos로 정하고, 이 두 변수의 형식을 정수로 하면 아래와 같은 함수가 정의된다.

```
void frogFace(int x_pos, y_pos) {
  fill(0,255,0);
  ellipse(x_pos, y_pos, 80, 60);
}
```

이 함수를 이용해서 4개의 초록색 타원을 그리면 스케치는 다음과 같다.

```
void setup() {
  size(500,100);
  frogFace(100,50);
  frogFace(200,50);
  frogFace(300,50);
  frogFace(400,50);
}

void frogFace(int x_pos, int y_pos) {
  fill(0,255,0);
  ellipse(x_pos, y_pos, 80, 60);
}
```

chapter 17 클래스와 객체

앞 장에서 보았듯이 함수를 이용하면 사용자가 그리고 싶은 도형을 명령 하나로 구현할 수 있어 매우 편리하다. 그런데 비슷하기는 하지만, 똑같지는 않은 도형을 그려야 할 경우라면, 함수보다는 조금 더 유연한 표현방식인 '클래스'를 활용할 수도 있다. 클래스는 사용자가 함수 몇 가지와 변수를 한 덩어리로 묶어 처리하는 기능을 갖고 있어서 복잡한 스케치를 만들려고 할 때 매우 유용하다. 클래스와 객체에 대한 자세한 내용은 JAVA나 C++ 언어를 배울 때에 다시 배우도록 하고, 본 장에서는 클래스를 사용해서 몇 가지 간단한 스케치를 만들어 보도록 하자.

1. 개구리 그리기

앞에서 만들어 봤던 개구리 그림 스케치를 다시 보도록 하자.
아래의 스케치는 함수나 클래스를 전혀 사용하지 않고 만든 것이다.

```
ellipse(50,60,80,60);
ellipse(30,30,32,32);
ellipse(70,30,32,32);
arc(50,60,60,30,0,PI);

fill(0);
ellipse(30,30,5,5);
```

```
ellipse(70,30,5,5);
```

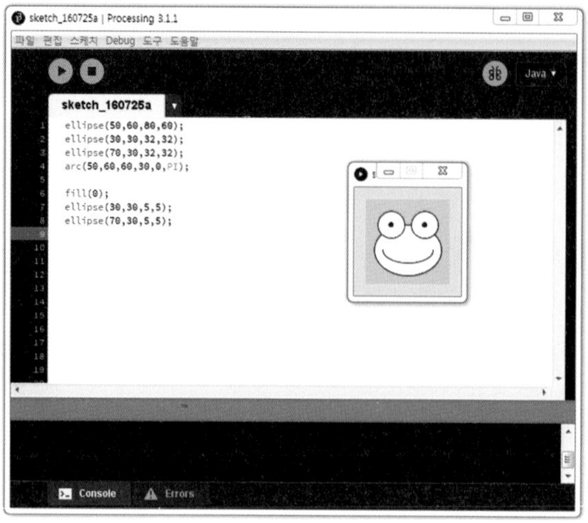

그림 17.1 개구리 그리기 시작

이를 개구리 함수를 사용해서 만들면 다음과 같은 스케치가 된다.

```
void setup() {
 size(100,100);
 frog();
}

void frog() {
 ellipse(50,60,80,60);
 ellipse(30,30,32,32);
 ellipse(70,30,32,32);
 arc(50,60,60,30,0,PI);

 fill(0);
```

```
  ellipse(30,30,5,5);
  ellipse(70,30,5,5);
}
```

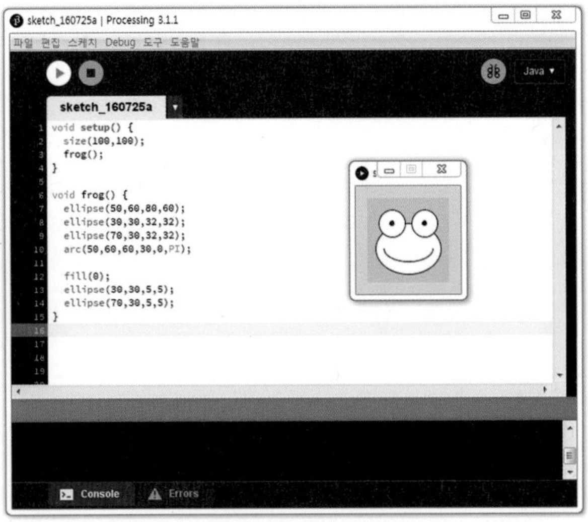

그림 17.2 함수를 이용한 개구리 그리기

이렇게 하면 먼저 만들었던 스케치와 같은 그림을 얻을 수 있다. 하지만 함수를 사용했기 때문에 개구리를 움직이거나 여러 마리를 그리거나, 아니면 개구리의 모양이나 표정을 바꾸거나 하는 일을 훨씬 쉽게 처리할 수 있음을 알 수 있다.

이 〈그림 17.2〉를 클래스를 사용해서 만들면 〈그림 17.3〉과 같이 된다.

```
class Frog {

 void dr(){
  fill(255);
  ellipse(50,60,80,60);
  ellipse(30,30,32,32);
  ellipse(70,30,32,32);
```

```
  arc(50,60,60,30,0,PI);

  fill(0);
  ellipse(30,30,5,5);
  ellipse(70,30,5,5);
 }
};

Frog frog;

void setup() {
 frog = new Frog();
 frog.dr();
}
```

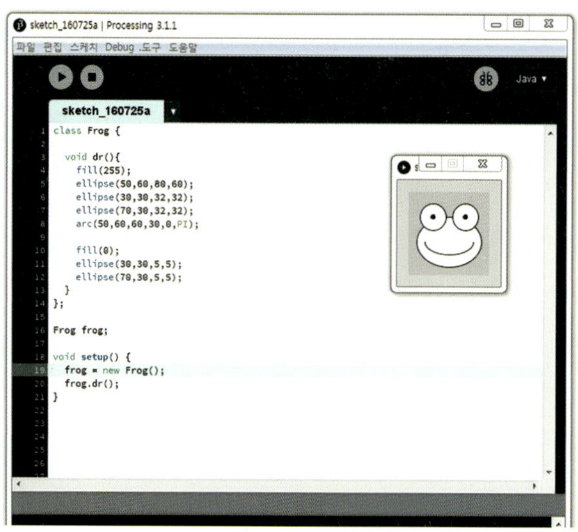

그림 17.3 클래스를 이용한 개구리 그리기

앞의 세 스케치는 모두 똑같은 그림을 구현하고 있다. 하지만 두 번째와 세 번째 스케치는 각각 함수를와 클래스를 사용한 것이고, 맨 처음 스케치는 아무것도 사용하지 않은 것이다. 개구리를 한 마리만 그릴 때는 아무것도 사용하지 않고 그리는 것이 가장 쉽지만, 여러 마리를 그리려면 함수를 사용하는 것이 훨씬 편리하다. 또 모양이나 움직임이 조금씩 다른 여러 마리의 개구리를 그려야 할 경우라면 클래스를 사용하는 것이 훨씬 효율적이다. 이 장에서는 클래스를 정의하고 사용하는 방법 위주로 공부하도록 하자.

2. 클래스 정의하기

〈그림 17.3〉의 스케치에 보이는 아래의 코드는 클래스의 정의 부분이다. class 명령 뒤에 만들고자 하는 클래스의 이름을 넣고, 중괄호 안에 내용을 넣으면 클래스가 정의된다.

```
class Frog {
  // Frog 클래스 정의 부분
};
```

그런데 〈그림 17.3〉의 스케치에서 Frog 클래스 안에는 dr이라는 함수 하나만 들어 있는 것을 볼 수 있다. 클래스는 우리가 만들고자 하는 물건(객체)의 내용을 정의해 주는 것이지 실제 물건은 아니므로 개구리를 그리기 위해서는 Frog 클래스의 물건, 즉 객체를 생성해야 한다. 아래와 같은 명령을 수행함으로써 frog라는 객체가 생성된다.

```
frog = new Frog();
```

frog 객체는 frog 클래스에 속하므로 Frog 클래스 정의 부분에 있는 기능을 수행할 수 있는데, 현재 Frog 클래스에는 dr 함수 하나만이 존재하므로 frog는 dr 명령을 수행할 수 있다. 아래의 문장을 수행하면 화면에 개구리 그림이 나타나게 된다.

```
frog.dr();
```

3. 움직이는 개구리 그리기

위의 Frog 클래스에 개구리의 위치를 지정하기 위한 클래스 변수를 추가하고, 이를 이용해 왼쪽에서 오른쪽으로 움직이는 개구리를 그려 보도록 하자. 새로 고친 스케치는 다음과 같다.

```
class Frog {
 int x, y;

 void dr(int x, int y) {
  fill(255);
  ellipse(x,y,80,60);
  ellipse(x-20,y-30,32,32);
  ellipse(x+20,y-30,32,32);
  arc(x,y,60,30,0,PI);

  fill(0);
  ellipse(x-20,y-30,5,5);
  ellipse(x+20,y-30,5,5);
 }
};

Frog frog;

void setup() {
 size(400,100);
```

```
 frog = new Frog();
}

int i=0;
void draw() {
  background(200);
  frog.dr(i++,50);
  if (i > width) i=0;
}
```

위의 스케치를 보면 Frog 클래스 안에 move( ) 함수 외에 int 변수인 x와 y가 추가된 것을 알 수 있다. 이처럼 클래스에는 함수와 변수를 한 덩어리로 묶어서 정의할 수 있다.

4. 영상 파일 불러오기

프로세싱에서는 영상을 지원하기 위해 PImage 클래스를 제공한다. 이를 사용하면 컴퓨터에 저장되어 있는 영상을 스케치 안으로 쉽게 불러올 수 있고, 불러들인 영상은 프로세싱 언어를 사용해 다양한 방식으로 처리할 수 있다. 프로세싱 언어 안에서 영상은 Pimage 클래스의 객체로 취급된다. 그러므로 영상을 처리하기 위해서는 우선 PImage 클래스로 영상 객체를 생성한 후에 loadImage( ) 명령으로 컴퓨터나 인터넷에 있는 영상을 불러오면 된다. 예를 들어 프로세싱 프로그램이 있는 폴더에 저장된 Desert.jpg 영상을 스케치 안으로 불러들여 화면에 디스플레이해 보자. 스케치는 아래와 같다.

```
PImage img;
img = loadImage("Desert.jpg");
image = (img,0,0,100,100);
```

그림 17.4 저장된 영상 불러오기

위의 스케치에서 첫 줄은 PImage 클래스의 객체 img를 정의한 것으로, 프로세싱에서 영상은 PImage 클래스로 정의된다. 두 번째 줄은 컴퓨터에 있는 Desert.jpg라는 영상 파일을 가져와서 img객체에 저장하라는 명령이다. 이 경우 Desert.jpg 파일은 프로세싱 프로그램과 같은 폴더에 있어야 한다. 만약 다른 폴더에 있는 파일을 읽어 오고 싶다면 따옴표 안에 그 경로를 지정해 주어야 한다. 경로만 지정해 주면 인터넷에 있는 임의의 영상 파일도 읽어 올 수 있다. 프로세싱에서 처리할 수 있는 영상 파일의 확장자로는 .jpg와 .png 외에도 .gif와 .tga가 있으므로 이 중에서 적당한 형식을 골라 사용하면 된다.

마지막 줄에 있는 image( ) 함수는 img 객체에 저장되어 있는 영상을 실행창에 그려 주는 역할을 한다. 위의 예에서는 영상이 화면에 가득 차게 구현되도록 되어 있지만, 영상을 화면의 일부에만 나타나도록 축소하거나 반대로 확대해서 표현할 수도 있다. 영상을 축소하려면 코드를 아래와 같이 만들면 된다.

```
PImage img;
img = loadImage("Desert.jpg");
image = (img,0,0,50,50);
```

그림 17.5 축소된 영상

또한 영상을 확대하려면 코드를 다음과 같이 만들면 된다.

```
PImage img;
img = loadImage("Desert.jpg");
image = (img,0,0,200,200);
```

그림 17.6 확대된 영상

chapter 18

게임 만들기

지금까지 배운 프로세싱 언어를 사용해서 간단한 게임을 만들어 보도록 하자. 이 장에서 만들려는 게임은 하늘에서 내려오는 우주선을 미사일로 쏘아 맞히면 이기게 되는 아주 단순한 게임이다. 우선 함수나 클래스를 사용하지 않고 단순한 명령들만으로 게임을 완성해 보고, 차차 함수와 클래스를 사용해서 게임을 확장해 나가는 방법을 생각해 보도록 하자.

1. 게임 규칙

- 화면의 위쪽에서 우주선이 내려온다. 우주선의 출발 위치는 매번 다르다.
- 화면 아래쪽에 마우스로 조작되는 미사일 발사장치가 있다.
- 마우스 버튼을 누르면 미사일이 발사된다.
- 미사일이 우주선을 맞히면 우주선은 폭파되고, 다시 새 우주선이 화면 위쪽에서 내려온다.
- 우주선을 5개 폭파시키면 'You Win.' 표시와 함께 게임이 종료된다.
- 우주선이 아래에 도착하면 'Game Ends.' 표시와 함께 게임이 종료된다.

그림 18.1 내려오는 우주선을 미사일로 쏘아서 맞히는 게임

2. 우주선을 만들자

우선 게임 속 우주선의 위치를 ux, uy라고 하자. 우주선의 시작 위치를 매번 다르게 하려면 랜덤 변수를 사용하여야 한다. 프로세싱은 이를 위해 random( ) 이라는 함수를 제공해 주는데, 이는 사용자가 원하는 범위 안에서 숫자를 랜덤하게 만들어 주는 함수이다. 아래처럼 만든 코드를 수행하면 0에서부터 100까지 사이의 숫자가 임의로 계속 출력되는 것을 확인할 수 있다.

```
void draw( ) {
  float f = random(100);
  println(f);
}
```

그림 18.2 랜덤 숫자를 생성

random( ) 함수의 출력은 실수 형태이다. 이를 정수로 바꾸려면 int( ) 함수를 사용하면 된다. 아래를 보면 구해진 숫자들이 정수로 바뀌었음을 알 수 있다.

그림 18.3 랜덤 숫자를 정수로 변환

랜덤한 위치에서 출발해서 아래로 내려오는 우주선을 그리는 코드는 아래와 같다.

```
int ux, uy;

void setup () {
  size(400,600);
  ux = int (random(400)); uy=0;
}
```

```
void draw () {
  background(200);
  ellipse(ux, uy++, 30,20);
  if( random (100) > 50 ) ux= ux + 1;
  else ux=ux -1;
}
```

출발 위치는 random(400)을 사용해서 랜덤하게 정했고, 한 칸 아래로 내려갈 때마다 우주선이 오른쪽으로 갈지 왼쪽으로 갈지는 random(100)의 결과가 50보다 큰지 작은지를 기준으로 랜덤하게 결정했다. 이를 실행시켜 보면 임의의 위치에서 출발한 우주선이 좌우로 흔들리며 아래로 내려오는 것을 볼 수 있다. 우주선이 아래에 도착하면 게임이 종료되도록 하였으므로 우주선의 y위치인 uy변수의 값이 지정한 값보다 작아지면 종료 메시지 출력과 함께 게임이 종료된다. 반대로 미사일이 우주선을 맞혔을 경우는 uy 값이 다시 0으로 환원되게 해서 새 우주선이 화면 제일 위쪽에서 내려오도록 하였다. 우주선의 좌우 움직임이 마음에 들지 않는 문제는 나중에 개선하도록 하고, 이번에는 미사일과 미사일 발사대를 만들어 보자.

3. 미사일과 발사대 만들기

미사일 발사대는 마우스 움직임에 따라 좌우로만 움직여야 하고, 상하로는 움직이지 않아야 하므로 아래처럼 만들면 된다.

```
rect(mouseX, height-20, 30,15);
```

이 발사대 위에 미사일이 올라가 있을 때도 있고, 미사일이 발사대를 떠나 우주선을 향해 날아가고 있을 때도 있으므로 이를 구별할 필요가 있다. fire라는 변수를 만들어서 fire가 0일 때에는 미사일이 발사대에 있고, 1일 때에는 미사일이 비행 중이라고 하면 발사대와 미사일을 나타내는 코드는 아래와 같이 표현될 수 있겠다.

```
rectMode(CENTER);
 fill(0);
 if (fire == 0) {
  fx = mouseX;
  fy = height -30;
 } else {
  fy = fy - 5;
 }
 if (fy < 0) fire =0;
 rect(fx, fy, 10,20);
 fill(255);
 rect(mouseX, height-20, 30,15);
```

위 코드를 통해 미사일은 검은색으로, 발사대는 흰색으로 표현된다. 또 발사 전의 미사일은 발사대와 같이 마우스를 따라서 움직이고, 발사된 후의 미사일은 마우스와 상관없이 위를 향해서 날아가게 된다.

발사 속도를 5로 설정하여 미사일 속도가 우주선보다 5배 빠르므로 맞히기 쉽게 되어 있는데, 이 숫자를 줄이면 점점 맞히기 어렵게 된다.

마우스를 클릭하면 미사일이 발사되므로 마우스가 클릭되었는지를 감지하는 코드가 필요하다. 여기에서는 프로세싱에서 제공하는 mousePressed( ) 함수를 사용하여 마우스가 클릭되면 fire변수를 1로 만들도록 하였다. 또 미사일이 빗나가면 새 미사일을 발사할 수 있어야 하므로 미사일의 y위치가 0보다 작아지면 fire 변수의 값을 0으로 해서 다시 미사일을 발사할 수 있도록 하였다.

4. 전체 게임 완성

미사일의 명중 여부는 우주선의 위치와 미사일의 위치가 20 이하로 가까워졌는지를 기준으로 판단하도록 하였다.

```
if( abs(ux - fx) <20 ){
  if ( abs(uy - fy) <20 ) {
    count++;
    fire = 0;
    uy = 0;
}}
```

우주선 한 대를 명중시켰을 때 바로 게임이 끝나면 게임이 너무 짧아지므로 count라는 변수에 명중시킨 우주선의 숫자를 넣어 두고 이 값이 4보다 크면(즉 명중시킨 우주선의 수가 5가 되면) 게임이 종료되도록 하였다.

전체 프로그램의 코드는 아래와 같다. 함수나 클래스를 전혀 사용하지 않았지만 코드가 복잡하지 않아서 읽기에 어렵지 않아 보인다.

```
int ux, uy, fx, fy, fire = 0, count = 0;

void setup () {
  size(400,600);
  ux = int (random(400)); uy=0;
}

void draw () {
  background(200);
  ellipse(ux, uy++, 30,20);
```

```
if( random (100) > 50 ) ux= ux + 1;
else ux=ux -1;

rectMode(CENTER);
fill(0);
if (fire == 0) {
  fx = mouseX;
  fy = height -30;
} else {
  fy = fy - 5;
}
if (fy < 0) fire =0;
rect(fx, fy, 10,20);
fill(255);
rect(mouseX, height-20, 30,15);

if( abs(ux - fx) <20 ) {
  if ( abs(uy - fy) <20 ) {
    count++;
    fire = 0;
    uy = 0;
  }
}

if (count > 4) {
  textSize(50);
  text ( "You wins.", 20, height/2);
  noLoop();
```

```
    }

      if ( uy > height -35 ) {
      textSize(50);
      text ( "Game Ends.", 20, height/2);
      noLoop();
    }
  }

void mousePressed( ) {
  fire = 1;
}
```

5. 개선할 점들

게임을 생각보다 쉽게 만들기는 했지만, 실제로 게임을 해 보면 조금 싱거운 느낌이 드는 것이 사실이다. 게임을 좀 더 흥미롭게 만들기 위해 개선할 점을 몇 가지 생각해 보도록 하자.

제일 쉬운 것은 게임에 등장하는 우주선, 미사일, 미사일 발사대 그림을 좀 더 실감나게 그려 주는 일이다. 여기에 좀 더 노력을 기울여 우주선을 3차원으로 그려 주든지 아니면 게임 환경을 3차원으로 바꿔 주든지 할 수도 있다.

그다음으로 생각할 수 있는 것은 게임에 사운드를 첨가해서 배경음악과 효과음 등을 만들어 주는 것이다. 프로세싱에서는 오디오를 재생할 수 있도록 AudioPlayer라는 클래스를 제공하므로, 여기에 적당한 배경음과 미사일 발사 시나 명중 시의 효과음 등을 넣어 주면 실감도를 높일 수 있겠다. 사운드를 다루는 기능들은 프로세싱에 내장되어 있지 않아, 외부 라이브러리를 연결해야 하지만 프로세싱 홈페이지의 튜토리얼을 참고하면 음악을 연결하는 것이 가능하다.

다음은 게임을 조금 확장해서 기능을 다양하게 만드는 것이다. 사실 앞서 만든 게임 프로그램이 간단했던 것은 그만큼 게임에 제약이 많았기 때문이다. 한 화면에 우주선과 미사일이 각각 한 개만 나타나고, 화면에 있던 우주선이나 미사일이 화면 밖으로 사라져야 새 우주선이나 미사일이 나타나게 되어 있다. 이 제한을 풀어서 미사일이 비행 중일 때에도 계속 새 미사일을 발사할 수 있게 하면, 화면에 존재하는 미사일의 개수가 많아져서 지금처럼 fx와 fy 변수만으로는 미사일을 통제할 수 없게 된다.

이렇게 게임을 확장하려면 지금처럼 게임에 관한 모든 내용을 draw( ) 함수 안에 다 풀어서 설명하는 방식보다는 함수나 클래스를 사용해서 게임에 필요한 여러 부분을 독립적으로 구현하는 쪽이 훨씬 편리하다. 앞에서 다루었던 함수와 클래스에 관한 설명을 참조하여 게임을 좀 더 재미있게 확장해 보자. 함수나 클래스에 대해서 더 공부해 보고 싶은 사람은 프로세싱 홈페이지를 참고하든지, C++나 JAVA에 관한 교재를 참고하도록 하자.